高等职业教育测绘地理信息类规划教材

GNSS测量技术（第二版）

主　编　李　娜　张　博
副主编　王　赫　李玲玲　杨　莹　刘　皓　周理想
主　审　李金生

WUHAN UNIVERSITY PRESS
武汉大学出版社

图书在版编目(CIP)数据

GNSS 测量技术 / 李娜,张博主编;王赫等副主编. --2 版. --武汉:武汉大学出版社, 2025.8. -- 高等职业教育测绘地理信息类规划教材.
ISBN 978-7-307-25109-0

Ⅰ.P228.4
中国国家版本馆 CIP 数据核字第 2025FS6085 号

责任编辑:杨晓露　　责任校对:汪欣怡　　版式设计:马　佳

出版发行:**武汉大学出版社**　(430072　武昌　珞珈山)
(电子邮箱:cbs22@whu.edu.cn　网址:www.wdp.com.cn)
印刷:武汉科源印刷设计有限公司
开本:787×1092　1/16　印张:14.25　字数:351 千字　插页:1
版次:2020 年 8 月第 1 版　2025 年 8 月第 2 版
2025 年 8 月第 2 版第 1 次印刷
ISBN 978-7-307-25109-0　定价:48.00 元

前　　言

“GNSS 测量技术”是工程测量技术专业、摄影测量与遥感专业、测绘工程专业等测量类专业的一门实践性较强的专业课程。教材的编写基于校企合作、打造特色的原则，体现了高等职业教育职业性、实践性、开放性的要求。

教材结构采用“项目导向+任务驱动”的形式进行编写，按照测绘生产的流程设计学习项目和学习任务，教学过程中充分引入了实际测绘生产案例，并配套《GNSS 测量技术实训》强化技能训练。教材体现了理论与实践相统一及教学一体化的原则，集专业教育、课程思政于一体，凸显了系统性、逻辑性、先进性和职业性，力求为“做中学、学中做”提供教材保障。

教材共分为 9 个学习项目，21 个学习任务。根据高职学生的特点，每个项目包含项目概述、教学目标、工作任务、案例、拓展阅读、技能训练、项目小结和知识检测等内容。教学内容强化了工作过程的完整性，淡化了知识的系统性，实现了学习过程与工作过程的融合。书中还以二维码的形式为学生提供了大量的教学视频、知识点、测试、答案等，进一步优化了学习效果，提高了学生的学习兴趣和积极性。

本教材第一版自 2020 年出版以来，因其具有职业性、实践性、可操作性强等特点，得到全国高职高专院校测绘类专业师生及广大测绘行业从业人员的广泛好评。随着我国测量技术的不断发展，为进一步满足教学需要，应广大读者的要求，我们在第一版的基础上进行了全面修订、补充和完善，更新了最新版规程规范、北斗卫星导航系统全面建成后及新版设备软件的内容。

本教材由辽宁生态工程职业学院李娜、张博主编并统稿，由辽宁生态工程职业学院李金生担任主审。辽宁生态工程职业学院王赫、李玲玲、杨莹、刘皓、河南地矿职业学院周理想担任副主编。课程导入、项目 2 由李玲玲编写，项目 1、项目 3、项目 6 由李娜编写，项目 4 由张博编写，项目 5 中任务 5.1、任务 5.2 由杨莹编写，任务 5.3、任务 5.4 由王赫编写，项目 8 由刘皓编写，项目 7、项目 9 由周理想编写。

本教材体现了“校企合作、工学结合”特色：辽宁地理空间成果应用中心罗力、辽宁第一交通工程监理有限公司于森、沈阳市勘察测绘研究院有限公司王天文参与了本书的编写工作，并通读了全书，提出许多宝贵的意见和建议，使本教材更加符合生产实际的需要。其中，本教材工程案例由罗力、王天文提供，本教材技能训练合理性由于森进行检校。

在本教材的编写过程中，编者翻阅了大量文献（包括纸质版文献和电子版文献）、规程、规范，引用了同类书刊中的一些资料。此外，编者还引用了上海华测导航技术股份有限公司 X10-GNSS 接收机使用手册和华测数据处理软件用户手册。在此，谨向有关作者和单位表示感谢！并对上海华测导航技术股份有限公司提供教学视频一举表示感谢！

限于编者的水平、时间及经验，书中定有欠妥之处，敬请专家和广大读者批评指正。

编 者

2025 年 2 月

目　　录

课程导入

项目简介

全球导航卫星系统(Global Navigation Satellite System, GNSS)以其全天候、高精度、高效益、自动化等特点，在各个就业领域已经广泛使用，为各行各业提供了高效便捷的解决方案。通过学习，学生将了解GNSS的组成及各行业、各就业领域对GNSS测量技术的技能需求。

教学目标

(1)知识目标：①认识所学专业的工作岗位及工作岗位对本课程的知识要求；②认识四大卫星导航系统；③了解卫星导航定位系统的组成、信号结构；④了解GNSS卫星定位技术的发展。

(2)思政目标：①培养学生爱岗敬业的精神；②通过对祖国航空事业发展的学习、中国北斗定位系统重要地位的介绍，培养学生的爱国情怀，激发学生的爱国主义情操和民族自豪感。

课程导入1　职业岗位分析

一、工作任务分解

为了适应社会发展及测绘行业的发展，适应不断变化的学情，本教材根据职业特点、岗位需求来设计内容，强化学生的技能操作，培养学生服务社会的水平，拓宽学生的知识面，教材内容分为9个项目，21个任务。具体如表0-1所示。

表0-1　《GNSS测量技术》教材内容

项　　目	任　　务
课程导入	职业岗位分析
	GNSS定位技术的认识
项目1　GNSS接收机认识和使用	任务1.1　GNSS接收机认识和使用
	任务1.2　GNSS接收机挑选

续表

项　　目	任　　务
项目 2　GNSS 卫星星历预报	任务 2.1　卫星运动
	任务 2.2　卫星星历及星历预报
项目 3　GNSS 测量基准转换	任务 3.1　坐标系统转换
	任务 3.2　高程系统转换
	任务 3.3　时间系统转换
项目 4　GNSS 单点定位	任务 4.1　单点坐标数据采集
	任务 4.2　踏勘选点及绘制点之记
项目 5　GNSS 静态控制测量	任务 5.1　编写 GNSS 静态控制网技术设计书
	任务 5.2　外业观测
	任务 5.3　观测数据下载
	任务 5.4　静态数据处理
项目 6　GNSS-RTK 控制测量	任务 6.1　GNSS-RTK 的作业流程
	任务 6.2　GNSS-RTK 控制测量
项目 7　GNSS-RTK 地形测量	任务 7.1　GNSS-RTK 图根控制测量
	任务 7.2　GNSS-RTK 地形测量
项目 8　GNSS-RTK 施工测量	任务 8.1　GNSS-RTK 点放样
	任务 8.2　GNSS-RTK 道路放样
项目 9　网络 RTK 技术和连续运行站的应用	任务 9.1　连续运行参考站建立
	任务 9.2　校园 CORS 站建立及使用

二、测绘技术在现代职业中的应用

经调研，测绘专业毕业生面向的主要职业有：专业测绘单位的测量员，包括大地测量员、地图制图员、地形地籍测量员、摄影测量员、房产测量员；工程施工单位工程测量员。次要职业有：专业测绘单位的测量数据处理员、资料管理员等；测绘工程中的监理员；测绘仪器公司的仪器维修员、仪器营销员与培训师。

不同的职业需要完成不同的工作内容和工作任务，本教材将岗位内容分解如表 0-2 所示。

表 0-2　　**岗位内容分解**

职业及岗位		工作内容	工作任务	项目
专业测绘单位的测量员	大地测量员	静态控制测量	1. 静态控制网测量技术设计 2. 进行资料的收集、分析、处理 3. 控制点的选择、埋石、标志设立 4. 静态、动态 GNSS 接收机外业测量 5. GNSS 外业数据质量检查	1. GNSS 接收机的认识与使用 2. GNSS 静态控制测量 3. GNSS-RTK 控制测量
		控制网数据处理	1. GNSS 接收机数据传输、数据预处理 2. GNSS 控制网数据处理，并输入报告	GNSS 静态数据控制测量
	地形地籍测绘员	控制测量	GNSS 控制网的技术设计、选点埋石、网形建立、外业实施、数据检查等	1. GNSS 接收机的认识与使用 2. GNSS 静态控制测量 3. GNSS-RTK 控制测量
		控制网数据处理	GNSS 接收机数据处理及报告输入	GNSS 静态控制测量
		地形图、地籍图测绘	全野外数字化测图	GNSS-RTK 地形测量
	摄影测量员	像片控制测量	1. GNSS 控制网布设、技术设计 2. GNSS 选点埋石，外业控制测量 3. GNSS 数据处理 4. 坐标转换	1. GNSS 接收机的认识与使用 2. GNSS 静态控制测量 3. GNSS-RTK 控制测量
		像片调绘	新增地图调绘	GNSS-RTK 地形测量
		空三加密	区域网加密点选点及测量	1. GNSS-RTK 控制测量 2. 网络 RTK 控制测量
		影像测图	小比例地形图测绘	GNSS-RTK 地形测量
	地图制图员	普通地图绘制	1. 全要素地形图的编绘 2. 专题性自然地图的编绘	GNSS-RTK 地形测量
		专题地图绘制		
	房产测量员	控制测量	1. 设置各级房产测量控制点 2. 外业控制测量数据采集 3. 外业碎部测量	1. GNSS-RTK 控制测量 2. GNSS-RTK 地形测量
		碎部测量		
	测量数据处理员	数据处理	1. GNSS 数据处理 2. 坐标转换	1. GNSS 静态控制测量 2. GNSS-RTK 控制测量 3. 单点定位
	资料管理员	资料管理	1. 工程上交资料管理 2. 资料整理	GNSS 静态控制测量

续表

职业及岗位		工作内容	工作任务	项目
工程施工单位测量员岗位	工程测量员	控制测量	根据不同施工性质建立施工控制网，进行控制网的选点埋石及外业测量、数据处理工作	1. GNSS 接收机的认识与使用 2. GNSS 静态控制测量 3. GNSS-RTK 控制测量 4. 网络 RTK 控制测量
		工程测量	1. 施工放样 2. 纵横断面图测绘 3. 竣工测量 4. 工程变形监测	1. GNSS-RTK 工程放样 2. 网络 RTK
相关岗位	仪器维修员	仪器维修	1. 测绘仪器检验、校正 2. 测绘仪器维护、修理	GNSS 接收机认识和使用
	仪器营销员与培训师	仪器营销与培训	1. 测绘仪器、软件的销售 2. 测绘仪器、软件的使用培训	GNSS 接收机认识和使用
	测绘监理员	测量监理	1. 仪器检验 2. 外业数据质量检查 3. 数据处理质量检查 4. 项目提交资料检查	1. GNSS 接收机的认识与使用 2. GNSS 静态控制测量 3. GNSS-RTK 控制测量 4. 网络 RTK 控制测量

课程导入 2　GNSS 定位技术的认识

本节将介绍卫星导航定位技术的发展概况，卫星导航技术的产生与发展，全球四大卫星导航系统，包括美国的 GPS、俄罗斯的 GLONASS、欧盟的 Galileo 系统及中国的北斗卫星导航系统的组成及概况，卫星导航与传统测量手段相比的优势，全球导航卫星系统在大地测量、精密工程测量、地壳运动监测、资源勘探、运动目标测速等方面得到的广泛应用。

一、卫星导航定位技术的概述

自 1957 年 10 月 4 日苏联成功发射世界上第一颗人造地球卫星后，人们就开始了利用卫星进行定位和导航的研究，人类的空间科学技术研究和应用跨入了一个崭新的时代，世界各国争相利用人造地球卫星为军事、经济和科学文化服务。同时，卫星定位技术在大地测量学中的应用也取得了惊人的发展，迅速跨入了一个崭新的时代。

(一) 早期的导航定位技术

1958 年年底，美国海军武器实验室着手建立为美国军用舰艇导航服务的卫星系统，即海军导航卫星系统(Navy Navigation Satellite System，NNSS)。该系统于 1964 年建成，随即在美国军方启用。在这一系统中，由于卫星轨道面通过地极，所以又被称为子午卫星导航系统。1967 年 7 月 29 日，美国政府宣布解密子午卫星的部分导航电文以供民用，由于卫星多普勒定位具有经济、快速、精度较高、不受天气和时间限制等优点，只要能见到子午卫星，便可在地球表面的任何地方进行单点和联测定位，从而获得测站的三维地心坐标。因此，卫星多普勒定位迅速从美国传播到欧亚及美洲的许多国家。

与此同时，苏联于 1965 年开始也建立了一个卫星导航定位系统，叫作 CICADA。它与 NNSS 系统相似，也是第一代卫星导航定位系统。该系统由 12 颗卫星组成 CICADA 星座，轨道高度为 1000km，卫星的运行周期为 105min。

虽然子午卫星导航系统将导航和定位技术推向了一个崭新的发展阶段，但仍然存在着一些明显的缺陷。由于该系统卫星数目较少(6 颗工作卫星)，运行高度较低(平均约为 1000km)，从地面站观测到卫星的时间间隔也较长(平均约 1.5 小时)，无法进行全球性的实时连续导航定位服务，定位速度慢，因此无法实现动态定位；从大地测量学来看，由于它的定位速度慢(测站平均观测 1~2 天)，精度较低(单点定位精度 3~5m，相对定位精度约为 1m)，因此，该系统在大地测量学和地球动力学研究方面受到了极大的限制。为了满足军事及民用部门对连续实时三维导航和定位的需求，第二代卫星导航系统——GPS 便应运而生。子午卫星系统也于 1996 年 12 月 31 日停止发射导航及时间信息。

20 世纪 60 年代末 70 年代初，美国和苏联分别开始研制全天候、全天时、连续实时提供精确定位服务的新一代全球卫星导航系统，至 90 年代中期，全球卫星导航系统 GPS 和 GLONASS 均已建成并投入运行。中国也开始建设自主知识产权的北斗卫星导航系统，2003 年底正式开通运行，并于 2020 年全面建成。欧盟筹建的 Galileo 全球卫星导航系统，2014 年 8 月第二批 1 颗卫星成功发射升空，目前太空中已有 28 颗正式的伽利略系统卫星，可以组成网络，发挥地面精确定位的功能。

(二)卫星导航定位技术相对于常规测量技术的特点

相对于常规的测量手段来说，卫星导航定位技术的主要特点包括：

1. 功能多、用途广

GNSS 不仅可以用于测量、导航、精密定位、动态观测、设备安装，还可以用于测速、测时等，测速的精度可达 0.1m/s，测时的速度可达几十毫微秒，且其应用领域还在不断扩大。

2. 测站间无须通视

既要保持良好的通视条件，又要保障测量控制网具有良好的图形结构，这一直是经典测量技术在实践方面必须面对的难题之一。GNSS 测量不要求测站之间相互通视，因而不再需要建造觇标。这一优点既可大大减少测量工作的时间和经费(一般造标费用约占总经费的 30%~50%)，同时又使点位的选择更为灵活。

尚应指出，GNSS 测量虽不要求测站之间相互通视，但必须保持测站上空有足够开阔的净空，以使卫星信号的接收不受干扰。

3. 定位精度高

已有的大量实践表明，目前在小于 50km 的基线上，其相对定位精度可达(1~2)×

10^{-6}，而在 100~500km 的基线上可达 10^{-7}~10^{-6}。随着观测技术与数据处理技术的改善，有望在大于 1000km 的距离上，相对定位精度达到或优于 10^{-8}。

4. 观测时间短

目前，利用经典的相对静态定位方法，完成一条基线的相对定位所需要的观测时间，根据精度的不同，为 1~3h。为了进一步缩短观测时间，提高作业速度，近年来发展的短基线（不超过 20km）快速相对定位法，其观测时间仅需几分钟。

5. 提供三维坐标

GNSS 测量中，在精确测定测站平面位置的同时，还可以精确测定测站的大地高程。GNSS 测量的这一特点，不仅为研究大地水准面的形状和测定地面点的高程开辟了新的途径，同时也为其在航空物探、航空摄影测量及精密导航中的应用，提供了重要的高程数据。

6. 操作简便

GNSS 的自动化程度很高，观测中测量员的主要任务只是安置并开关仪器、量取仪器高度、监视仪器的工作状态、采集观测环境的气象数据，而其他观测工作，如卫星的捕获、跟踪观测、数据记录等均由仪器自动完成。

7. 全天候作业

GNSS 测量工作，可以在任何时间、任何地点连续地进行，一般不受天气状况的影响。因此，GNSS 定位技术的发展是对经典测量技术的一次重大突破。一方面，它使经典的测量理论与方法产生了深刻的变革；另一方面，也进一步加强了测量学科与其他学科之间的相互融合，从而促进了测绘科学技术的现代化发展。

二、全球导航卫星系统（GNSS）

（一）GNSS 概述

全球导航卫星系统（Global Navigation Satellite System，GNSS），泛指所有的导航卫星系统，包括全球的、区域的和增强的，如美国的全球定位系统（Global Positioning System，GPS）、俄罗斯的格洛纳斯卫星导航系统（Global Navigation Satellite System，GLONASS）、欧盟的伽利略卫星导航系统（Galileo Satellite Navigation System）、中国的北斗卫星导航系统（BeiDou Navigation Satellite System，BDS），全部建成后其可用的卫星数目可达到 100 颗以上。除此之外还有相关的增强系统，如美国的广域增强系统（Wide Area Augmentation System，WAAS）、欧洲的欧洲静地卫星导航重叠系统（European Geostationary Navigation Overlay Service，EGNOS）、日本的多功能卫星增强系统（Multi-Functional Satellite Augmentation System，MSAS）等，和区域的定位系统如印度区域卫星导航系统（IRNSS）、日本的准天顶卫星系统（QZSS）等，如表 0-3 所示。其中全球定位系统、格洛纳斯卫星导航系统、伽利略卫星导航系统、北斗卫星导航系统被称为全球四大卫星导航系统。图 0-1 至图 0-4 分别为四大卫星导航系统的星座分布图。

表 0-3　　**GNSS 一览表**

系统	名称	研发国家及部门	覆盖区域
GPS	美国全球定位系统	美国国防部	全球
GLONASS	俄罗斯格洛纳斯卫星导航系统	苏联开发，现由俄罗斯接管	全球
伽利略	欧盟伽利略卫星导航系统	欧盟	全球
北斗	中国北斗卫星导航系统	中国	全球
QZSS	准天顶卫星系统	日本	东亚和大洋洲地区
IRNSS	印度区域卫星导航系统	印度	印度境内及周边
EGNOS	欧洲静地卫星导航重叠系统	欧洲委员会、欧洲空间局以及欧洲航空安全组织	欧盟 27 个成员国
MSAS	日本多功能卫星增强系统	日本气象局和日本交通部	日本所有飞行服务区及亚太地区

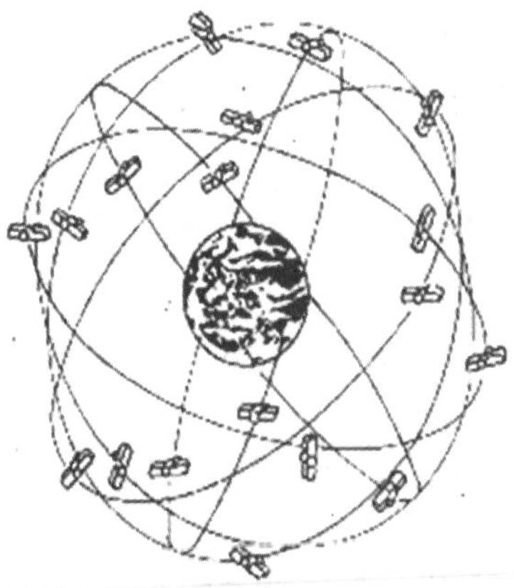

图 0-1　GPS 卫星星座

图 0-2　GLONASS 卫星星座

图 0-3　伽利略卫星导航系统卫星星座

图 0-4　北斗卫星导航系统卫星星座

(二)GNSS的组成部分

GNSS一般由三部分组成，即空间卫星部分、地面控制部分和用户部分。GNSS的组成如表0-4所示。

表0-4　**GNSS的组成**

导航系统	管理机构	组件	
GPS	美国国家天基定位、导航和授时执行委员会(PNT)	空间星座	24(21+3)颗卫星分布在6个轨道面，运行周期为11h58min，卫星高度为20200km。GPS卫星星座如图0-5所示
		地面控制	2个主控站、16个监测站和12个注入站
		用户终端	GPS接收机
GLONASS	俄罗斯联邦航天局、国防部工业与能源部和运输部组成的GLONASS项目部协调委员会。俄罗斯航天局负责GLONASS系统及增强系统的开发和系统的性能监测与控制	空间星座	24(21+3)颗卫星，分布在3个轨道面，卫星轨道高度为19100km，运行周期为11h15min。GLONASS卫星星座如图0-6所示
		地面控制	系统控制中心、中央同步器、遥测遥控站(含激光跟踪站)和外场导航控制设备
		用户终端	GLONASS接收机
伽利略	欧洲委员会	空间星座	30(27+3)颗中低轨卫星，分布在3个轨道面上，卫星高度为23000km，周期为14h4min
		地面控制	将建立2个控制中心，5个S波段的注入站和10个C波段的注入站
		用户终端	伽利略接收机或者GPS、GLONASS、北斗系统兼容的接收机
北斗	中国卫星导航系统管理办公室	空间星座	由5颗地球静止轨道(GEO)卫星、27颗中圆地球轨道(MEO)卫星和3颗倾斜地球同步轨道(IGSO)卫星组成
		地面控制	由若干主控站、注入站和监测站组成
		用户终端	接收机

图0-5　GPS卫星星座

图0-6　GLONASS卫星星座

(三) GNSS 卫星信号

GNSS 卫星发射的信号一般有三种，一种是导航电文信号，它向用户提供为计算卫星坐标用的卫星星历、系统时间、卫星钟性能及电离层改正参数等信息；一种是测距码信号，它是一种二进制码信号，用来测距；还有一种是载波信号，这是一种电磁波，用来加载信号和测距。

不同的导航卫星系统发射的载波信号占用的频段不相同，由 GNSS 卫星上配有的频率相当稳定的原子钟振荡器产生一个基准频率，来生成不同的载波信号，具体如表 0-5 所示。

表 0-5　**GNSS 信号**

导航系统	频段		工作频率(MHz)	波长(cm)
GPS	L1		1575.42	19.03
	L2		1227.60	24.42
	L5		1176.45	25.48
GLONASS	G1		1602.56	18.7
	G2		1246.44	24.1
	G3		1204.704	24.9
北斗	B1	B1I	1561.098	
		B1C	1575.42	
	B2	B2I	1207.14	
		B2a	1207.45	
		B2b	1207.14	
	B3	B3I	1268.52	
		B3Q	1268.52	
		B3A	1268.52	
伽利略	E5a		1176.45	25.5
	E5b		1207.14	24.8
	E6		1278.75	23.4
	E1		1575.42	19.0
	E5		1191.795	25.2

(四) GNSS 坐标系统和时间系统

不同的 GNSS 定位系统采用的坐标系统和时间系统也不同。如表 0-6、表 0-7 所示，尽管不同的定位系统使用了不同的坐标系统，但是目前市面上的多星座 GNSS 接收机测量的坐标统一使用了 WGS-84 坐标系统。

表 0-6　**GNSS 选用的坐标系统**

卫星导航系统	GPS	GLONASS	Galileo	COMPASS
坐标系统	WGS-84	PZ-90	ITRS	CGCS2000
长半轴(m)	6378137	6378136	6378136. 55	6378137
地球引力常数(m^3/s^2)	3986005×10^8	3986004.4×10^8	3986004.415×10^8	3986004.418×10^8
地球自转角速度(rad/s)	7292115×10^{-11}	7292115×10^{-11}	—	7292115×10^{-11}
扁率	1/298. 257223563	1/298. 257839303	1/298. 25769	1/298. 257222101

表 0-7　**GNSS 时间系统**

卫星导航系统	时间系统名称	说　明
GPS	GPS 时	GPS 时的起始历元为 1980 年 1 月 6 日 0 时(UTC)，此时国际原子时(TAI)与协调世界时相差 19s；GPS 时不作闰秒调整，在任何时候都在整数秒上与 TAI 相差 19s，即 TAI-GPS 时≈19s，它与 UTC 的差为 GPS 时-UTC≈TAI-UTC-19s
GLONASS	GLONASS 时	GLONASS 系统通过一组氢原子钟构成的 GLONASS 中央同步器维持时间系统，GLONASS 时间系统与 UTC 时间联系紧密，但有一个 3 小时的常数偏移，即莫斯科时间和格林尼治时差
Galileo	伽利略时	伽利略时间系统(GST)是一个连续的原子时系统，它与国际原子时(TAI)有一个标称常数偏差(也即整数秒)。由于跳秒的插入，伽利略时间系统(GST)与协调世界时(UTC)之间的差值是可变的
COMPASS	北斗时(BDT)	北斗时是一个连续的时间系统，秒长取国际单位制 SI 秒，起始历元为 2006 年 1 月 1 日 0 时 0 分 0 秒协调世界时(UTC)。BDT 与 UTC 的偏差保持在 100 纳秒以内

三、GNSS 在国民经济建设中的应用

GNSS 性能优异，应用范围极广。可以说，在需要导航和定位的部门都可得到广泛利用。GNSS 的产生和应用是导航定位技术的一场革命。

(一) GNSS 技术的功能

GNSS 最初设计主要是用于导航、收集情报等军事目的。但后来的应用开发表明，GNSS 不仅可以达到上述目的，而且用 GNSS 卫星信号能够进行厘米级甚至毫米级精度的静态相对定位，米级至亚米级精度的动态定位，亚米级至厘米级精度的速度测量和毫微秒级精度的时间测量。具体地说，GNSS 具有以下方面的主要应用：

1. 导航

由于全球导航卫星系统能以较好的精度实时定出接收机所在位置的三维坐标，实现实时导航，因而可用于海船、舰艇、飞机、导弹、车辆等各种交通工具及运动载体的导航。在海湾战争中，美国等多国部队利用 GPS 接收机进行飞机、舰艇导航、弹道导弹制导以及各类军事服务(收集情报、绘制地图)。因此，美国军方使用后的结论是：GPS 是作战武器效率倍增器，GPS 是赢得海湾战争胜利的重要技术条件之一。目前，GNSS 导航型接收机的应用也非常普遍，可以为使用者实时提供三维位置、航向、航迹、速度、里程、距离等导航信息，广泛地用于旅游、探险等行业。例如，在手机中加入 GNSS 而生成的“手机导航”可实时确定用户所在位置，并显示出附近地势、地形、街道索引的道路蓝图；基于 GNSS 技术的车辆监控管理系统，可实时确定汽车的动态位置(经度、纬度、高度)、时间、状态等信息，实时地通过无线通信网链传至监控中心，在具有强大的地理信息处理、查询功能的电子地图上显示移动目标的运动轨迹，对其准确位置、速度、运动方向、车辆状态等用户感兴趣的参数进行监控和查询，以确保车辆的安全，方便调度管理，提高运营效率；基于 GNSS 技术的智能车辆导航仪，以电子地图为监控平台，通过 GNSS 接收机实时获得车辆的位置信息，并在电子地图上显示出车辆的运动轨迹。当接近路口、立交桥、隧道等特殊路段时可以进行语音提示。作为辅助导航仪，可按照规定的行进路线使司机无论在熟悉或不熟悉的地域都可迅速到达目的地，该装置还设有最佳行进路线选择及线路偏离报警等多项辅助功能。

2. 授时

随着社会的发展、生活节奏的加快，人类对时间的认识越来越深刻。准确、可靠的时间对社会和我们每个人都是十分重要的。目前各国都竞相研制各种授时和校时手段。授时方法有长、短波授时，GNSS 时间信号、卫星授时、电话授时和计算机网络授时等，成为最为方便、最为精确的授时方法之一。

3. 高精度、高效率的地面测量

GNSS 已广泛应用于高精度大地测量和控制测量、地籍测量和工程测量、道路和各种线路放样、水下地形测量、大坝和大型建筑物变形监测及地壳运动观测等领域。特别是山区的大地测绘相较于传统方法可节省大量的时间、人力、物力和财力。

(二) GNSS 技术的应用

1. 在测绘领域的应用

在测绘领域，GNSS 定位技术已用于建立高精度的大地测量控制网，测定地球动态参数；建立陆地及海洋大地测量基准，进行高精度海陆联测及海洋测绘；监控地球板块运动状态和地壳形变等方面。

在全球地基 GNSS 连续运行站的基础上组成的 IGS(International GPS Service)，是 GNSS 连续运行站网和综合服务系统的范例。它无偿地向全球用户提供 GPS 各种信息，如 GPS 精密星历、快速星历、预报星历、IGS 站坐标及其运动速率、IGS 站所接收的信号的相位和伪距数据、地球自转速率等。在大地测量和地球动力学方面支持了电离层、气象、参考框架、精密时间传递、高分辨率地推算地球自转速率及其变化、地壳运动等科学项目。日本已建成近 1200 个 GNSS 连续运行站网的综合服务系统，在以监测地壳运动和预报地震为主要功能的基础上，目前结合气象和大气部门开展了 GNSS 大气学的服务。

重力探测技术的重要进展开创了卫星重力探测时代，GNSS 为卫星跟踪卫星和卫星重力梯度测量提供了精确的卫星轨道信息和时间信息。包括观测卫星轨道摄动以确定低阶重力场模型，利用卫星海洋测高，直接确定海洋大地水准面以及 GNSS 结合水准测量直接测定大陆大地水准面，可获得厘米级的大地水准面。这一重力探测技术的突破，提供了一种可覆盖全球重复采集重力场信息的高效率技术手段。

GNSS 定位技术同时也用于测定航空航天摄影瞬间相机的位置，可在无地面控制或仅有少量地面控制点的情况下进行航测快速成图，引起了地理信息系统及全球环境遥感监测的技术革命。

在海洋测绘方面，GNSS 技术已经用于海洋测量、水下地形测绘。

在工程测量方面，GNSS 已成为建立城市与工程控制网的主要手段；在精密工程的变形监测方面，它也发挥着极其重要的作用；应用 GNSS 静态相对定位技术，布设精密工程控制网，用于城市和矿区油田地面沉降监测、大坝变形监测、高层建筑变形监测、隧道贯通测量等精密工程。加密测图控制点，应用 GNSS 实时动态定位技术（Real-Time Kinematic，RTK）测绘各种比例尺地形图和施工放样。在 2020 年“珠峰高度”测量中，利用 GNSS 技术参与测量，为精确测定珠峰高度提供了科技保障。我国的一些城市正在建立“GNSS 台站网”，这将为城市基础测绘和“数字城市”建设提供高精度的定位技术服务。如图 0-7 所示为 GNSS 车道级汽车导航定位。

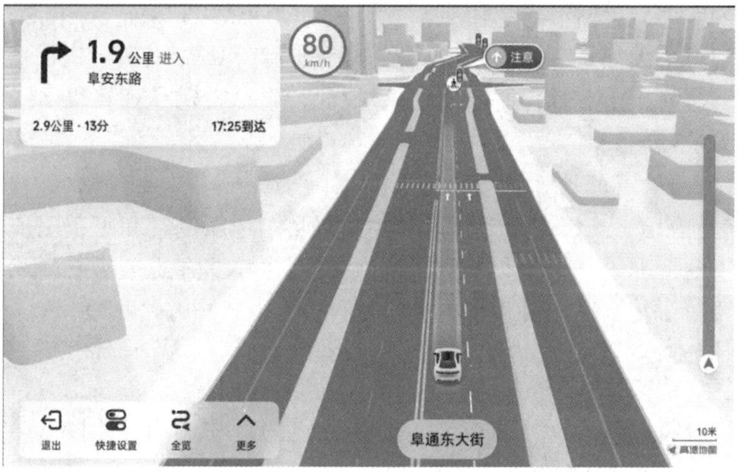

图 0-7　GNSS 车道级汽车导航定位

2. 公共安全和救援应用

GNSS 对火灾、犯罪现场、交通事故、交通堵塞等紧急事件的响应效率较高，可将损失降到最低。有了它的帮助，救援人员就可在人迹罕至、条件恶劣的大海、山野、沙漠，对失踪人员实施有效的搜索、救援。装有 GNSS 装置的交通工具在发生险情时，可及时定位、报警，使之能更快、更及时地获得救援。老人、孩童以及智障人员佩戴由 GNSS、GIS 与 GSM 整合而成的协寻装置，当发生协寻事件时，协寻装置会自动由发射器发出 GNSS

定位信号。即使在无 GNSS 定位信号的室内，亦可通过 GSM 定位方式得知协寻对象的位置。

3. 农业应用

当前，发达国家开始把 GNSS 技术应用于农业生产，即所谓的“精准农业耕作”。该方法利用 GNSS 进行农田信息定位获取，包括产量监测、土壤采集等，计算机系统通过对数据进行分析处理，确定农田土地的管理措施，把产量和土壤状态信息载入带有 GNSS 设备的喷湿器中，从而精确地给农田地块施肥、喷药。通过实施精准耕作，可在尽量不减产的情况下，降低农业生产成本，有效避免资源浪费，降低因施肥除虫对环境造成的污染。

4. 在日常生活中的应用

在日常生活方面的应用是一个难以用数字预测的广阔领域，手表式的 GNSS 接收机，将成为旅游者的忠实导游。GNSS 如同移动电话、传真机、计算机互联网一样，与我们的日常生活紧密相连。GNSS、RS(Remote System)、GIS(Geographic Information System)技术的集成，是 GNSS 的一个重点应用方向。面向个人消费者的移动信息终端已经大为流行。几乎每一台个人手机，都有卫星移动定位功能，为我们提供实时的位置信息。随着卫星导航定位设备的小型化甚至芯片化，各种嵌入式电子产品的种类极大丰富，并与人们的生活越来越紧密地结合在一起。

5. 在地球动力学方面的应用

GNSS 技术用于全球板块运动监测和区域板块运动监测。我国已开始用 GNSS 技术监测南极洲板块运动、青藏高原地壳运动、四川鲜水河地壳断裂运动，建立了中国地壳形变观测网、三峡库区形变观测网、首都圈 GNSS 形变观测网等，地震部门在我国多地震活动断裂带布设了规模较大的地壳形变 GNSS 监测网。

6. 交通

以车载导航为核心的移动目标监控、管理与服务市场快速启动。基于位置的信息服务无疑将是未来卫星导航定位技术最广阔、最具潜力和最引人注目的发展方向之一。目前已实现了为汽车拥有者提供财产监控、导航服务、报警寻车等服务，并逐步完善娱乐服务、交通信息提供、信息定制、移动办公等应用。

此外，在军事、邮电、地矿、煤矿、石油、建筑以及气象、土地管理、金融、公安等部门和行业，在航空航天、测时授时、物理探矿、姿态测定等领域，也都开展了 GNSS 技术的研究和应用。已遍及国民经济各种部门，并开始逐步深入人们的日常生活，卫星定位系统已成为继通信、互联网之后的第三个 IT 新增长点。

正如人们所说的“GNSS 的应用，仅受人类想象力的制约”。

拓展阅读

北斗精神

四大卫星导航系统

一、我国的北斗卫星导航系统

1. 我国的北斗卫星导航系统

北斗卫星导航系统(BeiDou Navigation Satellite System)是中国自主建设、独立运

行，并与世界其他卫星导航系统兼容共用的全球卫星导航系统。系统建设目标是：建设世界一流的卫星导航系统，满足国家安全与经济社会发展需求，为全球用户提供连续、稳定、可靠的服务；发展北斗产业，服务经济社会发展和民生改善；深化国际合作，共享卫星导航发展成果，提高全球卫星导航系统的综合应用效益。

2. 发展历程

20 世纪后期，中国开始探索适合国情的卫星导航系统发展道路，逐步形成了三步走发展战略(见图 0-8)。

第一步，建设北斗一号系统。1994 年，启动北斗一号系统工程建设；2000 年，发射 2 颗地球静止轨道卫星，建成系统并投入使用，采用有源定位体制，为中国用户提供定位、授时、广域差分和短报文通信服务；2003 年，发射第 3 颗地球静止轨道卫星，进一步增强系统性能。

第二步，建设北斗二号系统。2004 年，北斗二号系统工程建设启动；2012 年底，完成 14 颗卫星(5 颗地球静止轨道卫星、5 颗倾斜地球同步轨道卫星和 4 颗中圆地球轨道卫星)发射组网。北斗二号系统在兼容北斗一号系统技术体制的基础上，增加无源定位体制，为亚太地区用户提供定位、测速、授时和短报文通信服务。

第三步，建设北斗三号系统。2009 年，北斗三号系统工程建设正式启动；2018 年底，19 颗卫星发射组网，完成基本系统建设，并向全球提供服务；2020 年底前，30 颗卫星发射组网，全面建成北斗三号系统。北斗三号系统继承北斗有源服务和无源服务两种技术体制，能够为全球用户提供基本导航(定位、测速、授时)、全球短报文通信、国际搜救服务，中国及周边地区用户还可享有区域短报文通信、星基增强、精密单点定位等服务。

北斗卫星发射进程如表 0-8 所示。

表 0-8 **北斗卫星发射进程**

卫　　星	发射日期	运载火箭	轨道
第 1 颗北斗导航试验卫星	2000. 10. 31	CZ-3A	GEO
第 2 颗北斗导航试验卫星	2000. 12. 21	CZ-3A	GEO
第 3 颗北斗导航试验卫星	2003. 5. 25	CZ-3A	GEO
第 4 颗北斗导航试验卫星	2007. 2. 3	CZ-3A	GEO
第 1 颗北斗导航卫星	2007. 4. 14	CZ-3A	MEO
第 2 颗北斗导航卫星	2009. 4. 15	CZ-3C	GEO
第 3 颗北斗导航卫星	2010. 1. 17	CZ-3C	GEO
第 4 颗北斗导航卫星	2010. 6. 2	CZ-3C	GEO
第 5 颗北斗导航卫星	2010. 8. 1	CZ-3A	IGSO

续表

卫　　星	发射日期	运载火箭	轨道
第 6 颗北斗导航卫星	2010. 11. 1	CZ-3C	GEO
第 7 颗北斗导航卫星	2010. 12. 18	CZ-3A	IGSO
第 8 颗北斗导航卫星	2011. 4. 10	CZ-3A	IGSO
第 9 颗北斗导航卫星	2011. 7. 27	CZ-3A	IGSO
第 10 颗北斗导航卫星	2011. 12. 2	CZ-3A	IGSO
第 11 颗北斗导航卫星	2012. 2. 25	CZ-3A	IGSO
第 12、13 颗北斗导航卫星	2012. 4. 30	CZ-3B	MEO
第 14、15 颗北斗导航卫星	2012. 9. 19	CZ-3B	MEO
第 16 颗北斗导航卫星	2012. 10. 25	CZ-3C	GEO
第 17 颗北斗导航卫星	2015. 3. 30	CZ-3C	IGSO
第 18、19 颗北斗导航卫星	2015. 7. 25	CZ-3B	MEO
第 20 颗北斗导航卫星	2015. 9. 30	CZ-3B	IGSO
第 21 颗北斗导航卫星	2016. 2. 1	CZ-3C	MEO
第 22 颗北斗导航卫星	2016. 3. 30	CZ-3A	IGSO
第 23 颗北斗导航卫星	2016. 6. 12	CZ-3C	GEO
第 24、25 颗北斗导航卫星	2017. 11. 5	CZ-3B	MEO
第 26、27 颗北斗导航卫星	2018. 1. 12	CZ-3B	MEO
第 28、29 颗北斗导航卫星	2018. 2. 12	CZ-3B	MEO
第 30、31 颗北斗导航卫星	2018. 3. 30	CZ-3B	MEO
第 32 颗北斗导航卫星	2018. 7. 18	CZ-3A	IGSO
第 33、34 颗北斗导航卫星	2018. 7. 29	CZ-3B	MEO
第 35、36 颗北斗导航卫星	2018. 8. 25	CZ-3B	MEO
第 37、38 颗北斗导航卫星	2018. 9. 19	CZ-3B	MEO
第 39、40 颗北斗导航卫星	2018. 10. 15	CZ-3B	MEO
第 41 颗北斗导航卫星	2018. 11. 1	CZ-3B	GEO

续表

卫　　星	发射日期	运载火箭	轨道
第 42、43 颗北斗导航卫星	2018. 11. 19	CZ-3B	MEO
第 44 颗北斗导航卫星	2019. 4. 20	CZ-3B	IGSO
第 45 颗北斗导航卫星	2019. 5. 17	CZ-3C	GEO
第 46 颗北斗导航卫星	2019. 6. 25	CZ-3B	IGSO
第 47、48 颗北斗导航卫星	2019. 9. 23	CZ-3B	MEO
第 49 颗北斗导航卫星	2019. 11. 5	CZ-3B	IGSO
第 50、51 颗北斗导航卫星	2019. 11. 23	CZ-3B	MEO
第 52、53 颗北斗导航卫星	2019. 12. 16	CZ-3B	MEO
第 54 颗北斗导航卫星	2020. 3. 9	CZ-3B	GEO
第 55 颗北斗导航卫星	2020. 6. 23	CZ-3B	GEO

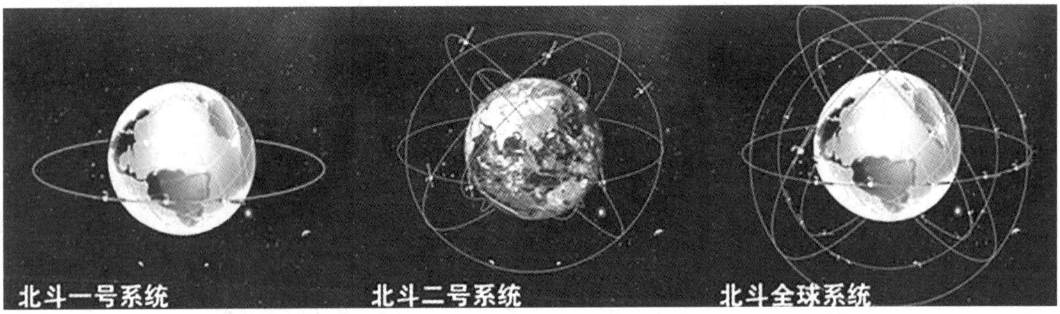

图 0-8　北斗卫星导航系统星座

2023 年 5 月 17 日 10 时 49 分，中国在西昌卫星发射中心用长征三号乙运载火箭，成功发射第 56 颗北斗导航卫星。

2023 年 12 月 26 日 11 时 26 分，中国在西昌卫星发射中心用长征三号乙运载火箭与远征一号上面级，发射第 57 颗、第 58 颗北斗导航卫星。该组卫星属中圆地球轨道卫星，是中国北斗三号全球卫星导航系统建成开通后发射的首组 MEO 卫星，入轨并完成在轨测试后，将接入北斗卫星导航系统。该组卫星与前期 MEO 组网卫星相比，在全球短报文通信容量、星载原子钟技术、有效载荷智能化等方面，功能性进一步升级，入网工作后将进一步提升北斗系统可靠性和服务性能，对支撑系统稳定运行和规模化应用具有重要意义，为下一代北斗卫星的设计奠定基础。

2024 年 9 月 19 日 9 时 14 分，我国在西昌卫星发射中心发射第 59 颗、第 60 颗北斗导航卫星。该组卫星属中圆地球轨道(MEO)卫星，是我国北斗三号全球卫星导航系统建成开通后发射的第二组MEO卫星，入轨并完成在轨测试后，将接入北斗卫星导航系统。

2020年我国北斗三号卫星导航系统建设已经完成，2035年前还将建设完善更加泛在、更加融合、更加智能的综合时空体系。

3. 建设原则

我国坚持“自主、开放、兼容、渐进”的原则建设和发展北斗卫星导航系统。

自主。坚持自主建设、发展和运行北斗卫星导航系统，具备向全球用户独立提供卫星导航服务的能力。

开放。免费提供公开的卫星导航服务，鼓励开展全方位、多层次、高水平的国际合作与交流。

兼容。提倡与其他卫星导航系统开展兼容与互操作，鼓励国际合作与交流，致力于为用户提供更好的服务。

渐进。分步骤推进北斗卫星导航系统建设发展，持续提升北斗卫星导航系统服务性能，不断推动卫星导航产业全面、协调和可持续发展。

4. 系统构成

北斗卫星导航系统由空间段、地面段和用户段三部分组成。

空间段。北斗卫星导航系统空间段由若干地球静止轨道卫星、倾斜地球同步轨道卫星和中圆地球轨道卫星等组成。

地面段。北斗卫星导航系统地面段包括主控站、时间同步/注入站和监测站等若干地面站，以及星间链路运行管理设施。

用户段。北斗卫星导航系统用户段包括北斗兼容其他卫星导航系统的芯片、模块、天线等基础产品，以及终端产品、应用系统与应用服务等。

经过多年发展，北斗卫星导航系统已成为面向全球用户提供全天候、全天时、高精度定位、导航与授时服务的重要新型基础设施。北斗卫星导航系统的定位导航授时服务，通过30颗卫星，免费向全球用户提供服务，全球范围水平定位精度优于9m、垂直定位精度优于10m，测速精度优于0.2m/s、授时精度优于20ns。

全球范围内已经有137个国家与北斗卫星导航系统签署了合作协议。随着全球组网的成功，北斗卫星导航系统未来的国际应用空间将会不断扩展。

5. 北斗卫星导航系统增强系统

北斗卫星导航系统增强系统包括地基增强系统和星基增强系统。

北斗地基增强系统是北斗卫星导航系统的重要组成部分，按照“统一规划、统一标准、共建共享”的原则，整合国内地基增强资源，建立以北斗为主、兼容其他卫星导航系统的高精度卫星导航服务体系。利用北斗/GNSS高精度接收机，通过地面基准站网，利用卫星、移动通信、数字广播等播发手段，在服务区域内提供1~2m、分米级和厘米级实时高精度导航定位服务。系统建设分两个阶段实施，一期为2014年到2016年底，主要完成框架网基准站、区域加强密度网基准站、国家数据综合处理系统，以及国土资源、交通运输、地震、气象、测绘地理信息等行业数据处理中心等建设任务，建成基本系统，在全国范围提供基本服务；二期为2017年至2018年底，主要完成区域加强密度网基准站补充建设，进一步提升系统服务性能和运行连续性、稳定性、可靠性，具备全面服务能力。

北斗星基增强系统是北斗卫星导航系统的重要组成部分，通过地球静止轨道卫星搭载卫星导航增强信号转发器，可以向用户播发星历误差、卫星钟差、电离层延迟等多种修正信息，实现对原有卫星导航系统定位精度的改进。按照国际民航标准，开展北斗星基增强系统设计、试验与建设。已完成系统实施方案论证，固化了系统在下一代双频多星座(DFMC)SBAS标准中的技术状态，进一步巩固了BDSBAS作为星基增强服务供应商的地位。

6. 北斗卫星导航系统特点

北斗卫星导航系统具有以下特点：一是北斗系统空间段采用三种轨道卫星组成混合星座，与其他卫星导航系统相比，高轨卫星更多，抗遮挡能力强，尤其在低纬度地区性能优势更为明显。二是北斗卫星导航系统提供多个频点的导航信号，能够通过多频信号组合使用等方式提高服务精度。三是北斗卫星导航系统创新融合了导航与通信能力，具备定位导航授时、星基增强、地基增强、精密单点定位、短报文通信和国际搜救等多种服务能力。

7. 北斗卫星导航系统应用

我国积极培育北斗卫星导航系统的应用开发，打造由基础产品、应用终端、应用系统和运营服务构成的产业链，持续加强北斗产业保障、推进和创新体系建设，不断改善产业环境，扩大应用规模，实现融合发展，提升卫星导航产业的经济和社会效益。

在基础产品及设施方面，北斗卫星导航芯片、模块、天线、板卡等基础产品，是北斗系统应用的基础。通过卫星导航专项的集智攻关，我国实现了卫星导航基础产品的自主可控，形成了完整的产业链，产业链逐步应用到国民经济和社会发展的各个领域。伴随着互联网、大数据、云计算、物联网等技术的发展，北斗基础产品的嵌入式、融合性应用逐步加强，产生了显著的融合效益。

在行业及区域应用方面，自北斗系统提供服务以来，已在交通运输、农林渔业、水文监测、气象测报、通信系统、电力调度、救灾减灾、公共安全等领域得到广泛应用，融入国家核心基础设施，产生了显著的经济效益和社会效益。

在交通运输方面，交通运输是国民经济、社会发展和人民生活的命脉，北斗卫星导航系统是助力实现交通运输信息化和现代化的重要手段，对建立畅通、高效、安全、绿色的现代交通运输体系具有十分重要的意义。主要包括陆地应用，如车辆自主导航、车辆跟踪监控、车辆智能信息系统、车联网应用、铁路运营监控等；航海应用，如远洋运输、内河航运、船舶停泊与入坞等；航空应用，如航路导航、机场场面监控、精密进近等。随着交通的发展，高精度应用需求加速释放。

在农林渔业方面，我国是农业大国，北斗卫星导航技术结合遥感、地理信息等技术，使得传统农业向智慧农业加快发展，显著降低了生产成本，提升了劳动生产率，增加了劳动收益。主要包括农田信息采集、土壤养分及分布调查、农作物施肥、农作物病虫害防治、特种作物种植区监控以及农业机械无人驾驶、农田起垄播种、无人机植保等应用，其中农业机械无人驾驶、农田起垄播种、无人机植保等应用对高精度北斗服务需求强烈。

在林业方面，林业是北斗系统应用较早的行业之一。林业管理部门利用北斗应用进行林业资源清查、林地管理与巡查等，大大降低了管理成本，提高了工作效率。主要包括林区面积测算、木材量估算、巡林员巡林、森林防火、测定地区界线等应用。其中巡林员巡林、森林防火等使用了北斗特有的短报文功能。特别是在国家森林资源普查中，北斗卫星导航技术结合遥感等技术，发挥了重要作用。而随着我国林区实行集体林权改革，北斗系统也在勘界确权上得到广泛应用。

在渔业方面，渔业是北斗短报文特色服务普及较早、应用广泛的行业。我国是渔业大国，海洋渔业水域面积300多万平方千米，从事海洋渔业的渔船与渔民众多。该应用涵盖了渔船出海导航、渔政监管、渔船出入港管理、海洋灾害预警、渔民短报文通信等多个方面。特别是在没有移动通信信号的海域，使用北斗系统短报文功能，渔民能够通过北斗终端向家人报平安，有力保障了渔民生命安全、国家海洋经济安全、海洋资源保护和海上主权。

在公安方面，反恐、维稳、警卫、安保等大量公安业务，具有高度敏感性和保密性要求，推广应用北斗系统势在必行。基于北斗的公安信息化系统，实现了警力资源动态调度、一体化指挥，提高了响应速度与执行效率。该应用涵盖了公安车辆指挥调度、民警现场执法、应急事件信息传输、公安授时服务等多个方面。其中，应急事件信息传输使用了北斗特有的短报文功能。

在防灾减灾方面，防灾减灾是北斗应用较为突出的领域之一。通过北斗系统的短报文与位置报告功能，实现灾害预警速报、救灾指挥调度、快速应急通信等，可极大提高灾害应急救援反应速度和决策能力。主要包括灾情上报、灾害预警、救灾指挥、灾情通信、楼宇桥梁水库等监测应用。其中，救灾指挥、灾情通信使用了北斗特有的短报文功能，楼宇桥梁水库等应用利用了高精度北斗服务。

在特殊关爱方面，近年来，北斗特殊人群关爱应用逐步兴起。北斗系统通过导航、定位、短报文等功能，为老人、儿童、残疾人等特殊人群提供相关服务，保障他们的安全。主要包括电子围栏、紧急呼救等应用，其中电子围栏实现了相关人群走出设定的电子围栏范围，设置人员手机就能收到及时提醒。

在大众应用方面，近年来，手机、可穿戴设备等北斗大众应用，逐步成为北斗应用的新亮点。利用北斗定位功能，实现手机导航、路线规划等一系列位置服务功能，使人民生活更加便捷。主要包括手机应用、车载导航设备、可穿戴设备等应用，通过与信息通信、物联网、云计算等技术深度融合，实现了众多的位置服务功能。

在电力调度方面，电力传输时间同步涉及国家经济民生安全，北斗应用势在必行。电力管理部门使用北斗系统的授时功能，实现电力全网时间基准统一，保障电网安全稳定运行。主要包括电网时间基准统一、电站环境监测、电力车辆监控等应用，其中电网时间基准统一等迫切需要高精度北斗服务。

在金融方面，金融行业计算机网络时间同步，涉及国家政治经济民生安全，自主北斗应用势在必行。金融管理部门通过使用北斗授时功能，实现金融计算机网络时间基准统一，保障金融系统安全稳定运行。主要包括金融计算机网络时间基准统一、金融车辆监管等应用。

截至2023年3月，北斗三号全球卫星导航系统自2020年建成开通以来，全国已有超过790万辆道路营运车辆、4.7万多艘船舶、4万多辆邮政快递干线车辆应用北斗卫星导航系统，近8000台各型号北斗终端在铁路领域应用推广；北斗自动驾驶系统农机超过10万台，覆盖深耕、插秧、播种、植保、收获、秸秆处理和烘干等各个环节；2587处水库应用北斗短报文通信服务水文监测，650处变形滑坡体设置了北斗监测站点；搭载国产北斗高精度定位芯片的共享单车投放已突破500万辆，覆盖全国450余座城市；基于北斗高精度的车道级导航功能，已在8个城市成功试点，并逐步向全国普及。

二、美国全球定位系统——GPS

美国的全球定位系统(Global Positioning System，GPS)是由美国研制并发射的一种以人造地球卫星为基础的高精度无线电导航定位系统，又称全球卫星定位系统。该系统由美国政府自1974年开始研制，1994年全面建成，并不断升级。已经在全球范围内提供了准确的地理位置、车行速度及精确的时间信息，这些信息被广泛应用于军事、民用等多个领域。

1. GPS的研发进程

自1974年以来，GPS的建立经历了方案论证、系统研制和生产试验三个阶段，总投资超过200亿美元。1978年2月22日，第一颗GPS试验卫星发射成功；1989年2月14日，第一颗GPS工作卫星发射成功，宣告GPS进入了生产作业阶段；1994年全部完成24颗工作卫星(含3颗备用卫星)的发射工作。2007年起美国对GPS进行了大规模的升级，建立了第三代全球定位系统。

2. GPS的系统组成

GPS由3部分组成：空间部分、地面监控部分和用户设备部分。

1)空间部分

GPS由24颗卫星组成，这些卫星均匀分布在6个轨道上，每个轨道平面内有4颗卫星，轨道倾角55°，各个轨道面之间夹角60°，轨道平均高度为20200km。卫星的运行周期为11小时58分钟(约12恒星时)。确保在全球任何地方、任何时间至少能观测到4颗卫星。

在GPS中，卫星星座的功能如下：

用L波段的两个无线载波(19cm波和24cm波)向广大用户连续不断地发送导航定位信号。包括提供精密时间标准、粗略导航定位伪距C/A码、精密测距P码和反映卫星当前空间位置和卫星工作状态的导航电文。

卫星飞越注入站上空时，接收由地面注入站用S波段(10cm波段)发送到卫星的导航电文和其他有关信息，并适时发送给广大用户。

接收地面主控站通过注入站发送到卫星的调度命令，适时地调整卫星的姿态，改正卫星运行轨道偏差，启用备用卫星。

GPS卫星的主体呈圆柱形，直径约为1.5m，重约774kg，两侧设有两块双叶太阳能板，能自动对日定向，以保证卫星正常供电。

每颗卫星配置有4台高精度原子钟(2台铷钟和2台铯钟)，这是卫星的核心设备。它将发射标准频率信号，为GPS定位提供高精度的时间标准。

2)地面监控部分

GPS的地面控制部分包括一个主控站、三个注入站和五个监测站。

主控站负责协调和管理所有卫星的运行。主控站根据各监控站对GPS的观测数据，计算出卫星的星历、卫星钟的改正参数和大气层的修正参数等，把这些数据传送到注入站，并通过注入站注入卫星中去；主控站提供全球定位系统的时间基准，各测站和GPS卫星的原子钟，均应与主控站的原子钟同步，或测出其间的钟差，并把这些钟差信息编入导航电文，送到注入站；主控站对卫星进行控制，向卫星发布指令，调整偏离轨道的卫星，使之沿预定的轨道运行，当工作卫星出现故障时，可以调度备用卫星，替代失效的卫星工作；此外，主控站还具有监控站的功能。

注入站负责将导航数据发送到卫星。注入站的主要设备包括一台直径为3.6m的天线，一台C波段发射机和一台计算机。其主要任务是在主控站的控制下将主控站推算和编制的卫星星历、钟差、导航电文和其他控制指令等，注入相应卫星的存储系统，并检测注入星系的正确性。

监测站负责监测卫星的状态和性能。监测站是在主控站直接控制下的数据自动采集中心。站内设有双频GPS接收机、高精度原子钟、计算机各一台和若干台环境数据传感器。接收机对GPS卫星进行连续观测，以采集数据和监测卫星的工作状况。原子钟提供时间标准，而环境传感器收集有关当地的气象数据。所有观测资料由计算机进行初步处理，并储存和传送到主控站，用以确定卫星的轨道。

3)用户设备部分

GPS的用户部分由GPS接收机、数据处理软件及相应的用户设备如计算机及其终端设备、气象仪器等组成。GPS信号接收机一般包括主机、天线、控制器和电源，能够捕获并跟踪卫星信号，计算并显示用户的地理位置、速度和时间信息。

三、俄罗斯的全球导航卫星系统——GLONASS

俄罗斯的全球导航卫星系统格洛纳斯(Global Navigation Satellite System, GLONASS)是苏联从20世纪80年代开始建设的卫星定位系统。历经20多年的曲折历程，曾遭遇了苏联解体，由俄罗斯接替部署，于1996年1月18日正式运行。

GLONASS的系统组成与工作原理与GPS类似，也是由空间卫星星座、地面监控及用户设备三部分组成。

GLONASS星座由21颗工作星和3颗备份星，共24颗卫星组成。24颗卫星均匀地分布在3个近圆形的轨道平面上，这三个轨道平面两两相隔120°，每个轨道面有8颗卫星，同平面内的卫星之间相隔45°，轨道高度2.36万千米，运行周期11小时15分，轨道倾角64.8°。与美国的GPS系统不同的是，GLONASS的信号采用频分多址(FDMA)方式，根据载波频率来区分不同卫星(GPS是码分多址(CDMA)，根据调制码来区分不同的卫星)。

地面控制部分包括一个系统控制中心、一个指令跟踪站(CTS)，网络分布在俄罗斯境内。CTS跟踪GLONASS可视卫星，遥测所有卫星，进行测距数据的采集和处理，并向各卫星发送控制指令和导航信息。在地面控制站(CTS)内有激光测距设备对测距数据进行周期修正，因此，所有GLONASS卫星上都有激光反射镜。

GLONASS接收机的生产厂家相对较少，且多为专用型。在实际应用中，一般设计为能同时接收GLONASS、GPS等卫星信号的接收机。

GLONASS的建设起步晚于GPS，其应用普及情况远不及GPS。为改善GLONASS，提高系统完全工作阶段的效率和精度性能，增强系统工作的完善性，俄罗斯联邦为GLONASS卫星增加民用频率、建立差分校正和监测系统(SDCM)、开发增强系统、改进地面控制部分、并研发第三代卫星等。现在结合GPS、GLONASS、北斗、Galileo的组合定位用户接收机已被广泛使用，并具有精度高、克服地形遮蔽、整体性强等优势。

四、欧盟伽利略卫星导航系统——Galileo

伽利略卫星导航系统(Galileo satellite navigation system，以下简称Galileo系统)，是由欧盟研制和建立的全球卫星导航定位系统。Galileo系统是继GPS及GLONASS之外第三个可供民用的定位系统。长期以来，世界两大全球卫星导航系统GPS及GLONASS分别受美、俄两国军方的严密控制，GPS更曾经处于垄断地位，其信号的可靠性无法得到保证。为了能在卫星导航领域占有一席之地，欧盟认识到建立拥有自主知识产权的卫星导航系统的重要性。在这种背景下，1999年欧洲委员会提出“伽利略”计划，该计划由欧洲委员会和欧空局共同负责。2002年3月24日欧盟确定组建由轨道高度为23616千米的30颗卫星组成的伽利略卫星导航系统，其中有27颗工作星，3颗备份星。这30颗卫星将均匀分布在3个轨道平面上，轨道倾角为56°。

Galileo 系统是一种完全民用的多功能的卫星导航定位系统，提供导航、定位、授时等基本服务，以及搜索与救援等特殊服务。此外，该系统还提供在飞机导航和着陆系统中的应用、铁路安全运行、海上运输系统、陆地车队运输调度、精准农业等扩展应用服务。2023 年 1 月，欧空局在第 15 届欧洲太空会议上宣布，由 28 颗卫星组成的伽利略全球导航卫星系统，其高精度定位服务(HAS)已启用。

Galileo 卫星导航系统由空间段、地面段和用户段三部分组成。

1. 空间段

空间段由均匀分布在 3 个轨道上的 30 颗中等高度轨道卫星(MEO)构成，轨道高度为 23616km，轨道倾角 56°，轨道升交点在赤道上相隔 120°，卫星运行周期为 14h，每个轨道面上有 1 颗备用卫星。某颗工作星失效后，备份星将迅速进入工作位置，替代其工作，而失效星将被转移到高于正常轨道 300km 的轨道上。这样的星座可以为全球提供足够的覆盖范围。每颗卫星除了搭载导航设备，还增加了一台救援收发器，可以接收来自遇险用户的求救信号，并将该信号转发给地面救援协调中心，协调中心组织和调度对遇险用户的救援行动。同时，卫星还向待救援用户通报救援安排，以便于遇险用户等待并配合救援。

2. 地面段

地面段由完好性监控系统、轨道测控系统、时间同步系统和系统管理中心组成。Galileo 系统的地面段主要由 2 个位于欧洲的伽利略控制中心(GCC)和 29 个分布于全球的伽利略传感器站(GSS)组成，另外还有分布于全球的 5 个 S 波段上行站和 10 个 C 波段上行站，用于控制中心与卫星之间的数据交换。控制中心和传感器站之间通过冗余通信网络相连。全球地面部分还提供与服务中心的接口、增值商业服务以及与“科斯帕斯-萨尔萨特”(COSPAS-SARSAT)的地面部分一起提供搜救服务。

3. 用户段

用户段主要是用户接收机及其类同产品。种类齐全的 Galileo 系统接收机不仅可以接收本系统信号，还可以接收 GPS、GLONASS 两大系统信号进行组合导航，并且实现导航功能、移动通信功能相结合。其服务方式有公开服务、商业服务和官方服务三种。公开服务与商业服务共享两个开放的导航信号。公开服务主要用于道路交通中的个人导航、道路信息和提供路线建议的系统、移动通信等应用领域。商业服务主要涉及专业用户，如测绘、海关、船舶和车辆管理以及关税征收等领域。商业服务将提供在独立频率上的第三种导航信号的接收服务，并使用户能利用三载波相位模糊分辨力技术(TCAR)来改善精度。官方服务对象是那些对于精度、信号质量和信号传输的可靠性要求极高的用户，即生命安全服务、搜救服务和政府管理服务领域的用户。

项目小结

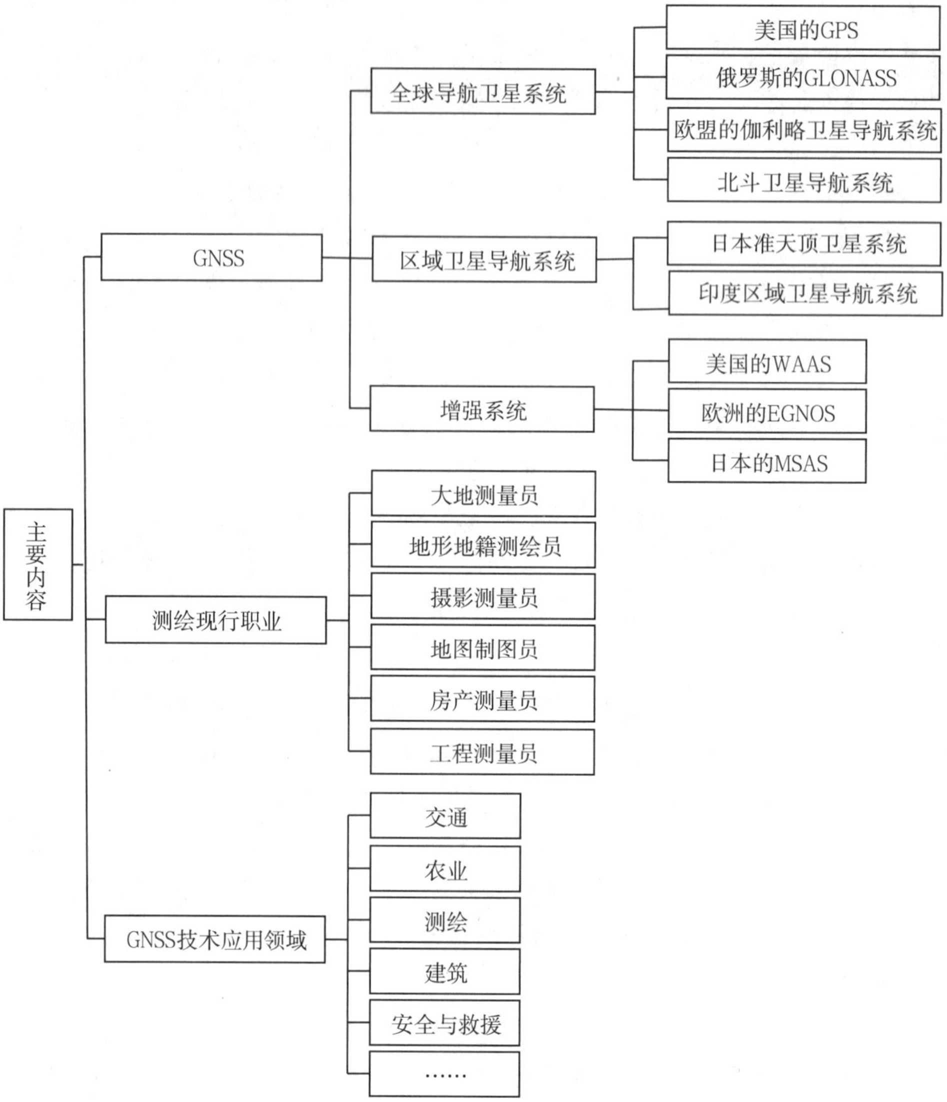

知识检测

1. 简述 GNSS 的含义。
2. GNSS 系统组成有哪些？
3. GPS 时间系统和坐标系统分别是什么？
4. GNSS 技术应用领域有哪些？
5. 北斗卫星导航系统应用于哪些领域？

（习题答案请扫描右侧二维码查看。）

项目 1　GNSS 接收机认识和使用

项目简介

GNSS 测量技术的产生，解决了传统测量作业效率低，定位速度慢，受天气条件限制等问题，大大提高了测量作业效率。GNSS 接收机专门用来接收、解码和处理各种卫星信号。根据用户的不同需求，GNSS 接收机设备各异，可以接收的卫星系统种类不同，有单星座接收机、双星座接收机、多星座接收机；从应用角度上可以分为测地型、导航型和授时型。本项目将介绍测地型接收机的认识、使用、挑选和检测。

教学目标

(1) 知识目标：①掌握 GNSS 接收机的组成和工作原理；②了解 GNSS 接收机的分类、各类 GNSS 接收机的特征；③掌握 GNSS 接收机的基本配置。

(2) 技能目标：①能独立使用 GNSS 测地型接收机；②学会挑选 GNSS 接收机；③能进行简单的 GNSS 接收机检验工作；④规范使用仪器。

(3) 思政目标：①培养学生的责任心，养成爱护仪器、保护仪器的习惯；②强调中国制造、中国创造，培养爱国情怀和民族自豪感。

任务 1.1　GNSS 接收机认识和使用

现在 GNSS 广泛应用于个人位置服务，高精度的测地型接收机主要应用于测量中。本任务将根据用户感兴趣的问题来全面介绍 GNSS 接收机，认识接收机各部件的功能，明确用户使用接收机能完成哪些任务，并阐述接收机为什么能完成这些任务，它是如何实现的。

一、GNSS 接收机的组成

GNSS 接收机是用户端的核心部分，最核心的功能是接收卫星发射的信号，通过信号处理来实现传输时间的测量，同时解码导航电文来判断卫星的位置、速度和时间参数等信息，最后经过一些数据处理来实现实时的导航和定位。

GNSS 接收机的硬件部分由天线单元、接收单元和电源三部分组成，如表 1-1 所示。

GNSS 接收机首先接收由天空中运行的卫星发射的信号，这个工作由 GNSS 接收机的接收天线完成。接收到信号之后首先用天线的前置放大器对信号进行放大。然后通过接收单元的信号通道将电磁波信号转换成电流，并对这种信号电流进行放大和变频处理。再通过微处理器对经过放大和变频处理的信号电源进行跟踪、处理和测量，如图 1-1 所示。

表 1-1　**GNSS 接收机的组成**

组成部分	各部分组成	功　　能
天线单元	接收天线	接收 GNSS 卫星发射的信号，将极微弱的电磁波能转化为相应的电流
	前置放大器	将接收到的 GNSS 信号流予以放大
接收单元	变频器及中频接收放大器	使 L 频段的射频信号变成低频信号
	信号通道	搜索卫星，索引并跟踪卫星； 对广播电文数据信号解扩，解调出广播电文； 进行伪距测量、载波相位测量及多普勒频移测量
	微处理器	控制、数据计算等重要工作
	存储器	存储卫星星历、卫星历书、接收机采集到的码相位伪距观测值、载波相位观测值及多普勒频移。装有多种工作软件，如自测试软件、卫星预报软件、导航电文解码软件、单点定位软件等
	输入输出设备	液晶显示屏提供 GNSS 接收机工作信息；用控制键盘控制接收机工作等
电源	内电源	用于为 RAM 存储器供电，以防止数据丢失
	外接电源	采用可充电的 12V 直流镉镍电池组或锂电池，也可采用汽车电瓶或带稳压装置的交流电

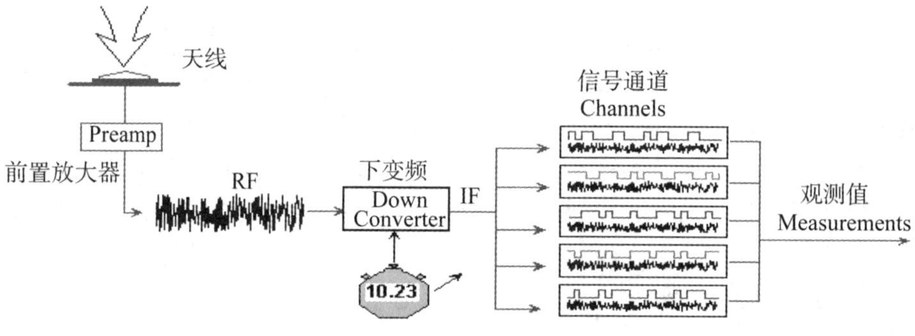

图 1-1　GNSS 接收机工作原理

(一) 天线单元

天线单元由接收天线和前置放大器组成。基本功能是接收 GNSS 卫星信号，并把卫星信号的能量转化为相应的电流量，经过前置放大器，将微弱的 GNSS 信号电流予以放大，送入频率变换器进行频率变换，以便接收机对信号进行跟踪和量测。对天线部分有以下要求：

(1)天线与前置放大器一般应密封为一体。以保障其在恶劣的气象环境中能正常工作，并减少信号损失。

(2)天线均应成全圆极化，使天线的作用范围为整个上半球，在天顶处不产生死角，以保证能接收到来自天空任何方向的卫星信号。

(3)天线必须采取适当的防护和屏蔽措施，以最大限度地减弱信号的多路径效应，防止信号被干扰。

(4)天线的相位中心与几何中心之间的偏差应尽量小，且保持稳定。

天线分为以下几种类型：

1. 单极天线

单极天线属单频天线，具有结构简单、体积小的优点。单极天线需要安装在一块基板上，以利于减弱多路径的影响。

2. 螺旋形天线

螺旋形天线频带宽，全圆极化性能好，可接收来自任何方向的卫星信号。但螺旋形天线也属于单频天线，不能进行双频接收，常用作导航型接收机天线。

3. 微带天线

微带天线是在一块介质板的两面贴以金属片，其结构简单且坚固，重量轻，高度低。微带天线既可用于单频机，也可用于双频机，目前大部分测量型天线都是微带天线。这种天线更适用于飞机、火箭等高速飞行物上。

4. 带扼流圈的振子天线

带扼流圈的振子天线也称扼流圈天线。这种天线的主要优点是，可以有效抑制多路径误差的影响。但目前这种天线体积较大且重，应用不普遍。

5. 锥形天线

锥形天线是在介质锥体上，利用印刷电路技术在其上制成导电圆锥螺旋表面，也称盘旋螺线型天线。这种天线可同时在两个频道上工作，主要优点是增益性好。

GNSS 天线类型如图 1-2 所示。

由于天线较高，而且螺旋线在水平方向上不完全对称，因此天线的相位中心与几何中心不完全一致。所以，在安装天线时要仔细定向，使之得以补偿。

GNSS 天线接收来自 20000km 高空的卫星信号很弱，信号电平只有-50～-180dB；输入功率信噪比为 S/N=-30dB。即信号源淹没在噪声中。为了提高信号强度，一般在天线后端设有前置放大器。对于双频接收机设有两路前置放大器以“养活”带宽，控制外来信号干扰，也防止 f_1，f_2信号干扰。大部分 GNSS 天线都与前置放大器结合在一起，但也有些导航型接收机为减少天线重量、便于安置、避免雷电事故，而将天线和前置放大器分开。

(二)接收单元

GNSS 信号接收机的接收单元主要由信号通道、存储器、计算与显控、电源四个部分组成。

1. 信号通道

信号通道是接收单元的核心部件，它的主要功能是跟踪、处理和量测卫星信号，以获得导航定位所需要的数据和信息。

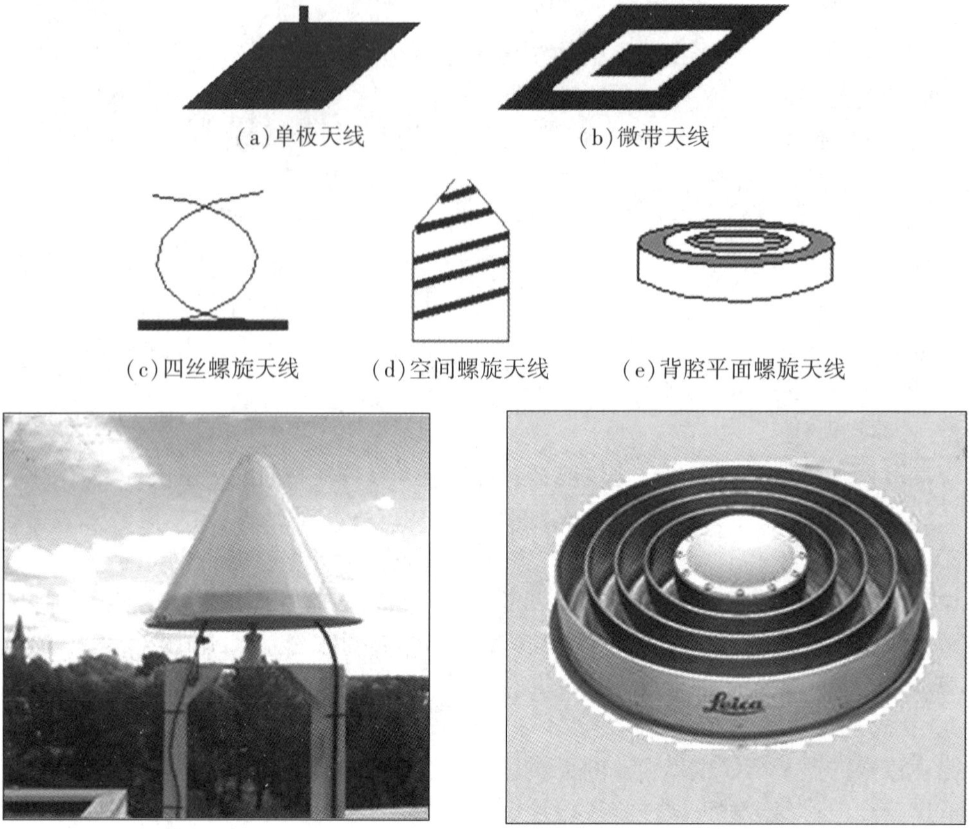

(a)单极天线　(b)微带天线

(c)四丝螺旋天线　(d)空间螺旋天线　(e)背腔平面螺旋天线

(f)锥形天线　(g)带扼流圈天线

图 1-2　GNSS 天线类型

每个通道在某一时刻只能跟踪一颗卫星的一种频率信号，当一颗卫星被锁定后，该卫星占据这一通道直到信号失锁为止。

当接收机需同步跟踪多个卫星信号时，原则上可能采取两种跟踪方式：一种是接收机具有多个分离的硬件通道，每个通道都可连续地跟踪一个卫星信号；另一种是接收机只有一行多通道技术，在相应的软件控制下，可跟踪多个卫星信号。因此，目前大多数接收机采用并行多通道技术，可同时接收多颗卫星信号。对于不同类型的接收机，信号通道数目也由 1 到 1500 多不等。目前市面上的新型接收机可同时接收 GPS、GLONASS、伽利略、北斗卫星导航系统的信号，其通道多达 1500 个。

当前信号通道的类型有多种，若根据通道的工作原理，即对信号处理和量测的不同方式，则可分为相关型通道、平方型通道、码相位通道，它们分别采用不同的解调技术。三者的区别如下：

相关型通道：用伪噪声码互相关电路，实现对扩频信号的解扩，解译出卫星导航电文。

平方型通道：用 GNSS 信号自乘电路，仅能获取两倍于原载频的重建载波，抑制了数据码，无法获取卫星导航电文。

码相位通道：用 GNSS 信号时延电路和自乘电路相结合的方法，获取 P 码或 C/A 码的码率正弦波，仅能测量码相位，而无法获取卫星导航电文。

2. 存储器

接收机内设有存储器，以存储卫星星历、卫星历书、接收机采集到的码相位伪距观测值、载波相位观测值及人工测量数据。

目前，GNSS 接收机都采用 PC 卡或内存作为存储设备。在接收机内还装有多种工作软件，如自测试软件、天空卫星预报软件、导航电文解码软件、GNSS 单点定位软件等。为了防止数据的溢出，当存储设备达到饱和容量的 95%时，便会发出“嘀嘀”的报警声，以提醒作业人员进行及时处理。

3. 计算与显控

新型的 GNSS 接收机都有液晶显示屏以提供 GNSS 接收机工作信息，并配有一个控制键盘，用户可通过键盘控制接收机工作。对于导航接收机，则配有大显示屏，在屏幕上直接显示导航的信息及数字地图。

接收机内的处理软件在微处理器的协同下可实现 GNSS 定位数据采集、导航电文解码、通道自校检测等工作，它主要用于信号捕获、环路跟踪和点位计算。微处理器主要完成下述计算和数据处理。

(1)接收机开机后，应立即进行自检，适时地在视频显示窗内展示各自的自检结果，并测定、校正和存储各个通道的时延值。

(2)接收机对卫星进行捕捉跟踪后，根据跟踪环路所输出的数据码，解译出 GNSS 卫星星历。

(3)解码 GNSS 导航电文，用已测得的点位坐标和 GNSS 卫星历书，计算所有在轨卫星的升降时间、方位和高度角，并为作业人员提供在轨卫星数量及其工作状况。

(4)储存并接收用户输入的信号，如测站名、测站号、天线高和气象参数等。

4. 电源

GNSS 接收机的电源一般有两种：内电源和外接电源。

内电源：一般采用锂电池，主要用于为 RAM 存储器供电，以防止数据丢失。

外接电源：常采用可充电的 12V 直流镉镍电池组或锂电池，有的也可采用汽车电瓶。当用交流电时，需通过稳压电源或专用电流交换器。当机外电池下降到 11.5V 时，自动接通内电池。低于 10V 时，若没有连接上新的机外电池，接收机便自动关机，停止工作，以免缩短其使用寿命。在用机外电池作业的过程中，机内电池能够自动地被充电。

二、认识接收机

(一)接收机的作用

GNSS 接收机通过天线接收由 GNSS 卫星发射的信号。观测信号包括测距码、载波和导航电文。测距码和载波用来测定卫星至接收机的距离，导航电文用来计算卫星位置。

1. 测距码测定伪距

测距码是表达不同信息的二进制数及其组合，用来测定卫星到接收机天线之间的距离，测距码的结构如表 1-2 所示。

表 1-2 **测距码的结构**

名称	二进制序列			
符号序列	1	1	1	0
信号电位	−1	−1	−1	1
信号波形				

载波是一种电磁波，在无线电通信技术中，一般将频率较低的测距码信号加载在频率较高的载波上，这个过程叫作信号调制，如图 1-3 所示。

通过测量由卫星产生的测距码从卫星传送到用户接收机天线所需的传播时间来计算距离。卫星在 t_1 时刻产生的一个特定的码相位于 t_2 时刻到达接收机，传播时间为 τ。在接收机中，相对于接收机时钟在 t 时刻产生一个相同的编码测距信号。这个复现码在时间上移动，直到与卫星产生的测距码发生相关为止。如果卫星时钟和接收机时钟完全同步，相关过程将得到真实的传播时间。利用这个传播时间 τ 乘以光速，便能计算出真实的卫星到用户的距离。

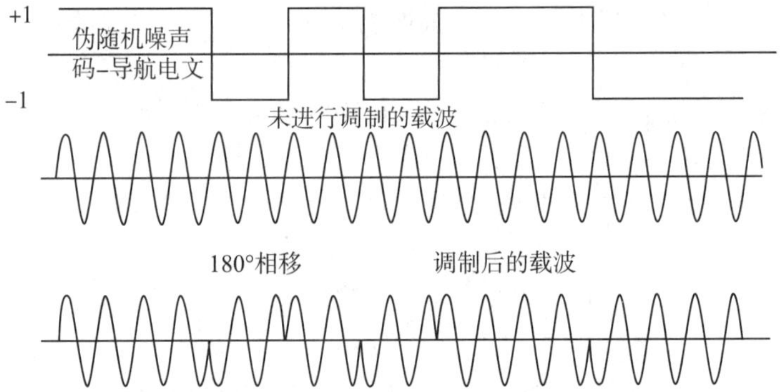

图 1-3 GNSS 卫星信号调制

2. 载波相位测量伪距

载波相位测量是通过测量卫星发射的载波信号从卫星发射到接收机的传播路程上的相位变化，从而确定传播距离。由于卫星在发射信号时，将测距码和数据码调制在载波上，在信号到达接收机后，接收机解调出纯净的载波信号。

通过观测载波信号的相位变化，由载波波长就可以求出该瞬间从卫星到接收机的距离。

(二) 接收机的类型

1. 按接收机的用途分类

1) 导航型接收机

导航型接收机主要用于确定船舶、车辆、飞机和导弹等运载体的实时位置和速度，以保障这些载体按预定的路线航行。一般采用以测码伪距为观测量的单点实时定位，或实时差分定位，精度较低，结构较为简单，价格便宜，其应用极为广泛。根据应用领域的不同，此类接收机还可以进一步分为车载型、航海型、航空型、舰载型、星载型等。由于飞机运行速度快，因此，在航空上使用的接收机要求能适应高速运动。卫星的速度高达 7km/s 以上，因此对接收机的要求也更高。

2)测地型接收机

测地型接收机主要是指适于进行各种测量工作的接收机。一般均采用载波相位观测量进行相对定位，精度很高。测地型接收机与导航型接收机相比，其结构较复杂，价格较贵。

3)授时型接收机

授时型接收机结构简单，可用于天文台或地面监控站，进行时频同步测定，授时型天线见图 1-4。

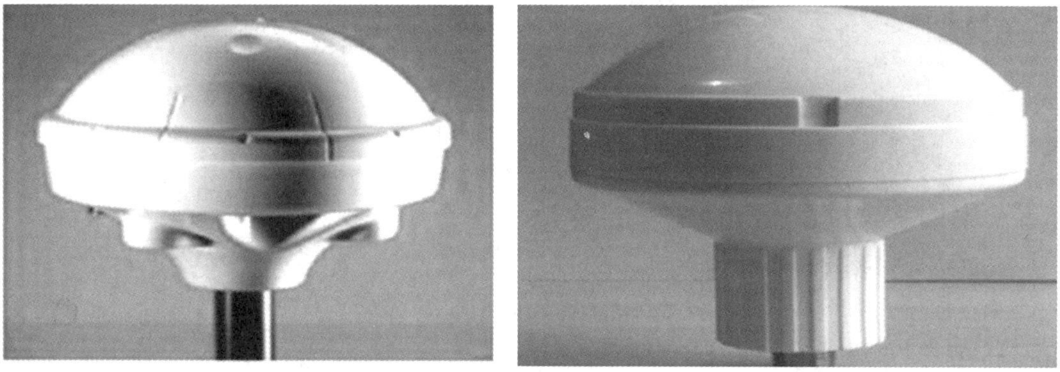

(a) Trimble Acutime 2000 天线　　(b)北斗授时天线

图 1-4　授时型天线

2. 按接收机的信号分类

1)码相位接收机

码相位接收机采用 C/A 码、P 码进行测距，精度较差，主要用于导航型和手持型低精度接收机。

2)单频接收机

单频接收机只能接收 L1 载波信号，测定载波相位观测值进行定位。例如南方 9600 型单频接收机。由于不能有效消除电离层延迟影响，单频接收机只适用于短基线的精密定位。

3)双频接收机

双频接收机可以同时接收 L1、L2 载波信号。例如华测 X10 型 GNSS 接收机，南方 S82 GNSS 接收机、南方灵锐 S86T GNSS 接收机、科力达 K9-TGNSS 接收机等型号。利用双频对电离层延迟的不同，可以消除电离层对电磁波信号延迟的影响，因此双频接收机可用于长达几千千米的精密定位。

4）多频接收机

多频接收机可以同时接收多个频段的信号，例如 L1/L2/L5，具有更高的精度和性能，适用于高精度测量、科学研究等领域。例如华测 X10 型 GNSS 接收机等。

5）信标接收机

信标接收机可同时接收 GNSS 接收机测距码信号和无线电指向标——差分全球定位系统信号。因此在 300km^{2}范围内仍然可以获得 1～3m 实时定位结果，主要用于沿海地区无线电指向覆盖区域海上船只导航定位（见图 1-5）。

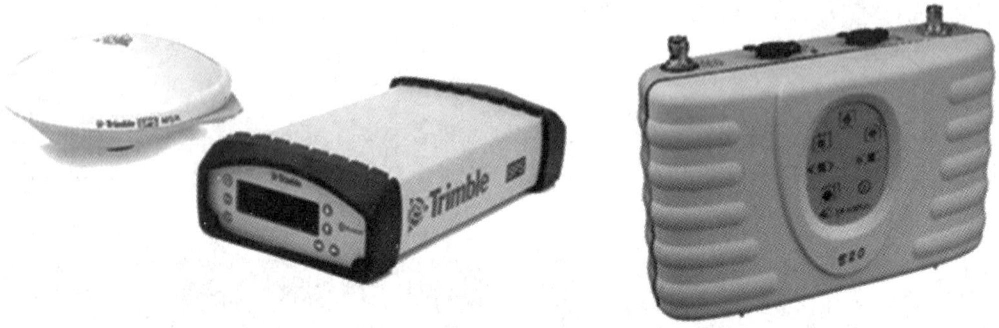

（a）Trimble SPS351 接收机　　（b）华测 B20 双通道信标机

图 1-5　信标接收机

3. 按接收机作业模式分类

1）实时动态差分接收机

通过对接收到的基准值信号进行差分计算，可以实现厘米级的定位精度。

2）静态差分接收机

需要在测量前设置基准站和流动站，通过对基准站和流动站的数据进行差分计算，来获得高精度的测量结果。

3）技术型接收机

根据所使用的技术和算法的不同，可以将其分为多普勒相位跟踪型、信号成像型、多普勒测速型、高动态型等多种类型。这些接收机被广泛应用于军事、航空、导航等领域。

4. 按接收机结构分类

1）分体式接收机

分体式接收机的主体、天线、电台、电源、手簿等各单元分开，它们之间用电缆或者蓝牙技术进行通信。但主要结构可分为天线单元和接收单元两大部分。见图 1-6（a）。

2）整体式接收机

整体式接收机的天线、接收机主体、控制器、电台、电源集合成一个整体，或者各单元模块化，无电缆连接。见图 1-6（b）。

3）手持式接收机

手持式接收机采用整体式结构，高度集成一体化，接收机根据手持特点进行封装。见图 1-6（c）。

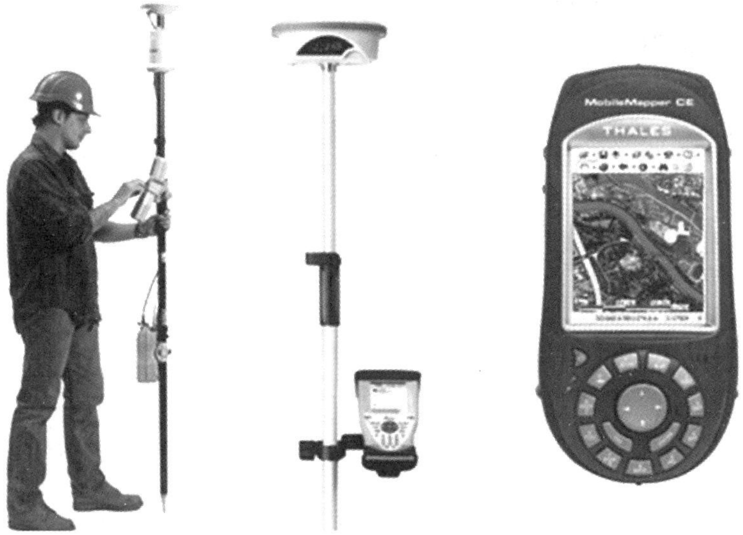

(a)分体式接收机　　(b)整体式接收机　　(c)手持式接收机

图 1-6　接收机的结构分类

三、案例：华测 GNSS 接收机认识与使用

1. 华测 GNSS 接收机概述

上海华测导航技术有限公司成立于 2003 年 9 月，主要从事高精度卫星导航定位相关软硬件技术产品的研发、生产和销售，主要产品包括高精度 GNSS 接收机、GIS 数据采集器、海洋测绘产品、三维激光产品、无人机遥感产品等数据采集设备，以及位移监测系统、农机自动导航系统、数字施工系统、精密定位服务系统等数据应用解决方案。

华测 X10 GNSS 接收机是一款具有北斗全星座 220 通道，Linux 操作系统，初始化时间 5s，支持倾斜传感系统，可进行 30°倾角测量，外观小巧精美的智能 RTK。华测 X10 GNSS 接收机外观及配件如图 1-7 所示。

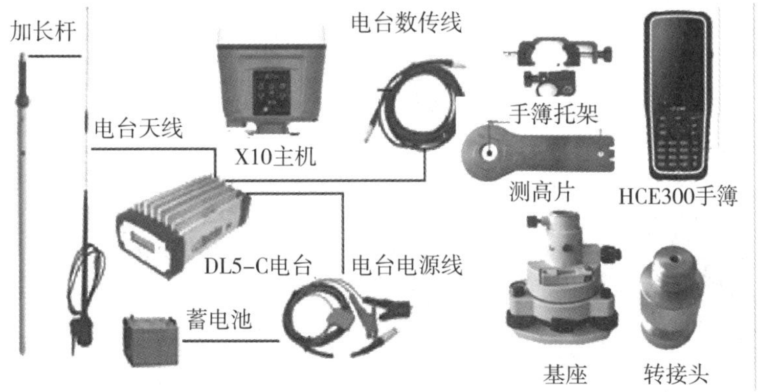

图 1-7　华测 X10 GNSS 接收机外观及配件

2. 华测 X10 GNSS 接收机主要技术指标

华测 X10 GNSS 接收机主要技术指标如表 1-3 所示。

表 1-3 **华测 X10 GNSS 接收机主要技术指标**

项目	内容	指　标
接收机特性	卫星跟踪	北斗全星座 220 通道
	防水透气膜	有
	初始化时间	5s
	数据输出速率	最大 20Hz
	初始化可靠性	>99.99%
接收机外观	按键	1 个电源键、1 个 Fn 键
	指示灯	1 个差分信号灯、1 个卫星灯、1 个数据采集灯、2 个电源指示灯、1 个 WiFi 指示灯
接收机性能	静态精度	平面精度：$\pm(0.25+1\times10^{-6}\times D)$m 高程精度：$\pm(0.5+1\times10^{-6}\times D)$m
	RTK 精度	平面精度：$\pm(8+1\times10^{-6}\times D)$mm 高程精度：$\pm(15+1\times10^{-6}\times D)$mm
	单机精度	1.5m
	码差分精度	平面精度：$\pm(0.25+1\times10^{-6}\times D)$m 高程精度：$\pm(0.5+1\times10^{-6}\times D)$m
主机功耗	静态功耗	3.2W
	电池容量	3400mAh×2×7.4V=50.32Wh
	电池技术	双电池智能供电系统
	电池工作时间	RTK 模式 12h，可外接直流电，双电池电源自动切换
	外接电源	12~36VDC
物理特性	差分格式	RTCM3.2、CMR+、RTCM3.X、CMR、RTCM2.3
	内置电台	功率：0.1~2W 可调 频率：450~470MHz(X10Pro 标配 410~470MHz) 协议：CHC(X10Pro 标配 CHC/TT450S/透明传输)
	网络模块	联通 4G 3G(WCDMA)，移动 2G(GSM)可选电信 3G(CDMA2000)
	Wi-Fi	具有 Wi-Fi 热点功能，任何智能终端均可接入接收机
	蓝牙	BT4.0，向下兼容 BT2.x，协议支持 Win/Android/iOS 系统

续表

项目	内容	指　　标
静态存储	存储格式	HCN、RINEX
	存储空间	标配 32GB 存储器，支持空间保护
	存储方式	8 进程同时存储
	下载方式	即插即用的 USB 下载；FTP 远程推送+本地一键下载；HTTP 下载
辅助测量	倾斜测量	X10pro 标配支持倾斜测量
	电子气泡	可以实现接收机居中自动测量，真正解放用户的右手
数据输出	输出格式	NMEA 0183、PJK 平面坐标、二进制码
	输出方式	BT/WIFI/RS232/电台

(1)指示灯说明见表 1-4。

表 1-4　**指示灯说明**

指示灯	颜色	含　　义
差分数据灯	黄色	基准站模式下，颜色为黄色
	黄色、绿色	移动站收到差分数据后，单点或者浮动为黄色，固定后为绿色
卫星灯	绿色	正在搜星——每 5s 闪 1 下
		搜星完成，卫星颗数 *N*——每 5s 连闪 *N* 下
数据采集灯(静态采集等)	黄色	静态模式——按照采样间隔闪烁为黄色
电源指示灯	红色	电量充足——长亮，电量不足闪烁
WiFi 指示灯	橙色	WiFi 开启后长亮橙色
电源指示灯 B	红色	电量充足——长亮，电量不足闪烁

(2)按键说明见表 1-5。

表 1-5　**按 键 说 明**

按键	含　　义
静态切换键	按一下静态切换键，差分数据灯(绿色)和数据采集灯(黄色)同时亮 1 次，为动态模式； 若要切换为静态模式，按住静态切换键 3s 后差分数据灯(绿色)闪 3 下即静态切换成功，此时按一下静态切换键，差分数据灯(绿色)闪烁 1 次，即为静态模式； 静态切换为动态：按住静态切换键 3s 静态关闭，关闭的过程中差分数据灯(绿色)连闪 3 下

续表

按键	含义
开关机键	长按 3s 关机或开机
组合键	按住静态切换键，连按 5 次开关机键板卡复位，重新搜星

3. HCE300 手簿

(1) HCE300 手簿介绍。

手簿是华测专为外业测量人员设计的一款全能型军工级手簿，主要有以下特点：

①四核高速 CPU。

②4G 全网通，双卡双待。

③4.3 寸多点触控液晶屏。

④Android 6.0 操作系统。

⑤支持按键输入中英文及数字、字符。

⑥LandStar7(测地通)全功能型大地测量软件。

⑦多点触控电容屏，支持带图作业。

⑧支持点触笔。

⑨云服务功能。

(2) 手簿外观。

手簿外观如图 1-8 所示。

图 1-8 HCE300 手簿

①键盘：通过按键输入数字、大小写字母及常用标点符号等。

②耳机孔：插入耳机的位置，未插入耳机或耳机拔出后必须及时塞好防水塞。

③USB 插孔：插入 USB 线的位置，未插入 USB 线或 USB 线拔出后必须及时塞好防水塞。

④摄像头：照相机拍照所使用的摄像头。

⑤扬声器：播放音乐、视频时的发声口。

⑥NFC 标识：识别并自动连接带有 NFC 功能的华测接收机。

(3)指示灯、充电、开关机、数据传输等同安卓智能手机。

4. LandStar7.2 软件简介

(1)软件简介。

LandStar7.2 是华测公司最新研发的一款安卓版测量软件(可安装到手机里)，它充分利用安卓平台稳定、开放的优势，以简单、易于使用为目标，创新性地加入 5 种常用工作模式，一键即可完成 RTK 设置；同时配备强大的图形编辑引擎，并首次在常规测量软件中添加了对图层、代码等属性的编辑和绘制，在野外即可自动成图；充分优化的数据库结构，支持 8 万点以上的海量数据管理和百兆超大底图；还结合强大的云服务功能，让数据的分享、备份更简单。

(2)软件独有特点：

①3 秒搞定 RTK：自带电台、网络工作模板，一键切换；

②导航式放样：箭头实时指向目标方向，找点更简单；

③底图放样：支持 CAD/ArcGIS 格式导入，图上选点/线直接放样；

④自动成图：外业测点自动成图，防止漏测；支持多种地物同时测量，直接显示周长、面积，成果支持导出 CAD/ArcGIS/谷歌等格式；

⑤自定义图层显示；

⑥支持底图按图层显示；支持点名称/代码/高程单独显示；支持点线面的字段、颜色、大小、样式的自定义；支持分类型/图层显示地物；支持按点名/高程区间来筛选显示点；

⑦校正防火墙：点校正成果误差过大自动提醒，防止校正错误；

⑧全功能道路测量：支持涵洞放样，无缝兼容纬地、海地等软件；

⑨掌上教程：永远处于右上角的帮助文档，对当前使用功能进行向导式指导；

⑩免费云服务：多台设备数据、参数、设置共享，并协助搭建私有云平台；华测技术专家实时在线。

任务 1.2　GNSS 接收机挑选

一、测地型接收机的特征

GNSS 外业观测前应根据需求及要求选用 GNSS 接收机，GNSS 接收机的选用要考虑网的用途和精度要求、接收机的功能、接收机完成测量任务的测量精度指标、数量等因素。下面介绍测地型接收机最重要的特征。

(1)生产厂商和类型：生产厂商及仪器型号如图 1-9 所示。

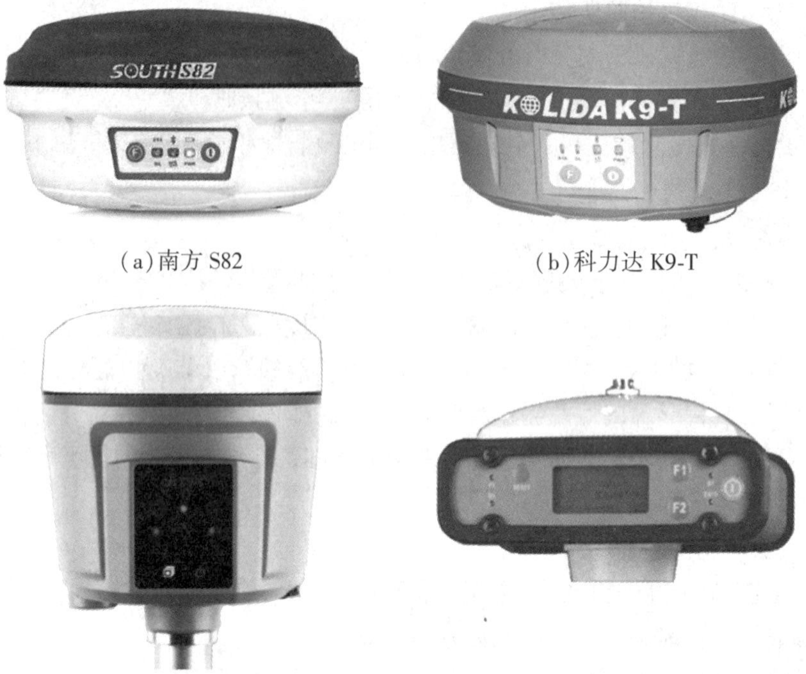

(a)南方 S82　(b)科力达 K9-T

(c)华测 X10　(d)南方 S86T

图 1-9　常用接收机型号

(2)通道数：给出跟踪卫星的通道数，通常一个通道对应一颗卫星和一个频率。典型的 C/A 码伪距接收机的通道数为 12 个。例如，南方 9600 型接收机。现在多星座的 GNSS 接收机一般通道数可提供多达 1500 个。

(3)信号跟踪：制定码和频率。例如“L1 only，C/A-code”表示为 GPS C/A 码单频伪距接收机。目前常用的接收机功能更加强大，描述也更为复杂。例如 GPS L1/L2/L5 载波 L1CA、L2CA、L1P、L2P；伽利略 E2-L1-E1、E5a，WAAS/EGNOS，表示可以接受的星座有 GPS、伽利略、广域增强系统，以及它们的信号类型。

(4)最大跟踪卫星数：与通道数和跟踪信号数量有关。对于双频型接收机，跟踪 12 颗卫星，一般需要 24 个通道，其他多星座 GNSS 接收机以此推算。

(5)定位精度：一般与仪器有关，并涉及不同的定位方式，例如实时差分、后处理差分、实时动态等。

(6)时间精度：典型值在几纳秒到 1000 纳秒之间。

(7)冷启动：表明在未知历书、初始位置及时间的情况下进行定位所需要的时间。通常为几十秒到几分钟。

(8)热启动：表明给定最近历书、初始位置及当前时间，但没有最新星历的情况下定位所需的时间。通常热启动的时间要短于冷启动的时间。

(9)重捕获：该量以秒为单位，定义为信号失锁至少 1min 后重新捕获的时间。通常为 1s，非常好的值为 0.1s 或更小。

(10)接口数、接口类型、波特率：决定了数据传输的情况。采用串口、蓝牙等不同类型的接口，每秒比特计数的传输率通常为 4800~115200bit/s，波特率越高，传输速度越快。若用以太网则会更高。

(11)工作温度：一般为-30~80℃。

(12)电源和功耗：电源分为内电源和外接电源，也有使用太阳能电池的。

(13)天线类型：通常分为被动式、主动式。

二、接收机选用

(一)最佳接收机应具备的条件

(1)可靠性高。接收机本身产生的周跳极少。

(2)耐用性强。无故障工作时间长。

(3)测量精度高。测量精度能达到规程规范的要求。

(4)具有同时跟踪 4 颗以上卫星的能力。通道数较多，卫星跟踪性能良好。

(5)作业适应性强。既能在平坦地区作业，又能在森林或者街区作业，能在高低动态环境下作业，具有极微弱信号的探测能力和抗干扰能力等。

(6)具有双频甚至三频的接收能力。可用于长距离厘米级的 GNSS 测量。

(7)较低的测距码噪声和载波相位噪声。

(8)具有削弱多路径误差的功能。

(9)较大内存。

(10)数据处理软件功能强大。

(11)体积小、功耗低。

(12)工作温度范围广，在炎热和酷寒地区均能工作。

(二)作业接收机的选用

A 级网测量的 GNSS 接收机的选用按《全球导航卫星系统连续运行基准站网技术规范》(GB/T 28588—2012)的有关规定执行，B、C、D、E 级 GNSS 网按表 1-6 的规定执行(依据《全球导航卫星系统(GNSS)测量规范》(GB/T 18314—2024))。

表 1-6　**GNSS 接收机的选用(GB/T 18314—2024)**

级别	B	C	D、E
频段	多模多频	多模多频/单模多频	单模多频/多模单频
观测量(至少有)	载波相位、伪距	载波相位、伪距	载波相位、伪距
同步观测接收机数	≥4	≥3	≥2
天线要求	扼流圈、抗干扰	大地型	大地型

(三)接收机维护

GNSS 接收机维护具体的操作如下：

(1)GNSS 接收机等仪器应指定专人保管，不论采用何种运输方式，均应有专人押运，并应采取防震措施，不得碰撞、倒置或重压。

(2)作业期间，应严格遵守技术规定和操作要求，未经允许，非作业人员不得擅自操作仪器。

(3)接收仪器应注意防震、防潮、防晒、防尘、防蚀、防辐射，电缆线不应扭折，不应在地面拖拉、碾砸，其接头和连接器应保持清洁。

(4)作业结束后，应及时擦净接收机上的水汽和尘埃，及时存放在仪器箱内。仪器箱应置于通风、干燥、阴凉处。箱内干燥剂呈粉红色时，应及时更换。

(5)仪器交接时应按规定的一般检视的项目进行检查，并填写交接情况记录。

(6)接收机在使用外接电源前，应检查电源电压是否正常，电池正负极切勿接反。

(7)当天线置于楼顶、高标及其他设施的顶端作业时，应采取加固措施，雷雨天气时应有避雷设施或停止观测。

(8)接收机在室内存放期间，室内应定期通风，每隔 1~2 个月应通电检查一次，接收机内电池要保持充满电状态，外接电池应按其要求按时充放电。

(9)严禁拆卸接收机各部件，天线电缆不得擅自切割改装、改换型号或接长。如发生故障，应认真记录并报告有关部门，请专业人员维修。

拓展阅读

GNSS 误差理论

中国制造、中国创造

一、GNSS 误差理论概述

GNSS 是一个庞大的系统，GNSS 测量是通过地面接收设备接收卫星传送来的信息，计算同一时刻地面接收设备到多颗卫星之间的伪距离，采用空间距离后方交会方法，来确定地面点的三维坐标。误差的组成也很复杂：根据不同的研究方向和研究重点，误差的分类各有不同。通常按误差的性质将其分为系统误差和偶然误差两类；而按误差的来源又可以将其分为与 GNSS 卫星有关的误差、与 GNSS 卫星信号传播有关的误差和与 GNSS 信号接收机有关的误差。在此将介绍与接收机有关的误差。在高精度的 GNSS 测量中，还应注意到与地球整体运动有关的地球潮汐、负荷潮及相对论效应等的影响。

二、与接收机有关的误差

在 GNSS 定位误差中，与接收设备有关的误差主要有接收机钟误差、观测误差、天线相位中心偏差等。

(一)接收机钟误差

在 GNSS 测量时，为了保证随时导航定位的需要，卫星钟必须具有极好的长期稳定度。而接收机钟只需在一次定位的期间内保持稳定，所以一般使用短期稳定度较好、便宜轻便的石英钟，其稳定度约为 10^{-11}。如果接收机钟与卫星钟间的同步差为 1μs，则由此引起的等效距离误差约为 300m，这是我们不能接受的。

减弱接收机钟差的方法有：

(1)在单点定位时，将接收机钟差作为独立的未知数在数据处理中求解，或者将接收机钟差表示为多项式的形式，平差求解多项式系数。

(2)在相对定位中，利用卫星间求差的方法，可以有效地消除接收机钟差。

(3)在高精度定位时，可采用外接频标的方法，为接收机提供高精度的时间标准，如外接铯钟、铷钟等。这种方法常用于固定站。

(二)观测误差

观测误差与仪器硬件和软件对卫星能达到的分辨率有关，还与天线的安置精度有关，即存在天线对中误差、天线整平误差及量取天线高的误差。因此精密定位中注意整平天线，仔细对中。

1. 卫星信号分辨误差

一般认为，卫星信号观测能达到的分辨误差为信号波长的 1%，各种不同观测误差如表 1-7 所示。

表 1-7　　**观测误差**

信号	波长	观测误差
P 码	29. 3m	0. 3m
C/A 码	293m	2. 9m
载波 L1	19. 05m	2. 0mm
载波 L2	2. 5m	2. 5mm

2. 天线安置误差

观测误差与天线的安置精度有关，即与天线对中误差、天线整平误差及量取天线高的误差有关。例如天线高 2. 0m，天线整平时，即圆水准气泡略偏一格，对中影响为 5mm，所以，在精密定位中，应注意整平天线、仔细对中。在一些精度要求高的 GNSS 测量中(如变形监测)可以使用强制对中装置。

(三)天线相位中心偏差

在 GNSS 测量中，观测值都是以接收机天线的相位中心位置为准的。所以天线的相位中心与其几何中心理论上应保持一致。而实际上，接收机天线接收到的 GNSS 信号来自四面八方，随着 GNSS 信号方位和高度角的变化，接收机天线相位中心的位置也在发生变化。这种偏差视天线性能的好坏可达数毫米至数厘米，对精密相对定位也是不容忽视的。所以，如何减少相位中心的偏移是天线相位设计中的一个重要问题。在天线设计时，应尽量减少这一误差(一般控制在 5mm 之内)，并且要求在天线盘上指定指北方向。这样，在相对定位时，可以通过求差削弱相位中心偏差的影响。

在实际工作中，如果使用同一类型的天线，在相距不远的两个或者多个观测站上同步观测了同一组卫星，便可以通过观测值求差来削弱相位中心偏移的影响。不过，这时各观测站的天线均应按天线附有的方位标志进行定向，根据仪器说明书，罗盘指向磁北极，其定向偏差应在3°以内。

三、与 GNSS 卫星有关的误差

与 GNSS 卫星有关的误差主要包括：卫星轨道误差和卫星钟误差。

(一) 卫星轨道误差

处理卫星的轨道偏差较为困难，其主要原因是，卫星在运行中要受到多种摄动力的复杂影响，而通过地面监测站难以充分可靠地测定这种作用力，并掌握它们的作用规律，目前，卫星轨道信息是通过导航电文得到的。

应该说，卫星轨道误差是当前 GNSS 测量的主要误差来源之一。测量的基线长度越长，此项误差的影响就越大。

为了满足精密定位的要求，卫星的轨道必须具有足够的精度。在 GNSS 定位测量中，处理卫星轨道误差有以下几种方法：

1) 忽略轨道误差

广泛地用于精度较低的实时单点定位工作中。

2) 独立定轨

建立自己的卫星跟踪网独立定轨。

3) 采用轨道改进方法处理观测数据

这种方法是在数据处理中，引入表征卫星轨道偏差的改正参数，并假设在短时间内这些参数为常量，将其与其他求知数一并求解。

4) 同步观测值求差

这一方法是利用两个或多个观测站，对同一卫星的同步观测值求差。以减弱卫星轨道误差的影响。这种方法对于精度相对定位，具有极其重要的意义。

(二) 卫星钟误差

尽管 GNSS 卫星均设有高精度的原子钟(铷钟和铯钟)，但是它们与理想的 GNSS 时之间，仍存在着难以避免的偏差和漂移。这种偏差的总量约在 1ms 以内。

对于卫星钟的这种偏差，一般可由卫星的主控站，通过对卫星钟运行状态的连续监测确定，并通过卫星的导航电文提供给接收机。经钟差改正后，各卫星之间的同步差，即可保持在 20ns 以内。导航电文提供的卫星钟差模型为：

$$\Delta t^s = a_0 + a_1(t - t_0) + a_2(t - t_0)^2$$

在相对定位中，卫星钟差可通过观测量求差(或差分)的方法消除。

(三) SA 干扰误差

SA 误差是美国军方为了限制非特许用户利用 GPS 进行高精度点定位而采用的降低系统精度的政策，简称 SA 政策，它包括降低广播星历精度的 ε 技术和在卫星基本频率上附加一随机抖动的δ技术。实施SA技术后，SA误差已经成为影响GPS定位误差的最主要因素。虽然美国在2000年5月1日取消了SA，但是战时或必要时，美国可能恢复或采用类似的干扰技术。

SA技术其主要内容是：①在广播星历中有意地加入误差，使定位中的已知点(卫星)的位置精度大为降低；②有意地在卫星钟的钟频信号中加入误差，使钟的频率产生快慢变化，导致测距精度大为降低。

(四)相对论效应

由于卫星钟和接收机钟所处的状态(运动速度和重力位)不同而引起卫星钟和接收机钟之间产生相对钟误差的现象即相对论效应。

由相对论理论，在地面上具有频率的时钟安装在以速度运行的卫星上以后，时钟频率将会发生变化，改变量为：

$$\Delta f_1 = -\frac{V_s^2}{2C^2} f_0$$

处理方法：从地面观测，卫星钟走得慢，一般通过卫星时钟频率预调为$10.23\text{MHz}\times(1-4.449\times10^{-10})=10.22999999545\text{MHz}$。可以将相对论误差控制在70ns以内。

四、与传播路径有关的误差

与传播路径有关的误差有电离层延迟、对流层延迟、多路径效应等。

(一)电离层延迟

1. 电离层延迟影响

电离层是指地球上空的大气圈的上层，距离地面高度在50~1000km之间的大气层。电离层中的空气分子由于受到太阳等各种天体、各种射线辐射的影响，产生强烈的电离，形成了大量的自由电子和正离子。因此大气以带电粒子的形式存在，当GNSS信号通过电离层时，因受到带电介质的非线性散射特性的影响，信号的传播路径会发生弯曲，传播速度也会发生变化。这种变化称为电离层延迟。此时，用信号的传播时间乘以真空中的光速而得到的距离不等于卫星到接收机之间的几何距离。

电离层含有较高密度的电子，属于弥散性介质，电磁波受电离层折射的影响与电磁波的频率以及电磁波传播途径上的电子总含量有关。

电离层折射改正数的关键在于求电子密度N_e。可是电子密度随着距离地面的高度、时间变化、太阳活动程度、季节、测站位置等多种因素而变化。据有关资料分析，电离层电子密度白天约为晚上的5倍；一年中，冬季约为夏季的4倍；太阳黑子活动最激烈的时候可为最小时的10倍。目前还无法用一个严格的数学模型来描述电子密度的大小和变化规律。

2. 削弱电离层影响的对策

对于电离层折射的影响，可通过以下解决途径削弱：

1)相对定位

利用两台接收机在基线的两端进行同步观测并取其观测量之差，可以减弱电离层折射的影响。当测站间的距离相差不太远时，由于卫星至两观测站电磁波传播路径上的大气状况很相似，可以通过同步观测量求差的方式削弱电离层延迟的影响。这种方法对于短基线(20km 以内)的效果很明显，这时经电离层折射改正后基线长度的残差一般不超过 1×10^{-6}。所以，在 GNSS 测量中，对于短距离的相对定位，使用单频接收机也能达到相当高的精度。

2)双频观测

如果用双频接收机分别接收 GNSS 卫星发射的 L1 和 L2 两个载波频率(1575.42MHz 和 1227.60MHz)，则两个不同频率的信号就会经过同一路径到达接收机。虽然无法准确知道电磁波经过电离层时由于折射率的变化所引起的传播路径的延迟，但对这两个频率的信号却是相同的。当用户采用双频接收机进行观测时，就可以根据电离层折射和信号频率有关的特性，从两个伪距观测值中求得电离层折射改正数。正因为如此，双频 GNSS 接收机在精密定位中得到了广泛应用。

3)利用电离层模型加以改正

采用双频接收技术，可以有效减弱电离层折射的影响，但在电子含量很大，卫星高度角较小时其误差可能达到几个厘米。为了满足更高精度的 GNSS 测量要求，Fritj K，Brunner(1992)提出的电离层延迟改正模型在任何情况下其精度均优于 2mm。

对于单频接收机，一般采用导航电文提供的电离层延迟模型加以改正，以减弱电离层的影响。由于影响电离层折射的因素很多，无法建立严格的数学模型，用目前所提供的模型可将电离层延迟影响减少 75%。

4)选择有利观测时段

由于电离层的影响与信号传播路径上的电子总数有关，因此选择最佳的观测时段(一般为晚上，这时，大气不受太阳光的照射，大气中的离子数目减少)，从而可达到削弱电离层影响的目的。

(二)对流层延迟

1. 对流层及其影响

对流层是高度为 40km 以下的大气底层，集中了约 75%的大气质量和 90%以上的水汽质量。由于大气密度比电离层更大，大气状态变化也更复杂。对流层与地面接触并从地面得到辐射热能，其温度随高度的上升而降低。对流层中虽有少量带电离子，但对电磁波传播影响不大，不属于弥散介质。GNSS 信号通过对流层时，也使传播的路径发生折射弯曲，从而使测量距离产生偏差。这种现象叫作对流层折射。对流层大气折射率与大气压力、温度和湿度有关。

2. 减弱对流层影响的措施

(1)利用对流层模型改正。实测地区气象资料利用模型进行改正，能减少对流层对电磁波延迟达 92%~93%。

(2)同步观测值求差。当两个测站相距不太远时(<20km)，基线较短，气象条件较稳定，两个测站的气象条件一致，由于信号通过对流层的路径相似，所以利用基线两端同一卫星同步观测量求差，可以明显地减弱对流层折射的影响。目前，短基线、精度要求不是很高的基线测量，只用相对定位即可达到要求。因此，这一方法在精密相对定位中被广泛应用。但是，随着同步观测站之间距离的增大，求差法的有效性也将随之降低。当距离>100km时，对流层折射的影响是制约GNSS定位精度提高的重要因素。

(三)多路径效应

1. 多路径效应的概念

在GNSS测量中，被测站附近的物体所反射的卫星信号(反射波)被接收机天线所接收，与直接来自卫星的信号(直接波)产生干涉，从而使观测值偏离真值产生所谓的“多路径误差”。这种由于多路径的信号传播引起的干涉时延效应叫作多路径效应，如图1-10所示。

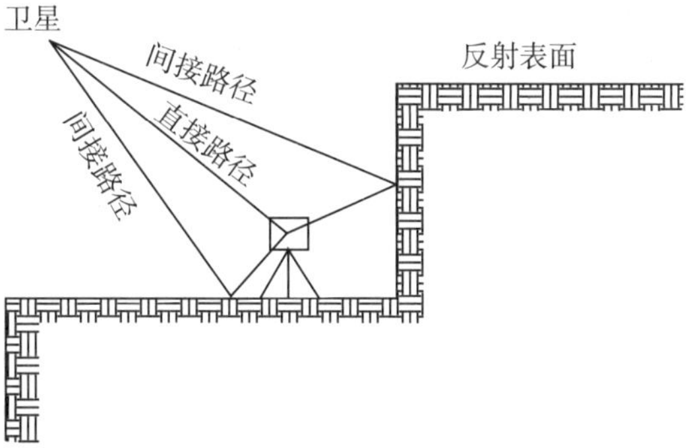

图1-10　多路径效应

2. 减弱多路径效应的方法

多路径效应的影响与反射系数有关，也和反射物与天线的距离以及卫星信号方向有关，无法建立准确的误差改正模型。目前减弱多路径误差的方法有：①选择合适的站址，测站应远离大面积平静的水面，较好的站址可选在地面有草丛、农作物等植被能被较好吸收微波信号能量的地方，不宜选择在山坡、山谷和盆地中，应尽量远离高层建筑物；②在天线中设置抑径板，接收机天线对于极化特性不同的反射信号应有较强的抑制作用；③在数据出来时采用加权法、滤波法、信号分析法等削弱多路径误差的影响。

技能训练

技能训练1：操作与使用GNSS接收机。

1. 训练目的

(1)了解GNSS接收机的有关性能。

(2)认识GNSS接收机的各个部件。

(3)在一个测站上正确操作GNSS接收机。

(4)正确进行测站记录。

2. 训练内容

(1)查询并理解华测X10接收机的主要技术指标。

(2)认识华测X10 GNSS接收机外观构造，了解按键功能及指示灯意义。

(3)认识手簿的使用方法。

(4)进行静态测量时仪器安装。

(5)进行RTK作业时仪器安置。

3. 填写表格

完成表1-8的填写。

表1-8 **GNSS接收机天线高记录**

测站点名	仪器类型	仪器型号	观测时段	天线高	开机时间	关机时间

技能训练2：GNSS接收机挑选。

1. 训练目的

(1)了解GNSS接收机各指标的含义。

(2)锻炼语言组织能力。

2. 训练内容

(1)模拟一个工作情境：例如客户需要为施工单位复核高速公路建设控制点。为客户推荐一款适合该情境需要的GNSS接收机，并介绍该仪器的各指标。

(2)销售员(学生扮演)解答客户(学生或老师扮演)提出的有关仪器的问题。

3. 训练步骤

(1)课前准备，通过查阅资料，深入了解一款接收机。

(2)角色扮演，根据客户需求推荐接收机，客户需求可分为导航、工程测量、精密工程测量、大地测量等工作任务。

(3)解答客户提出的关于接收机的问题。

项目小结

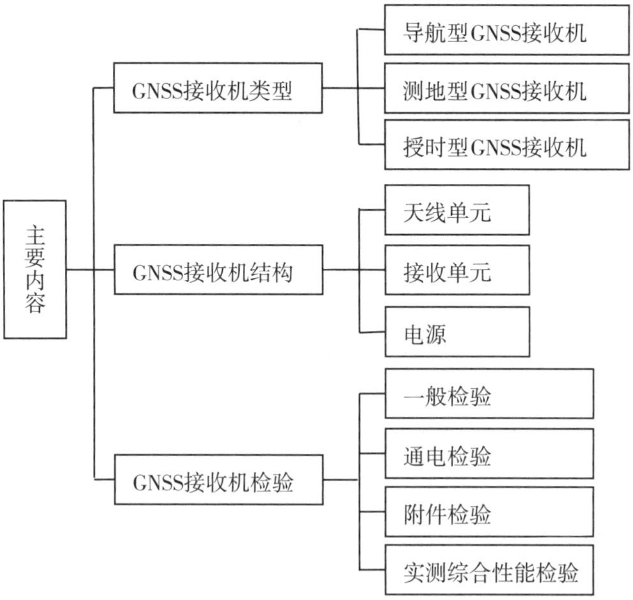

知识检测

1. GNSS 接收机是如何分类的?
2. GNSS 接收机的工作原理是什么?
3. GNSS 接收机是如何测定伪距的?
4. 与接收机有关的误差有哪些?
5. GNSS 接收机按照用途不同可以分为________型，________型和________型三种。

(习题答案请扫描右侧二维码查看。)

项目2 GNSS卫星星历预报

项目简介

GNSS导航定位中把运动的导航卫星作为动态已知点，根据用户观测到的卫星至接收机的距离，运用后方交会原理，确定用户接收机的绝对位置。因此定位的精度与卫星瞬时位置的精确度密切相关，卫星的位置可根据卫星星历计算得出。通过学习本项目，学生将掌握星历预报方法，提高野外数据采集的质量。

教学目标

(1)知识目标：①了解卫星的运动；②掌握星历的含义及作用。

(2)技能目标：①能独立完成广播星历和实测星历的获取工作；②能使用相关软件进行星历预报并导出报告。

(3)思政目标：①培养学生勇于创新、探索求真的精神；②养成严谨、认真、细致的求实作风。

任务2.1 卫星运动

GNSS导航卫星在空间绕地球运行，取决于它所受的作用力。这些作用力包括地球重力场对卫星的引力，日、月等天体对卫星的引力，以及太阳光压、大气阻力和地球潮汐力等。

为了研究和实际应用的方便，通常将作用于卫星上的各种作用力按其影响的大小分为两类：一类是地球质心引力，即假设地球为匀质球体，其质量集中于球体的中心(中心引力)，这时由地球引力所决定的卫星运行轨道可视为理想轨道，也称为无摄轨道；另一类是摄动力，也称为非中心力，它包括地球非球形对称的作用力、日月引力、大气阻力、光辐射压力、地球潮汐力等。摄动力作用的结果，使卫星的运动产生一些小的附加变化而偏离理想轨道。摄动力与地球质心引力相比，仅为10^{-3}量级。

一、卫星的无摄运动

所谓卫星的无摄运动，是将地球视作匀质球体，且不顾其他摄动力的影响，卫星只是在地球质心引力作用下而运动(见图2-1)。

根据牛顿万有引力定律，在上述理想情况下，因卫星的质量m相对于地球的质量M很小，若忽略卫星的质量m，则卫星相对于地球的引力加速度为

$$\ddot{r} = -\frac{GM}{r^3}r \tag{2-1}$$

式中：G——地球引力常数，为 $6.672\times10^{-8}\text{cm}^3/(\text{g}\cdot\text{s}^2)$；

M——地球质量；

$\ddot{r}$——卫星相对于地球的引力加速度；

r——卫星至地球的距离。

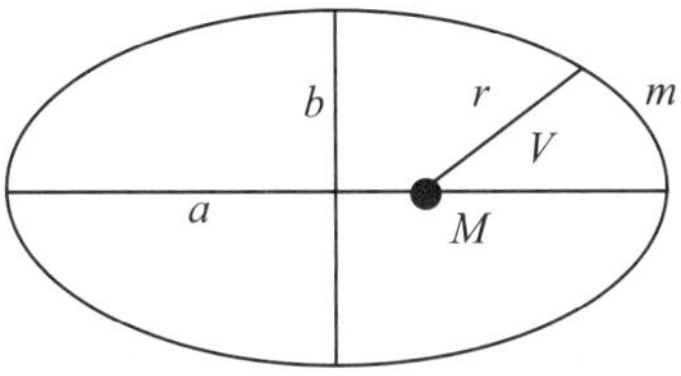

图 2-1　卫星运行轨道椭圆

引力加速度 $\ddot{r}$ 决定着卫星绕地球运行的基本规律，遵循开普勒(Johannes Kepler)三定律。根据开普勒定律可知，卫星运动的轨道是通过地心平面上的一个椭圆(确定椭圆的形状和大小至少需要椭圆长半轴 a 和偏心率 e 两个参数)，且椭圆的一个焦点与地心相重合。轨道参数可以有很多，它们的选择也不是唯一的。但是无论如何选择，都必须有利于下列问题的解决：

(1)轨道椭圆的形状和大小。

(2)轨道平面与地球体的相关位置。

(3)轨道椭圆在轨道平面上的方位。

(4)卫星在轨道上的瞬时位置。

只有这些问题得到确定，卫星运行的轨道以及卫星在轨道上的瞬时位置才是唯一确定的。应当指出，以上讨论没有考虑其他摄动力的影响，这只是一种理想的情况。实际上卫星在运动中将受到多种摄动力的作用，从而使卫星的运行偏离理想轨道。虽然这种偏差不大，但是对于现代精密导航和测量都是不能忽略的。

二、卫星的受摄运动

卫星的无摄运动是假定地球为一个匀质球体，卫星只受地球质心引力的作用，但实际上地球质量并非均匀分布，地球形状既非球体又不规则，因此 GNSS 导航卫星在运行中还将受到各种摄动力的影响，其中包括地球体不规则及质量分布不均匀而引起的作用力、太阳和月球的引力、太阳的直接与间接辐射压力、大气的阻力、地球潮汐的作用力、磁力等。这些摄动力影响的结果，迫使卫星偏离开普勒椭圆轨道，对 GNSS 卫星来说，仅地球的非球性影响，在 3h 的弧段上，就可能使卫星的位置偏差达 2km，而在 2d 弧段上达 14km。显然，这种偏差对于任何用途的定位工作，都是不可忽视的，所以还需要建立各种摄动力模型对卫星轨道加以修正，才能满足卫星导航和精密定位的需要。GPS 卫星所受摄动力的影响度见表 2-1。

从表 2-1 的分析来看，影响卫星运动的摄动力主要还是地球引力场、日月引力和太阳光压。

表 2-1 **GPS 卫星所受摄动力的影响度**

摄动源		加速度(m/s^2)	卫星轨道受摄度(m)	
			3h 弧段	2d 弧段
地球的非对称性	$\bar{C}_{20}$	5×10^{-5}	2000	14000
	其他调和项	5×10^{-7}	5~80	100~1500
日、月引力影响		5×10^{-6}	5~150	1000~3000
地球潮汐位	固体潮	5×10^{-9}	—	0.5~1.0
	海洋潮汐	5×10^{-9}	—	0.0~2.0
太阳光辐射压力		5×10^{-7}	5~10	100~800
卫星体反射压力		5×10^{-8}	—	1.0~1.5

任务 2.2 卫星星历及星历预报

描述某一时刻卫星运行及其轨道的参数称卫星星历。根据卫星星历可以计算出卫星在空中的瞬时位置。通过卫星的导航电文将已知的某一初始历元的轨道参数及其变率发给用户(接收机)，即可计算出任一时刻的卫星位置。GNSS 测量就是根据已知的卫星轨道信息和用户的观测资料，通过数据处理来确定接收机的位置及载体的航行速度。因此，精确的轨道信息是精密定位的基础。

一、卫星星历

GNSS 卫星星历分为预报星历(广播星历)和后处理星历(精密星历)。

(一)广播星历

广播星历是通过卫星发射的含有轨道信息的导航电文传递给用户的，用户接收机实时接收到这些信号，经过解码便可获得所需要的卫星星历。卫星的广播星历通常包括相对某一参考历元的开普勒轨道参数和必要的轨道摄动改正项参数。参考历元的卫星开普勒轨道参数也称为参考星历，它是根据 GNSS 监测站约一周的观测资料推算的，因此含有推算误差。

参考星历只代表卫星在参考历元的瞬时轨道参数。但是在摄动力的影响下，卫星的实际轨道随后将偏离其参考轨道，偏离的程度主要取决于观测历元与所选参考历元间的时间差。一般来说，如果我们用轨道参数的摄动项对已知的卫星参考星历加以改正，就可以外推出任意观测历元的卫星星历。

为了保持卫星广播星历的必要精度，一般采用限制预报星历外推时间间隔的方法。为此，GPS 跟踪站每天都利用其观测资料更新用以确定卫星参考星历的数据，以计算每天卫星轨道参数的更新值，并且每天按时将其注入相应的卫星加以储存，以更新卫星的参考轨道之用。据此，GNSS 卫星发射的广播星历每小时更新一次，以供用户使用。预报星历的精度一般为 20~40m。

广播星历的内容包括：参考历元瞬间的开普勒 6 个参数，反映摄动力影响的 9 个参数，以及 1 个参考时刻和星历数据龄期，共计 17 个星历参数。这些参数通过 GNSS 卫星发射的含有轨道信息的导航电文传递给用户。

(二)精密星历

精密星历是根据地面跟踪站所获得的精密观测资料计算而得到的星历，它是一种不包含外推误差的实测星历，可为用户提供观测时刻的卫星精密星历，其精度可达厘米级。这种星历不是通过 GNSS 卫星的导航电文向用户传递的，而是由一些国家的某些部门，根据各自建立的卫星跟踪站所获得的对 GNSS 卫星的精密观测资料，应用与确定广播星历相似的方法而计算出的卫星星历。由于这种星历通常是在事后向用户提供的在其观测时间的卫星精密轨道信息，因此称为后处理星历或精密星历。目前，精度高、使用广泛的精密星历是国际 GNSS 服务组织 IGS 提供的精密星历，该产品可免费下载(http://cddis.gsfc.nasa.gov)。

1. IGS 卫星星历产品

国际 GNSS 服务(International GNSS Service，IGS)，其目的是为全球科研机构及时提供 GNSS 数据和高精度的星历，以支持世界范围内的地球物理学研究。

IGS 提供的服务有高精度的 GPS 卫星星历、最终的 GLONASS 卫星星历、地球自转参数、IGS 跟踪站的坐标和速率、GPS 跟踪站的时钟信息、电离层数据、对流层数据、所有 GPS 卫星的高质量轨道和预测轨道、以 RINEX 格式提供每个 IGS 跟踪站的日或小时相位和伪距观测等。

IGS 提供的 GPS 卫星星历产品见表 2-2。

表 2-2 **IGS 提供的 GPS 卫星星历产品**

卫星星历	精度(cm)	滞后时间	更新率	采样间隔(min)
广播星历	~100	实时		15
超快星历(预报部分) IGU(predicted)	~5	实时	1 次/6h，UTC3^h，9^h，15^h，21^h	15
超快星历(实测部分) IGU(observed)	~3	3~9h	1 次/6h，UTC3^h，9^h，15^h，21^h	15
快速星历(IGR)	~2.5	17~41h	1 次/d，UTC17^h	15
最终星历(IGS)	~2.5	12~18d	1 次/d，UTC17^h	15

注：1. 超快星历每天发布 4 次，该星历包含 48h 的危险轨道，前 24h 根据观测值计算，后 24h 为预报星历。

2. 表中精度为三个坐标分量 X、Y、Z 的平均 RMS 值，是与独立 SLR 观测结果比较求得的。

2. SP3格式的精密星历

IGS精密星历采用SP3格式，全称为标准产品第3号(Standard Product #3)。SP3的存储方式为ASCII文本文件，基本内容包括卫星位置、卫星钟记录，此外还可包含卫星的运行速度和钟的变率。若在第一行有位置标志“P”，则表示未包含卫星速度信息；若在第一行有速度标志“V”，则表示包含卫星速度和钟的变率信息。

二、星历预报

卫星星历预报主要用于卫星的可见性预报。在GPS系统还没有完全投入运营状态时，在轨的GPS卫星颗数比较少，如果在进行静态观测前，必须对第二天卫星的可见性进行预报，查看哪一个时间段卫星颗数大于4颗方能进行观测；而今，GNSS在轨卫星数较多，在对空条件好的地方，任何时间都能可见4颗以上卫星。星历预报在数据处理软件中进行，可以查询不同时间内测区上空的卫星个数、卫星分布情况和PDOP值，为野外数据采集做质量的保证。星历预报有两种方法：历书预报和实测预报。

(一)历书预报

1. 历书文件

GPS卫星的历书(Almanac)包含在导航电文的第四和第五子帧中，可以看作卫星星历参数的简化子集。其每12.5分钟广播一次，寿命为一周，可延长至6个月。GPS卫星历书用于计算任意时刻天空中任意卫星的概略位置。

GPS接收机对卫星信号的搜索是一个“满天搜星”的过程，即要搜索天空中的所有卫星对应的伪随机码。如果预先有卫星历书，知道任意时刻所有卫星的概略位置，接收机就可以只复现本时刻天空中存在卫星的伪随机码，并对其进行搜索。这样可以使GPS接收机在搜索卫星时做到有的放矢，缩短捕获卫星信号的时间。

通过历书计算出卫星的概略位置，就可以估算出卫星的概略Doppler频移，快速捕获卫星信号。

2. 历书文件获取方法

(1)美国的www.navcen.uscg.gov\almanacs网站可以下载最新的星历预报文件，文件大小为17~18KB，名称为“Yuma *.txt”(文件名中的*代表数字)。

(2)北斗科学数据部(FTP服务器地址为ftp://igmas.ntsc.ac.cn)可提供北斗/GNSS精密产品。

(3)使用接收机到野外开阔地带实测15~30分钟，然后将数据传输至计算机，再通过软件加载此实测数据即可实现预报效果。

(二)实测预报

精确星历文件包含每颗卫星在某确定时间周期内准确的位置数据和时钟校正，典型周期为一天。基线处理器使用该信息去除广播星历误差后提高基线精确度。使用精确星历还可帮助基线处理器在长基线上获得固定解。精确星历文件可从美国国家测量测绘局(U. S. National Geodetic Survey)、欧洲轨道确定中心(Center for Orbit Determination in Europe(CODE))、欧洲空间机构(European Space Agency)、NASA 喷气推进实验室(NASA Jet Propulsion Laboratory(JPL))、北斗科学数据部等组织获取。

另外可以从国际 GPS 服务(IGS)上免费下载。IGS(International GPS Service)组织在全球有大概约 200 个连续运行站。它无偿向全球用户提供 GPS 的各种信息，除了 IGS 站坐标及其运动速率、IGS 站所接收的 GPS 信号的相位和伪距数据、地球自转速率等，还提供 GPS 星历。

IGS 所提供的 GPS 卫星星历分三种：预报星历(IGP)、快速星历(IGR)、精密星历(IGS)，如表 2-3 所示。

表 2-3　**IGS 提供的 GPS 卫星星历**

		预报星历(IGP)	快速星历(IGR)	精密星历(IGS)
星历	时间	实时	1~2 天后	10~12 天后
	精度	50cm	10cm	5cm

三、案例：使用华测 CGO 软件进行星历预报

安装华测 CGO(CHC Geomatics Office)软件后，双击图标，点击菜单栏“工具”中的“星历预报”。扫描二维码，在华测官网下载 CGO 数据处理软件。图 2-2 所示为华测 Compass Solution Plan 星历预报软件。

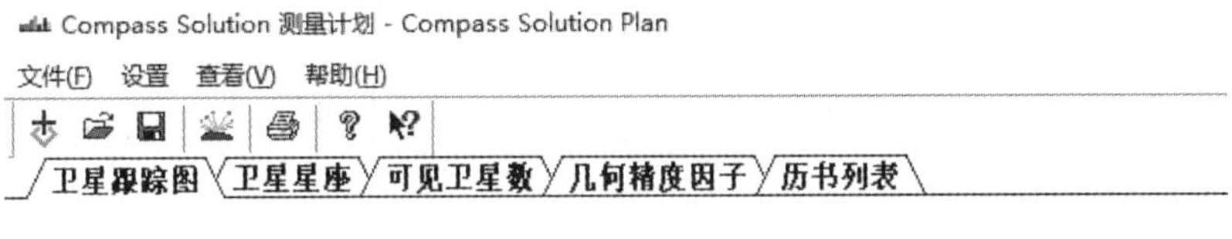

图 2-2　华测 Compass Solution Plan 星历预报软件

1. 导入历书文件

选择 Yuma 历书文件文本格式，按下“确认”按钮，打开文件选择对话框，选取从网站中下载保存的星历文件，如 https：//www. navcen. uscg. gov/? pageName = gpsAlmanacs，下载 Current YUMA Almanac 并保存，点击“打开”按钮，弹出正确读取星历文件确认框，点击“确定”即可，如图 2-3 所示，成功导入 31 个历书。扫描二维码下载历书文件。

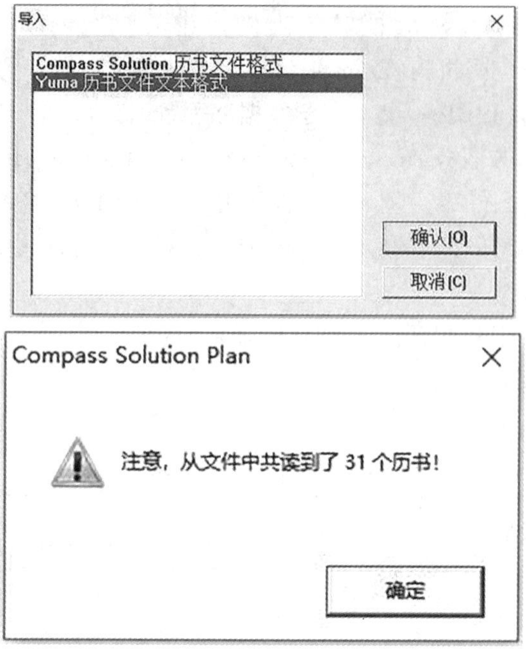

图 2-3　导入星历文件

2. 设置观测站点及观测时段

选择菜单“设置”，设置星历预报的位置和时段，如图 2-4 所示。

图 2-4　设置星历预报的位置和时段

根据需要输入纬度、经度、高程；截止高度角默认为 10；设置好观测时段；“地方时间”勾选后表示设置的开始时间和结束时间为本地时间(GPS 时间+8 小时)；设置完成点击“确认”，即可查看该时段内的星历情况，点击上端进行页面切换(卫星跟踪图、卫星星座、可见卫星数、几何精度因子、历书列表)。同一星历文件可多次设置观测位置和观测时段进行星历预报，如图 2-5 所示。

(a) 观测时段的星历情况

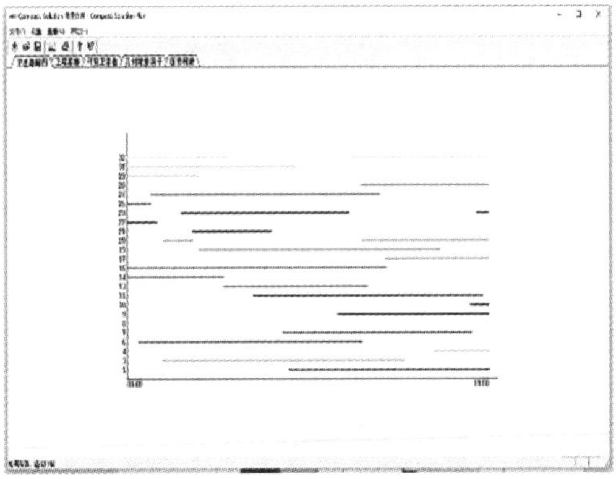

(b) 卫星跟踪图

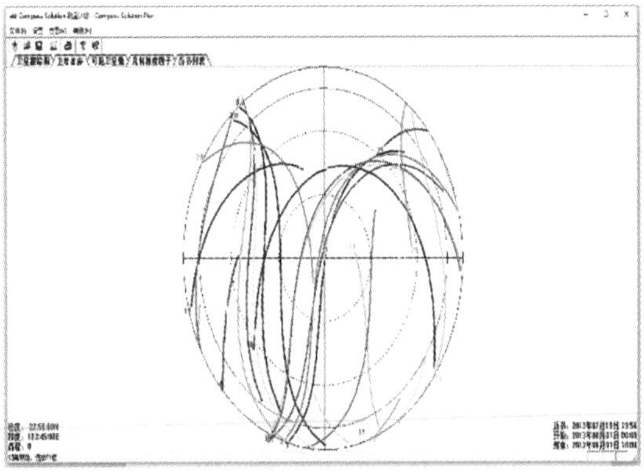

(c) 卫星星座

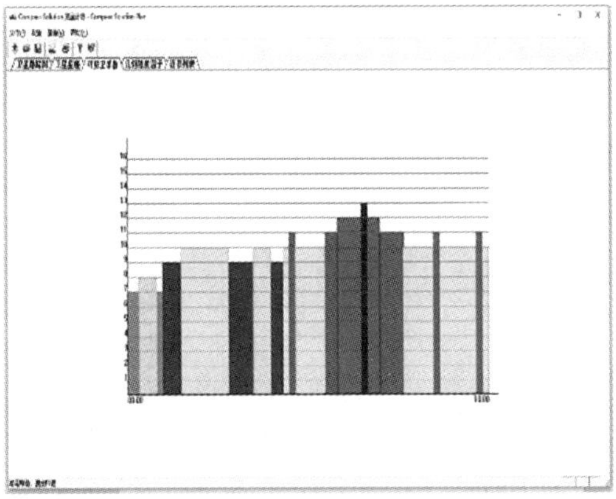

(d) 可见卫星数

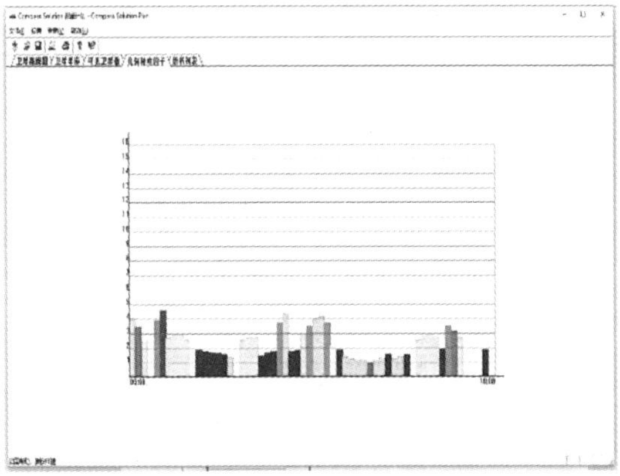

(e) 几何精度因子

图 2-5　卫星星历预报

项目小结

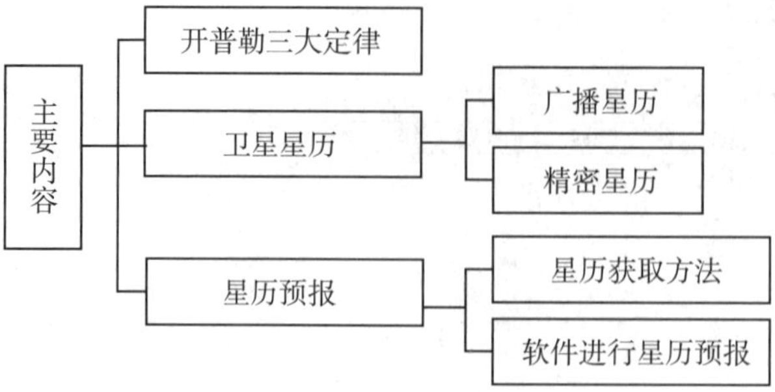

知识检测

1. 简述卫星的运行轨道。
2. 什么是卫星星历？卫星星历有哪两种？
3. 为什么要进行星历预报？
4. 星历预报有哪两种方法？各有什么特点？

(习题答案请扫描右侧二维码查看。)

项目 3 GNSS 测量基准转换

项目简介

GNSS 测量技术是通过安置于地球表面的 GNSS 接收机，接收 GNSS 卫星信号来测定地面点位置。观测站固定在地球表面，其空间位置随地球自转而变动，而 GNSS 卫星围绕地球质心旋转且与地球自转无关。通过本项目学习，学生将掌握 GNSS 坐标系统转换的方法、常用的坐标系统；GNSS 高程系统及转换的方法等。

教学目标

(1)知识目标：①了解 GNSS 坐标系统分类；②掌握 GNSS 坐标系统转换的方法；③认识常用的坐标系统；④掌握 GNSS 高程系统分类。

(2)技能目标：能独立进行坐标系统的转换。

(3)思政目标：①激发学生精益求精的工匠精神；②养成细心、负责的工作态度和习惯。

任务 3.1 坐标系统转换

一、GNSS 测量的坐标系统

(一)概述

由 GNSS 定位的原理可知，GNSS 定位是以 GNSS 卫星为动态已知点，根据 GNSS 接收机观测的星站距离来确定接收机或测站的位置。位置的确定离不开坐标系。GNSS 定位所采用的坐标系与经典测量的坐标系相同之处甚多，但也有其显著特点，主要是：

(1)由于 GNSS 定位以沿轨道运行的 GNSS 卫星为动态已知点，而 GNSS 卫星轨道与地面点的相对位置关系是时刻变化的，为了便于确定 GNSS 卫星轨道及卫星的位置，须建立与天球固连的空固坐标系。同时，为了便于确定地面点的位置，还须建立与地球固连的地固坐标系。因而，GNSS 定位的坐标系既有空固坐标系，又有地固坐标系。

(2)经典大地测量是根据地面局部测量数据确定地球形状、大小，进而建立坐标系的，而 GNSS 卫星覆盖全球，因而由 GNSS 卫星确定地球形状、大小，建立的地球坐标系是真正意义上的全球坐标系，而不是以区域大地测量数据为依据建立的局部坐标系，如我国 1980 年国家大地坐标系。

(3) GNSS 卫星的运行是建立在地球与卫星之间的万有引力基础上的，而经典大地测量主要是以几何原理为基础的，因而 GNSS 定位中采用的地球坐标系的原点与经典大地测量坐标系的原点不同。经典大地测量根据本国的大地测量数据进行参考椭球体定位，以此参考椭球体中心为原点建立坐标系，称为参心坐标系。而 GNSS 定位的地球坐标系原点在地球的质量中心，称为地心坐标系。因而进行 GNSS 测量，常须进行地心坐标系与参心坐标系的转换。

(4) 对于小区域而言，经典测量工作通常无须考虑坐标系的问题，只需简单地使新点与已知点的坐标系一致便可，而在 GNSS 定位中，无论测区多么小，也涉及 WGS-84 地球坐标系与当地参心坐标系的转换问题。这就对从事简单测量工作的技术人员提出了较高的要求——必须掌握坐标系的建立与转换的知识。

由此可见，GNSS 定位中所采用的坐标系比较复杂。为便于学习掌握，可将 GNSS 定位中所采用的坐标系进行如表 3-1 分类。

表 3-1 **GNSS 测量坐标系分类**

坐标系分类	坐标系特征
空固坐标系与地固坐标系	空固坐标系与天球固连，与地球自转无关，用来确定天体位置较方便。地固坐标系与地球固连，随地球一起转动，用来确定地面点位置较方便
地心坐标系与参心坐标系	地心坐标系以地球的质量中心为原点，如 WGS-84 坐标系和 2000 国家坐标系均为地心坐标系。而参心坐标系以参考椭球体的几何中心为原点，如 1954 北京坐标系和 1980 国家大地坐标系
空间直角坐标系、球面坐标系、大地坐标系及平面直角坐标系	经典大地测量采用的坐标系通常有两种，一是以大地经纬度表示点位的大地坐标系，二是将大地经纬度进行高斯投影或横轴墨卡托投影后的平面直角坐标系。在 GNSS 测量中，为进行不同大地坐标系之间的坐标转换，还会用到空间直角坐标系和球面坐标系
国家统一坐标系与地方独立坐标系	我国国家统一坐标系常用的是 1980 国家大地坐标系和 1954 北京坐标系，采用高斯投影，分 6°带和 3°带，而对于诸多城市和工程建设来说，因高斯投影变形以及高程归化变形而引起实地上两点间的距离与高斯平面距离有较大差异，为便于城市建设和工程的设计、施工，常采用地方独立坐标系，即以通过测区中央的子午线为中央子午线，以测区平均高程面代替参考椭球体面进行高斯投影而建立的坐标系

(二) 协议天球坐标系

1. 天球的概念

以地球质心 M 为球心，以任意长为半径的假想球体称为天球。天文学中常将天体沿天球半径方向投影到天球面上，再根据天球面上的参考点、线、面来确定天体位置。天球面上的参考点、线、面如图 3-1 所示。

1) 天轴与天极

地球自转轴的延伸直线为天轴，天轴与天球面的交点称为天极，交点 P_n 为北天极，位于北极星附近，P_s 为南天极。位于地球北半球的观测者，因地球遮挡不能看到南天极。

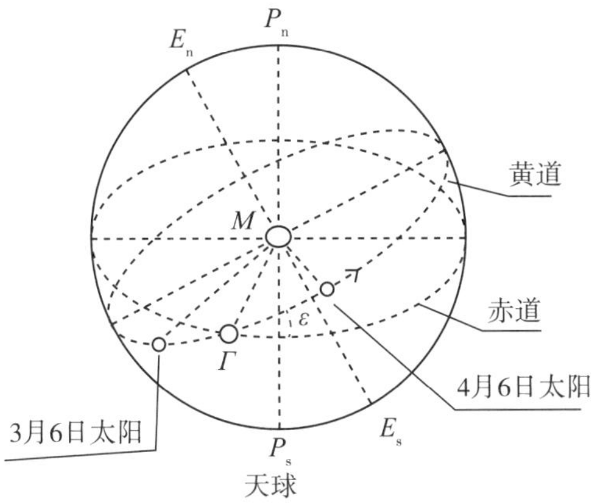

图 3-1　天球的概念

2）天球赤道面与天球赤道

通过地球质心 M 且垂直于天轴的平面称为天球赤道面，与地球赤道面重合。天球赤道面与天球面的交线称为天球赤道。

3）天球子午面与天球子午圈

包含天轴的平面称为天球子午面，与地球子午面重合。天球子午面与天球面的交线为一大圆，称为天球子午圈。天球子午圈被天轴截成的两个半圆称为时圈。

4）黄道

黄道是指地球绕太阳公转的轨道面与天球相交的大圆，即当地球绕太阳公转时，地球上的观测者所看到的太阳在天球上的运动轨迹。黄道面与赤道面的夹角 ε 称为黄赤交角，约为 23.5°。

5）黄极

通过天球中心且垂直于黄道面的直线与天球面的两个交点称为黄极，靠近北天极 P_n 的交点 E_n 称为北黄极，E_s 称为南黄极。

6）春分点

当太阳在黄道上从天球南半球向北半球运行时，黄道与天球赤道的交点称为春分点，也就是春分时刻太阳在天球上的位置，如图 3-1 中的 Γ。春分之前，春分点位于太阳以东。春分过后，春分点位于太阳以西。春分点与太阳之间的距离每日改变约 1°。

2. 天球坐标系

常用的天球坐标系有天球空间直角坐标系和天球球面坐标系，如图 3-2 所示。

天球空间直角坐标系的坐标原点位于地球质心。z 轴指向北天极 P_n，x 轴指向春分点 Γ，y 轴垂直于 xMz 平面，与 x 轴和 z 轴构成右手坐标系，即伸开右手，大拇指和食指伸直，其余三指曲 90°，大拇指指向 z 轴，食指指向 x 轴，其余三指指向 y 轴。在天球空间直角坐标系中，任一天体的位置可用天体的三维坐标(x, y, z)表示。

天球球面坐标系的坐标原点也位于地球质心。天体所在天球子午面与春分点所在天球子午面之间的夹角称为天体的赤经，用 α 表示；天体到原点 M 的连线与天球赤道面之间的夹角称为赤纬，用 δ 表示；天体至原点的距离称为向径，用 r 表示。这样，天体的位置也可用三维坐标(α, δ, r)唯一地确定。

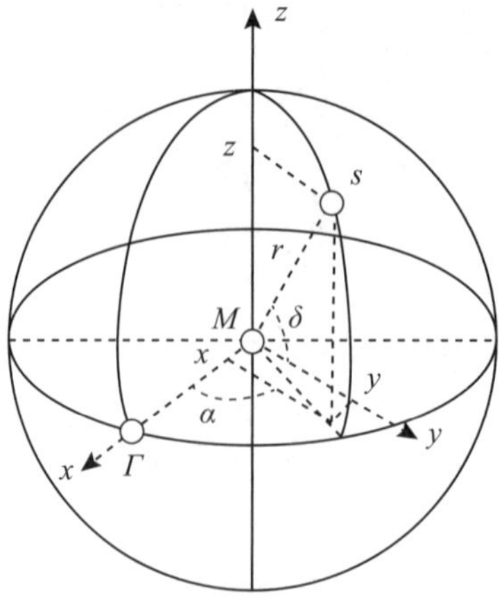

图 3-2　天球空间直角坐标系与天球球面坐标系

3. 协议天球坐标系

由上可知，北天极和春分点是运动的，这样，在建立天球坐标系时，z 轴和 x 轴的指向也会随之而运动，给天体位置的描述带来不便。为此，人们通常选择某一时刻作为标准历元，并将标准历元的瞬时北天极和真春分点作章动改正，得 z 轴和 x 轴的指向，这样建立的坐标系称为协议天球坐标系。国际大地测量学协会(IAG)和国际天文学联合会(IAU)决定，从 1984 年 1 月 1 日起，以 2000 年 1 月 15 日为标准历元。也就是说，目前使用的协议天球坐标系，其 z 轴和 x 轴分别指向 2000 年 1 月 15 日的瞬时平北天极和瞬时平春分点。为了便于区别，z 轴和 x 轴分别指向某观测历元的瞬时平北天极和瞬时平春分点的天球坐标系称为平天球坐标系，z 轴和 x 轴分别指向某观测历元的瞬时北天极和真春分点的天球坐标系称为瞬时天球坐标系。

为了将协议天球坐标系的坐标转换为瞬时天球坐标系的坐标，须经过如下两个步骤的坐标转换：①将协议天球坐标系中的坐标转换到瞬时平天球坐标系统；②将瞬时平天球坐标系的坐标转换到瞬时天球坐标系统。

(三)协议地球坐标系

1. 地球的形状和大小

在地球表面，陆地约占总面积的 29%，海洋约占 71%。陆地最高峰高出海平面 8848.86m，海沟最深处低于海平面 11034m，与地球半径相比均很小，因此，海水面就成为描述地球形状大小的重要参照。但静止海水面受海水中矿物质、海水温度及海面气压的影响，其表面结构复杂，不便使用。在大地测量中常借助于以下几种与静止海水面很接近的曲面来描述地球的形状大小。

2. 大地水准面

水准面也叫作重力等位面，就是重力位相等的曲面。水准面有无穷多个，其中通过平均海水面的水准面称为大地水准面。由大地水准面所包围的形体叫作大地体。因为大地水准面是水准面之一，故大地水准面具有水准面的所有特性。

研究大地水准面的形状是大地测量学的重要任务之一。由于地球内部物质分布的复杂性和地面高低起伏的不规则性，决定了大地水准面的不规则性。为便于研究，将地球看作规则的椭球体，并将其分成许多圈层，假定同一圈层内物质密度相同，所有圈层的质量之和等于地球总质量，在这样假设的前提下得到的重力位面称为正常重力位面。然后再设法求得大地水准面与正常重力位面之差，按此差值对正常重力位面进行改正，得到大地水准面。目前世界上还没有精确的适合全球的大地水准面模型。因此世界各国根据本国的具体情况使用不同的大地水准面。我国是在青岛设立黄海验潮站，求得黄海平均海水面，以过此平均海水面的水准面作为大地水准面。换言之，我国的大地水准面上任一点处的重力位与黄海验潮站平均海水面的重力位相等。

3. 总地球椭球面与参考椭球面

大地水准面作为高程起算面解决了高程测量基准问题。由于其不规则性，对于平面测量和三维空间位置测量很不方便。为此，用一个形状大小与大地体非常接近的椭球体代替大地体。

在卫星大地测量中用总地球椭球代替大地体来计算地面点位。总地球椭球的定义包括如下四个方面：

(1)椭球的形状大小参数。如 WGS-84 坐标系采用 1979 年第 17 届国际大地测量与地球物理联合会的推荐值：长半轴 $a=6378137\text{m}$，由相关数据算得扁率为 $\alpha=1/298.257223563$。

(2)椭球中心位置位于地球质量中心。

(3)椭球旋转轴与地球自转轴重合。

(4)起始大地子午面与起始天文子午面重合。

在天文大地测量与几何大地测量中用参考椭球代替大地体来计算地面点位。参考椭球定义如下：

(1)形状大小。如 1980 国家大地坐标系采用 1975 年第 16 届国际大地测量与地球物理联合会推荐值，长半轴 $a=6378140\text{m}$，扁率 $\alpha=1/298.257$。

(2)椭球旋转轴与地球自转轴重合。

(3)起始大地子午面与起始天文子午面重合。

(4)椭球与局部大地水准面最贴近，因此参考椭球体其中心位置不在地球质量中心。

4. 地球坐标系

确定卫星位置用天球坐标系比较方便，而确定地面点位则用地球坐标系比较方便。最常用的地球坐标系有两种，一种是地球空间直角坐标系，另一种是大地坐标系。

如图 3-3 所示，地球空间直角坐标系的坐标原点位于地球质心(地心坐标系)或参考椭球中心(参心坐标系)，z 轴指向地球北极，x 轴指向起始子午面与地球赤道的交点，y 轴垂直于 xOz 面并构成右手坐标系。

大地坐标系是用大地经度 L、大地纬度 B 和大地高 H 表示地面点位的。过地面点 P 的子午面与起始子午面间的夹角叫作 P 点的大地经度。由起始子午面起算，向东为正，叫作东经(0°~180°)，向西为负，叫作西经(0°~-180°)。过 P 点的椭球法线与赤道面的夹角叫作 P 点的大地纬度。由赤道面起算，向北为正，叫作北纬(0°~90°)，向南为负，叫作南纬(0°~-90°)。从地面点 P 沿椭球法线到椭球面的距离叫作大地高。

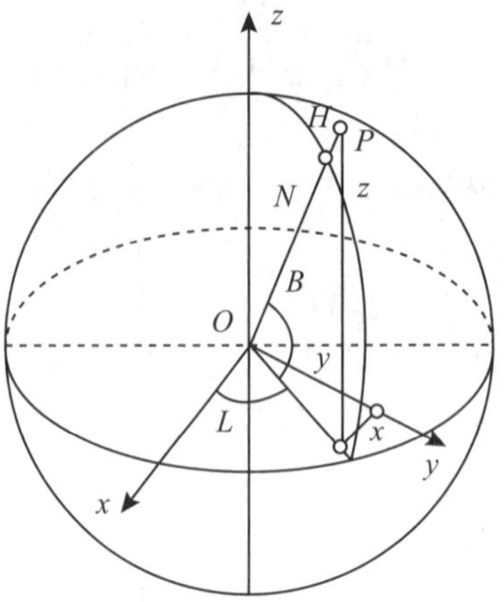

图 3-3　地球空间直角坐标系与大地坐标系

同一地面点在地球空间直角坐标系中的坐标和在大地坐标系中的坐标直接转换。转换公式请扫描右侧二维码查看。

在 GNSS 测量中，为确定地面点的位置，需要将 GNSS 卫星在协议天球坐标系中的坐标转换为协议地球坐标系中的坐标，转换步骤为：协议天球坐标系—瞬时平天球坐标系—瞬时天球坐标系—瞬时地球坐标系—协议地球坐标系。

(四) GNSS 测量中的常用坐标系

1. WGS-84 坐标系

WGS-84 坐标系是美国根据卫星大地测量数据建立的大地测量基准，是目前 GPS 所采用的坐标系。GPS 卫星发布的星历就是基于此坐标系的，用 GPS 所测的地面点位，如不经过坐标系的转换，也是此坐标系中的坐标。WGS-84 坐标系定义如表 3-2 所示。

表 3-2　**WGS-84 坐标系定义**

坐标系类型	WGS-84 坐标系属地心坐标系
原点	地球质量中心
z 轴	指向国际时间局定义的 BIH1984.0 的协议地球北极
x 轴	指向 BIH1984.0 的起始子午线与赤道的交点
参考椭球	椭球参数采用 1979 年第 17 届国际大地测量与地球物理联合会推荐值
椭球长半轴	$a=6378137$m
椭球扁率	由相关参数计算的扁率：$\alpha=1/298.257223563$

2. 1980 国家大地坐标系

1980 国家大地坐标系是根据 20 世纪 50—70 年代观测的国家大地网进行整体平差建

立的大地测量基准。椭球定位在我国境内，与大地水准面最佳吻合。1980 国家大地坐标系定义如表 3-3 所示。

表 3-3　**1980 国家大地坐标系定义**

坐标系类型	1980 国家大地坐标系属参心坐标系
原点	位于我国中部——陕西省泾阳县永乐镇
z 轴	平行于地球质心，指向我国定义的 1968.0 地极原点(JYD)方向
x 轴	起始子午面平行于格林尼治平均天文子午面
参考椭球	椭球参数采用 1975 年第 16 届国际大地测量与地球物理联合会的推荐值
椭球长半轴	$a=6378140$m
椭球扁率	由相关参数计算的扁率：$\alpha=1/298.257$

相对于 1954 北京坐标系而言，1980 国家大地坐标系的内符合性要好得多。

1954 北京坐标系和 1980 国家大地坐标系中大地点的高程起算面是似大地水准面，是二维平面与高程分离的系统。而 WGS-84 坐标系中大地点的高程是以 84 椭球作为高程起算面的，所以是完全意义上的三维坐标系。

3. 2000 国家大地坐标系

2000 国家大地坐标系自 2008 年 7 月 1 日正式启用，属于地心坐标系，北斗卫星导航系统采用的坐标系为 2000 国家大地坐标系，如表 3-4 所示。

表 3-4　**2000 国家大地坐标系定义**

坐标系类型	地心坐标系
原点	包括海洋和大气整个地球质量的中心
z 轴	由原点指向历元 2000.0 的地球参考极的方向
x 轴	由原点指向格林尼治参考子午线与地球赤道面(历元 2000.0)的交点
参考椭球	旋转椭球，几何中心与坐标系原点重合
椭球长半轴	$a=6378137$m
椭球扁率	由相关参数计算的扁率：$\alpha=1/298.257222101$

4. 1954 北京坐标系

1954 北京坐标系实际上是苏联的大地测量基准，属于参心坐标系，参考椭球在苏联境内与大地水准面最为吻合，在我国境内大地水准面与参考椭球面相差最大为 67m。1954 北京坐标系定义见表 5-3。

表 3-5 **1954 北京坐标系定义**

坐标系类型	1954 北京坐标系属参心坐标系
原点	位于原苏联的普尔科沃
z 轴	没有明确定义
x 轴	没有明确定义
参考椭球	椭球参数采用 1940 年克拉索夫斯基椭球参数
椭球长半轴	$a=6378245$m
椭球扁率	由相关参数计算的扁率：$\alpha=1/298.3$

该椭球并未根据当时我国的天文观测资料进行重新定位，1954 北京坐标系实际上是苏联 1942 年坐标系，原点不在北京，而在苏联的普尔科沃。因此 1954 北京坐标系存在以下问题：

(1)椭球参数与现代精确参数相差很大，且无物理参数。

(2)该坐标系中的大地点坐标是通过局部分区平差得到的，在区与区的接合部，同一点在不同区的坐标值相差 1~2m。

(3)不同区域的尺度差异很大。

(4)坐标是从我国东北传递到西北和西南，后一区是以前一区的最弱部分作为坐标起算点，因此有明显的坐标积累误差。

5. 地方坐标系

为了便于绘制平面图形，地面点应沿椭球法线投影到椭球面上，再通过高斯投影将地面点在椭球面上的投影点投影到高斯平面上。地面点的位置最终以平面坐标 x、y 和高程 H 表示。在这一投影过程中会产生以下两种变形。

1)高程归化变形

由于椭球面上两点的法线不平行，在不同高度上测量两点的两条法线之间的距离也不相同，高度越大，距离越长。将 A、B 两点沿法线投影到椭球面上，会引起椭球面上的距离 D_{AB}与地面上的距离 S_{AB}不等，其差值称为高程归化变形。对于一般工程而言，高程归化变形应不超过 1/40000，由此求得 H 应不超过 160m。在我国东部沿海地区，地面高程一般较小，可以不考虑高程归化变形，而对于中西部地区，地面高程较大，高程归化变形引起的图上长度与实地长度相差过大，不利于工程建设。所以需要用测区平均高程面代替椭球面，将地面点沿法线投影到测区平均高程面上之后，再进行高斯投影。

2)高斯投影长度变形

在高斯投影时，中央子午线投影后长度不变，离中央子午线越远，长度变形越大。一般工程要求这一变形不超过 1/40000，由此求得测区离中央子午线的距离应不超过 45km。对于国家 3°带，离中央子午线的最大距离可达 167km。因此，当测区到中央子午线的距离超过 45km 时，应重新选择中央子午线。例如，某测区经度为 106°12′~106°30′，则该测区所在 3°带中央子午线经度为 105°，测区纬度为 32°30′~32°38′，该测区离 3°带中央子午线的最大距离为 150km，因此，在高斯投影时应另行选择中央子午线经度为 106°21′。

综上所述，当测区高程大于 160m 或离中央子午线距离大于 45km 时，不应采用国家统一坐标系而应建立地方坐标系。建立地方坐标系最简单的方法如下：

（1）选择测区任意带中央子午线经度，使中央子午线通过测区中央，并对已知点的国家统一坐标进行换带计算。

（2）选择测区平均高程面的高程 h_0，使椭球长半轴增大 h_0，由此建立新的地方坐标系。

二、坐标系统的转换

（一）空间直角坐标系的转换

如图 3-4 所示，当两个空间直角坐标系的坐标换算既有旋转又有平移时，存在 3 个平移参数 Δx_0、Δy_0、Δz_0和 3 个旋转参数 ω_x、ω_y、ω_z，再顾及两个坐标系尺度不尽一致，从而还有 1 个尺度变化参数，共计 7 个参数，两个坐标系间转换的公式如下：

$$\begin{pmatrix} x \\ y \\ z \end{pmatrix}_{84} = \begin{pmatrix} \Delta x_0 \\ \Delta y_0 \\ \Delta z_0 \end{pmatrix} + (1+m)\begin{pmatrix} 1 & \omega_z & -\omega_y \\ -\omega_z & 1 & \omega_x \\ \omega_y & -\omega_x & 1 \end{pmatrix}\begin{pmatrix} x \\ y \\ z \end{pmatrix}_{54/80} \tag{3-1}$$

式中的 m 为尺度比因子。

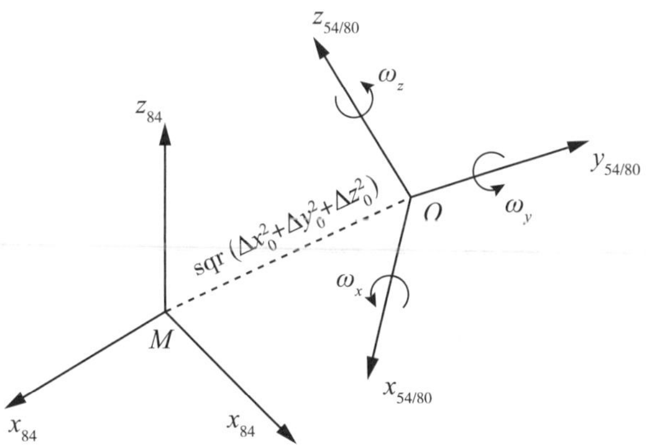

图 3-4 空间直角坐标系的转换

要在两个空间直角坐标系之间转换，需要知道 3 个平移参数 Δx_0、Δy_0、Δz_0，3 个旋转参数 ω_x、ω_y、ω_z以及尺度比因子 m。为求得 7 个转换参数，在两个坐标系中至少应有 3 个公共点，即已知 3 个点在两个不同空间直角坐标系中的坐标。这种方法通常称为七参数法。在求解转换参数时，公共点坐标的误差对所求参数影响很大，因此所选公共点坐标应满足下列条件：

（1）点的数目要足够多，以便检核；

（2）坐标精度要足够高；

（3）分布要均匀；

(4)覆盖面要大，以免因公共点坐标误差引起较大的尺度比因子误差和旋转角度误差。

当测区范围较小的时候，可以认为 3 个旋转参数为 0，尺度因子为 1，此时，只需要知道 Δx_0、Δy_0、Δz_0 3 个平移参数即可。这种方法通常称为三参数法。在两个坐标系中至少应有 1 个公共点。

(二)平面直角坐标系的转换

如图 3-5 所示，在两个平面直角坐标系之间进行转换，需要有 4 个转换参数，其中 2 个平移参数 Δx_0、Δy_0，1 个旋转参数 α 和 1 个尺度比因子 m。转换公式如下：

$$\begin{pmatrix} x \\ y \end{pmatrix}_{84} = (1+m)\left[\begin{pmatrix} \Delta x_0 \\ \Delta y_0 \end{pmatrix} + \begin{pmatrix} \cos\alpha & \sin\alpha \\ -\sin\alpha & \cos\alpha \end{pmatrix}\begin{pmatrix} x \\ y \end{pmatrix}_{54/80}\right] \tag{3-2}$$

为求得 4 个转换参数，应至少有 2 个公共点。这种方法通常称为平面四参数转换。

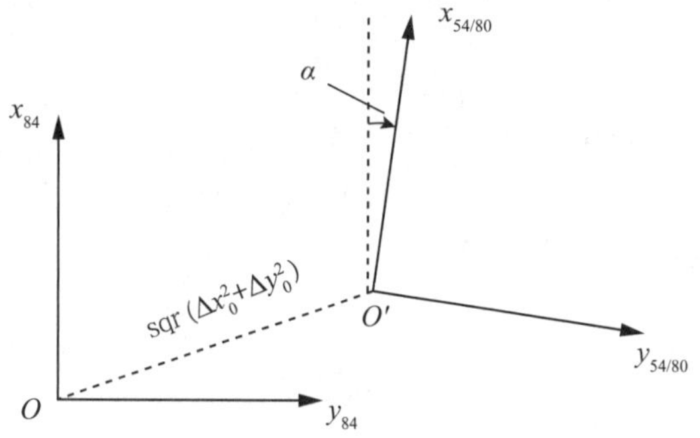

图 3-5　平面直角坐标系的转换

任务 3.2　高程系统转换

一、高程系统

1. 大地高

以参考椭球面为基准面的高程系统，某点的大地高是该点到通过该点的参考椭球的法线与参考椭球面的交点间的距离，大地高也称为椭球高。

2. 正高

以大地水准面为基准面的高程系统。某点的正高是该点到通过该点的铅垂线与大地水准面的交点之间的距离。

3. 正常高

以似大地水准面为基准面的高程系统。某点的正常高是该点到通过该点的铅垂线与似大地水准面的交点之间的距离。

我国采用正常高系统，也就是说，我国的高程起算面实际上不是大地水准面而是似大地水准面。似大地水准面在海平面上与大地水准面重合，在我国东部平原地区，两者相差若干厘米，在西部高原地区相差若干米。

大地高与正常高有如下关系：

$$\left.\begin{aligned} H &= H_{\text{正}} + N \\ H &= H_{\text{常}} + \xi \end{aligned}\right\} \tag{3-3}$$

式中：N——大地水准面差距；

ξ——高程异常。

图 3-6 中，H 为大地高，H_g 为正高，H_γ 为正常高。

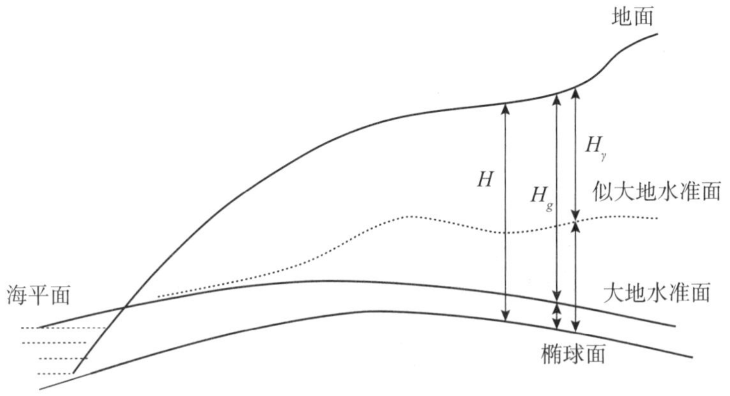

图 3-6 高程系统

二、高程系统的转换

GNSS 所测得的地面高程是以 WGS-84 椭球面为高程起算面的，而我国的 1956 年黄海高程系和 1985 国家高程基准是以似大地水准面作为高程起算面的，所以必须进行高程系统的转换。使用较多的高程系统转换方法是高程拟合法、区域似大地水准面精化法和地球模型法。因目前还没有适合于全球的大地水准面模型，所以此处只介绍前两种方法。

虽然似大地水准面与椭球面之间的距离变化极不规则，但在小区域内，用斜面或二次曲面来确定似大地水准面与椭球面之间的距离还是可行的。

1. 斜面拟合法

高程异常 ξ，在小区域内可将 ξ 看成平面位置 x、y 的一次函数，即

$$\xi = ax + by + c \tag{3-4}$$

或

$$H - H_{\text{常}} = ax + by + c \tag{3-5}$$

如果已知至少三个点的正常高 $H_{\text{常}}$，并测出其大地高 H，则可解出式(3-5)中的系数 a、b、c，然后便可根据任一点的大地高按式(3-6)求得相应的正常高。

$$H_{\text{常}} = H - ax - by - c \tag{3-6}$$

2. 二次曲面拟合法

二次曲面拟合法的方程式为

$$H - H_{常} = ax^2 + by^2 + cxy + dx + ey + f \tag{3-7}$$

如已知至少 6 个点的正常高并测得大地高，便可解出 a，b，…，f 6 个参数，然后根据任一点的大地高便可求得相应的正常高。

三、区域似大地水准面精化法

区域似大地水准面精化法就是在一定区域内采用精密水准测量、重力测量及 GNSS 测量，先建立区域内精确的似大地水准面模型，然后便可根据此模型快速准确地进行高程系统的转换。精确求定区域似大地水准面是大地测量学的一项重要科学目标，也是一项极具实用价值的工程任务。我国高精度省级似大地水准面精化工作已经在部分省、市展开，如图 3-7 所示。如青岛、深圳、江苏等省市已建成厘米级的区域似大地水准面模型。在具有如此高精度的似大地水准面模型的地方，用 GNSS 测高程可代替三等水准。

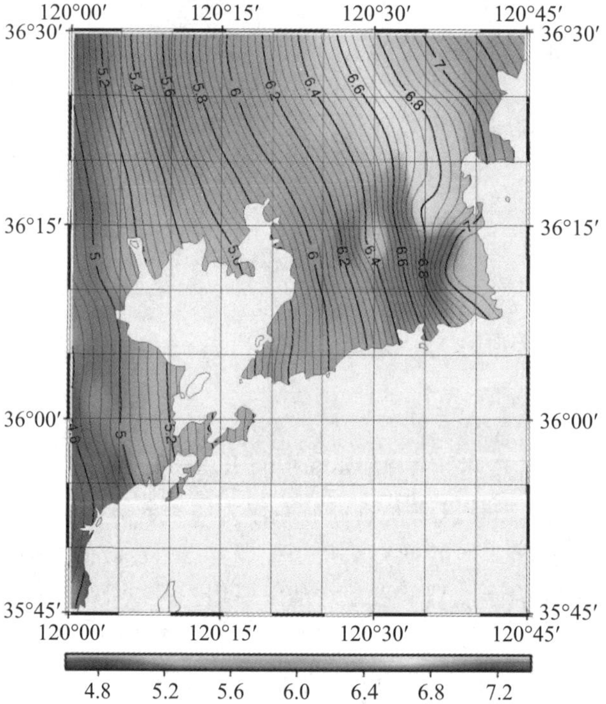

图 3-7　似大地水准面精化

四、案例：坐标转换案例分析

某沿海港口在航道疏浚工程完成后，委托某测绘单位实施航道水深测量，以检验疏浚是否达到 15m 的设计水深要求。

有关情况如下：

(1)测量基准：平面采用 2000 国家大地坐标系，高程采用 1985 国家高程基准，深度基准面采用当地理论最低潮面。

(2)测区情况：附近有若干三等、四等和等外控制点成果，分布在山丘、码头、建筑物顶部等处，港口建有无线电发射塔、灯塔等设施。

(3)定位：采用载波相位实时动态差分 GNSS 定位，选择港口附近条件较好的控制点 A 作为基准台，测量船作为流动台，基准台通过无线电数据链向流动台播发差分信息。测量开始前收集了 A 点高程 h_A 和在 1980 西安坐标系中的平面坐标(x_A，y_A)，以及 A 点基于 1980 西安坐标系参考椭球的高程异常值 ζ_A。另外还收集了 4 个均匀分布在港口周边地区的高等级控制点，同时具有 1980 西安坐标系和 2000 国家大地坐标系的三维大地坐标。通过坐标转换，得到 A 点 2000 国家大地坐标系的三维大地坐标(B_A，L_A，H_A)。

问：简述将 A 点已知高程 h_A 转换为 2000 国家大地坐标系大地高 H_A 的主要工作步骤。

解：(1)先求出 A 点 1980 西安坐标系下的平面坐标，通过高斯反算求得 1980 西安坐标系下的大地坐标(B，L)，此步骤也可在计算完大地高之后完成。

(2)求出 A 点 1980 西安坐标系下的大地高 $H=h_A+\zeta_A$。

(3)通过 4 个均匀分布在港口周边地区的高等级控制点，计算当地 1980 西安坐标系到 2000 国家大地坐标系的转换参数，使用七参数法。

(4)通过转换公式，输入 A 点 1980 西安坐标系下的大地坐标后计算 2000 国家大地坐标系下的大地坐标。

任务 3.3　时间系统转换

在现代大地测量中，为了研究诸如地壳升降和地球板块运动等地球动力学现象，时间也和描述观测点的空间坐标一样，成为研究点位运动过程和规律的一个重要分量，从而使大地网点成为空间与时间参考系中的四维大地网点。

在 GNSS 测量中，时间对点位的精度具有决定性的作用。首先，作为动态已知点的 GNSS 卫星的位置是不断变化的，在星历中，除了要给出卫星的空间位置参数外，还要给出相应的时间参数。其次，GNSS 测量是通过接收和处理 GNSS 卫星发射的电磁波信号来确定星站距离进而求得测站坐标的。要精确测定星站距离，就必须精确测定信号传播时间。再次，由于地球自转，地面点在天球坐标系中的位置是不断变化的，为了根据 GNSS 卫星位置确定地面点位置，就必须进行天球坐标系与地球坐标系的转换。为此也必须精确测定时间。因此，在建立 GNSS 定位系统的同时，必须建立相应的时间系统。

一、世界时系统

世界时系统是以地球自转为基准的一种时间系统。然而，由于观察地球自转运动所选的空间参考点不同，世界时系统又包括恒星时、平太阳时和世界时。

1. 恒星时(Sidereal Time，ST)

由春分点的周日视运动确定的时间称为恒星时。春分点连续两次经过本地子午线的时间间隔为一恒星日，含24个恒星小时。恒星时在数值上等于春分点相对于本地子午圈的时角。在岁差和章动的影响下，春分点分为真春分点和平春分点，相应的恒星时也分为真恒星时和平恒星时。此外，为了确定世界统一时间，也用到格林尼治恒星时。所以，恒星时分为以下四种：

①LAST——真春分点的地方时角；

②GAST——真春分点的格林尼治时角；

③LMST——平春分点的地方时角；

④GMST——平春分点的格林尼治时角。

四种恒星时有如下关系：

$$\left.\begin{aligned}&\mathrm{LAST}-\mathrm{LMST}=\mathrm{GAST}-\mathrm{GMST}=\Delta\psi\cos\varepsilon\\&\mathrm{GMST}-\mathrm{LMST}=\mathrm{GAST}-\mathrm{LAST}=\lambda\end{aligned}\right\}\tag{3-8}$$

式中，λ 为天文经度，$\Delta\psi$ 为黄经章动，ε 为黄赤交角。

2. 平太阳时(Mean Solar Time，MT)

因地球绕太阳公转的轨道为一个椭圆，所以太阳视运动的速度是不均匀的。以真太阳周年视运动的平均速度确定一个假想的太阳，且其在天球赤道上做周年视运动，称为平太阳。以平太阳连续两次经过本地子午圈的时间间隔为一个平太阳日，含24个平太阳小时。与恒星时一样，平太阳时也具有地方性，故常称为地方平太阳时或地方平时。

3. 世界时(Universal Time，UT)

以子夜零时起算的格林尼治平太阳时称为世界时，如以GAMT表示平太阳相对于格林尼治子午圈的时角，则世界时UT与平太阳时之间的关系为：

$$\mathrm{UT}=\mathrm{GAMT}+12(\mathrm{h})\tag{3-9}$$

在地极移动的影响下，平太阳连续两次经过格林尼治子午圈的时间间隔并不均等。此外，地球自转速度也不均匀，它不仅包含长期的减缓趋势，而且还含有一些短周期的变化和季节性变化。因此，世界时也不均匀。从1956年开始，在世界时中加入了极移改正和地球自转速度的季节性改正，改正后的世界时分别用 UT_1 和 UT_2 表示，未经改正的世界时用 UT_0 表示，其关系为：

$$\left.\begin{aligned}&\mathrm{UT}_1=\mathrm{UT}_0+\Delta\lambda\\&\mathrm{UT}_2=\mathrm{UT}_1+\Delta\mathrm{TS}\end{aligned}\right\}\tag{3-10}$$

式中，$\Delta\lambda$ 为极移改正，$\Delta\mathrm{TS}$ 为地球自转速度的季节性变化改正。

世界时 UT_2 虽经过以上两项改正，但仍含有地球自转速度逐年减缓和不规则变化的影响，所以世界时 UT_2 仍是一个不均匀的时间系统。

二、原子时(Atomic Time，AT)

随着科技的发展，人们对时间稳定性的要求不断提高。以地球自转为基础的世界时系统已不能满足要求。为此，从20世纪50年代起，便建立了以原子能级间的跃迁特征为基础的原子时系统。

原子时秒长定义为：位于海平面上的铯 Cs^{133} 原子基态两个超精细能级间，在零磁场中跃迁辐射振荡 9192631770 周所持续的时间，为 1 原子秒。原子时的起点定义为 1958 年 1 月 1 日零时的 UT_2(事后发现 AT 比 UT_2 慢 0.0039s)，国际上用约 100 台原子钟推算统一的原子时系统，称为国际原子时系统(IAT)。

三、协调世界时(Coordinated Universal Time，UTC)

原子时的优点是稳定度极高，缺点是与昼夜交替不一致。为了保持原子时的优点而避免其缺点，从 1972 年起，采用了以原子时秒长为尺度，时刻上接近于世界时的一种折衷时间系统，称为协调世界时。

协调世界时秒长等于原子时秒长，采用闰秒的办法使协调世界时的时刻与世界时接近。两者之差应不超过 0.9 秒，否则在协调世界时的时刻上减去 1 秒，称为闰秒。闰秒的时间定在 6 月 30 日末或 12 月 31 日末，由国际地球自转服务组织(IERS)确定并事先公布。目前几乎所有国家发播的时号，都以 UTC 为基准。

协调时与国际原子时之间的关系可由下式定义：

$$IAT = UTC + 1' \times n \tag{3-11}$$

式中，n 为调整参数，其值由 IERS 发布。

为了让使用世界时的用户得到精度较高的 UT_1 时刻，时间服务部门在播发协调时(UTC)时号的同时，给出 UT_1 与 UTC 的差值。这样用户便可容易地由 UTC 得到相应的 UT_1。

目前，几乎所有国家时号的播发，均以 UTC 为基准。时号播发的同步精度约为 ±0.2ms。考虑到电离层折射的影响，在一个台站上接收世界各国的时号，其误差将不会超过±1ms。

四、力学时(Dynamic Time，DT)

根据天体动力学理论建立的运动方程计算的天体星历中所采用的独立变量——时间 T，这个数学变量被定义为力学时(DT)，力学时是均匀的。

根据对应的参考点不同，力学时可分为两种：

(1)太阳质心力学时(barycentric dynamical time，TDB)：是相对于太阳质心运动的运动方程所采用的时间参数。

(2)地球质心力学时(terrestrial dynamical time，TDT)：是相对于地球质心运动的运动方程所采用的时间参数。

TDT 作为一个基于地心运动方程的严格均匀的时间尺度和独立变量被用于卫星轨道计算中。

五、GNSS时间系统

每个GNSS系统在建立时，都有自己的时间系统。

1. GPS时(GPS Time，GPST)

GPS时是GPS测量系统的专用时间系统，由GPS主控站的原子钟控制。其秒长与原子时相同。原点定义为1980年1月6日零时与协调世界时的时刻一致。GPS时与国际原子时的关系为：

$$IAT-GPST=19(s) \tag{3-12}$$

GPS时与协调世界时的关系为：

$$GPST=UTC+1'\times n-19s \tag{3-13}$$

n值由国际地球自转服务组织公布。1987年，$n=23$，GPS时比协调世界时快4秒，即GPST=UTC+4s，2005年12月，$n=32$，2006年1月，$n=33$，所以，2006年1月GPS时与协调世界时的关系是：GPST=UTC+14s。

2. GLONASS时(GLONASS Time，GLONASST)

GLONASS时间系统属于UTC系统，采用原子时ATI秒长作为时间基准，是基于俄罗斯莫斯科的协调世界时UTC(SU)。GLONASST的产生是基于GLONASS同步中心CS(Central Synchronize)时间。GLONASS控制部分的特性使GLONASST与俄罗斯维持的协调世界时UTC(SU)存在3h的整数差，此外还存在1ms以内的系统差τ_r，GLONASST与UTC(SU)的关系式为

$$GLONASST=UTC(SU)+3h-\tau_r \tag{3-14}$$

3. Galileo时(Galileo Time，GST)

Galileo时间系统简称GST，它和GPS时类似，与IAT的估计偏差将在伽俐略导航信息中广播。Galileo系统采用主钟控制的方法产生基准时间。主控站装备2台主动型氢钟和4台高性能的铯原子钟形成时间系统(PTF)。这样的小型系统主要利用了氢钟的稳定性能和铯钟的准确度性能。2台氢钟实时比对测量，一台作为主钟，一台作为备份，以便实现无缝切换。4台铯钟实时循环比对测量，形成GST自由时间，经与欧洲各个时间实验室的UTC(k)比对测量后，修正氢钟时间，形成真正的GST。各个监测站的时间通过通信网络，以GST为参考实现同步。

Galileo时间系统是一个连续的时标，与国际原子时(IAT)保持偏差小于28ns，所以有

$$GST=IAT\pm28ns \tag{3-15}$$

GST时和IAT的偏差，GST和UTC时间的偏差应当通过各种服务的空间信号广播给用户。

4. BDS时(BD Time，BDT)

BDS时间基准采用北斗时(BDT)，BDT以国际单位制(SI)秒为基本单位，与GPST一样同属于原子时(ATI)，无闰秒，以周和周内秒为单位连续计数，通过BDS导航电文播

发，但 BDT 的起算历元为 2006 年 1 月 1 日 00 时 00 分 00 秒(星期日)的协调世界时 UTC，BDT 通过中国维持的协调世界时 UTC(NTSC)与国际 UTC 建立联系。由于闰秒的影响，从 1980 年 1 月 6 日 0 时到 2006 年 1 月 1 日 0 时共有正闰秒 14s，所以 BDT 与 GPST 间有 14s 的整数差。BDT 与 UTC(NTSC)间的关系式为

$$BDT = UTC(NTSC) + 1s \times n - 19s - 14s \tag{3-16}$$

拓展阅读 1

工匠精神

岁差与章动的影响

地球绕自转轴旋转，在无外力矩作用时，其旋转轴指向应该不变。但由于日月对地球赤道隆起部分的引力作用，使得地球自转受到外力矩作用而发生旋转轴的进动现象，即从北天极上方观察时，北天极绕北黄极在圆形轨道上沿顺时针方向缓慢运动，致使春分点每年西移 50.2″，25800 年移动一周，这种现象叫岁差，如图 3-8 所示。在岁差影响下的北天极称为瞬时平北天极，相应的春分点称为瞬时平春分点。瞬时平北天极绕北黄极旋转的圆称为岁差圆。

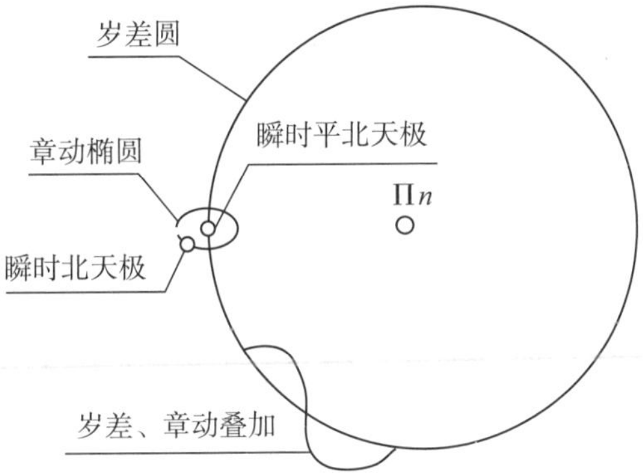

图 3-8　岁差与章动

事实上，由于月球轨道和月地距离的变化，使实际北天极沿椭圆形轨道绕瞬时平北天极旋转，这种现象叫章动，周期为 18.6 年。在章动影响下，实际的北天极称为瞬时北天极，相应的春分点称为真春分点。瞬时北天极绕瞬时平北天极旋转的椭圆叫章动椭圆，长半径约为 9.2″。

拓展阅读 2

高斯投影与横轴墨卡托投影

各种测绘图纸都是平面图纸。为了便于绘制测量图件，有必要将椭球形的地球表面投影到平面上。也就是将大地坐标系中的大地经纬度通过一定的投影法则换算为平

面直角坐标系的坐标。我国大地测量采用高斯投影，中央子午线投影后长度不变，即投影比为 1。其他曲线的长度均变长，即投影比均大于 1。离中央子午线越远，长度变形越大。对于 6°带分带子午线，其最大相对变形量可达 1/730。

为缩小高斯投影的长度变形，世界上大多数国家采用横轴墨卡托投影。即使中央子午线投影比小于 1 而分带子午线投影比大于 1，这就使得长度变形大幅度缩小，从而提高了平面图形的精度。对于 6°带，使中央子午线的投影比为 0. 9996，在纬度为 40°的地点，中央子午线的长度变形为-0. 00040(1/2500)，而分带子午线的长度变形为+0. 00040，这种投影方法称为通用横轴墨卡托投影。对于任意带，可适当选择中央子午线的投影比，使测区的正负最大投影变形量接近。显然，如果选择中央子午线的投影比为 1，则成为高斯投影。可见，高斯投影是横轴墨卡托投影的一个特例。

GNSS 测量的最终坐标是平面直角坐标和高程，但在计算过程中，为了便于坐标系的转换，也要建立空间直角坐标和大地坐标。

技能训练

技能训练：常用坐标系统转换

1. 任务概况

坐标表示方法大致有三种：经纬度和高程，空间直角坐标，平面坐标和高程。本实训任务主要有以下几个内容：

(1)同一个参考椭球下大地坐标(B，L，H)与平面坐标(x，y，h)之间的转换。

(2)四参数转换实现 WGS-84 坐标转换成 1954 北京坐标。

(3)七参数转换实现 WGS-84 坐标转换成 1980 西安坐标。

注意：不同坐标系统之间的转换必须要有 1 个以上公共点，根据公共点数量及工程规模等因素，求解三参数、四参数及七参数，从而利用转换参数达到转换坐标的目的。

2. 器材准备与人员组织

同一点不同坐标系下的坐标、坐标转换软件(本实训以南方 GPS 工具箱为例)。

3. 训练步骤

1)大地坐标正算与反算

相同坐标系下由大地坐标(B，L，H)转换成平面坐标(x，y，h)叫正算；由平面坐标(x，y，h)转换成大地坐标(B，L，H)叫反算，如表 3-6 所示。

表 3-6 **案例数据**

WGS-84 坐标			
点号	B	L	H
	x	y	H
MFDL	41.463562180	123.542564264	201.192
	4627217.100	575418.532	201.192
WJHS	41.414224176	123.512823622	228.170
	4618123.498	571411.598	228.170

续表

WGS-84 坐标			
点号	B	L	H
	x	y	H
WXHS	41.502868096	123.565240684	241.603
	4634444.265	578728.707	241.603

(1)坐标正算

第一步，新建作业。

打开软件，点击“文件”→新建作业→输入文件名→点击“保存”，保存后便于下次使用，转换时不用重新输入，直接打开即可(见图 3-9)。

第二步，设置投影参数。注意设置当地中央子午线，例如案例为 123°(图 3-10)。

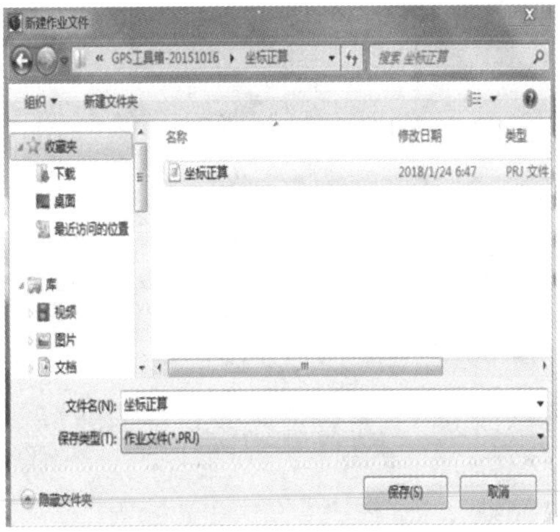

图 3-9 保存坐标文件

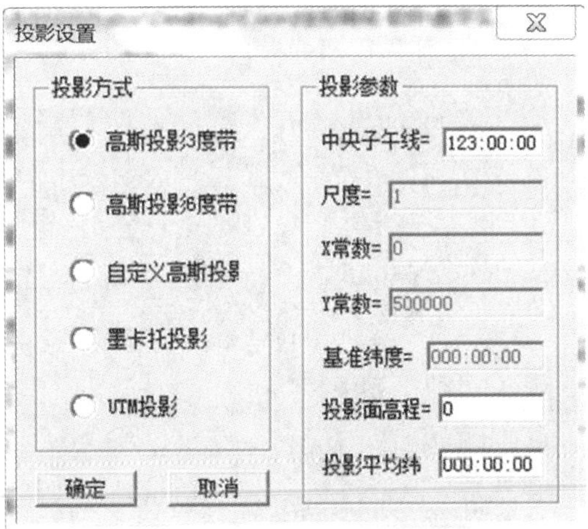

图 3-10 投影设置

第三步，依据数据所属坐标系选取相应坐标系。

转换前坐标类型与转换后坐标类型相同。例如，选取转换前坐标类型为“大地坐标 BLH”，格式为“无格式”，源椭球为“北京 54”；转换后坐标类型为“投影坐标 xyh”，目标椭球系为“北京 54”；选择“单点转换”，分别输入“转换前坐标(41. 55573821，123. 38181118)”，点击转换按钮 [-->]，显示转换后坐标(4644430. 418，552945. 750)。以上为坐标正算，见图 3-11。

(2)坐标反算

坐标反算操作步骤同“坐标正算”。例如已知某点的 1954 北京坐标系平面坐标为(4644430. 418，552945. 750)，将其转换成 1954 北京大地坐标(B，L)，转换后的结果为(41°55′57. 3821″，123°38′18. 1118″)，见图 3-12。

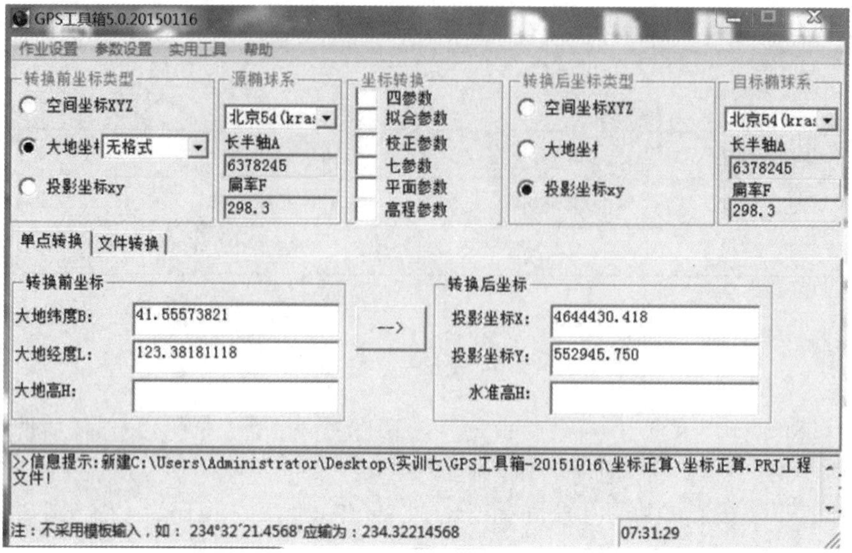

图 3-11 坐标正算

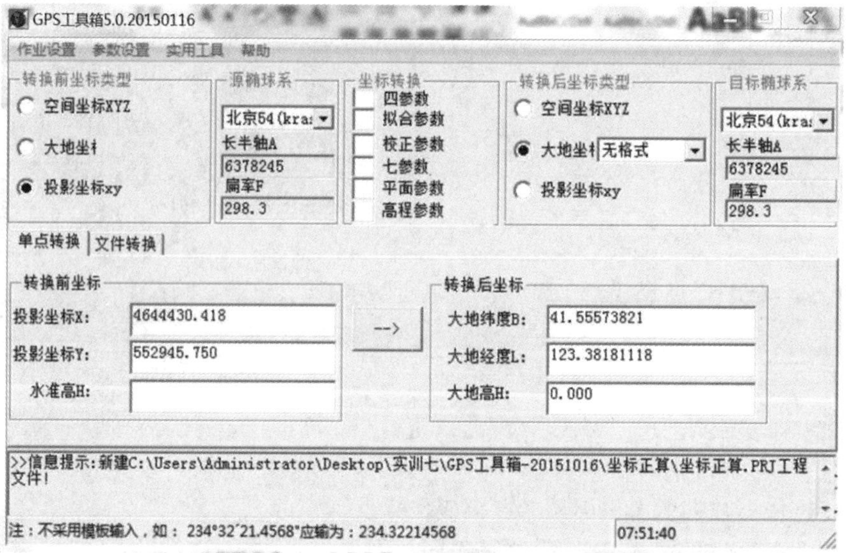

图 3-12 坐标反算

2）WGS-84 坐标系转换成 1954 北京坐标系（四参数转换）

第一步，建立文件。

新建坐标转换文件，点击“文件”→新建→输入文件名→点击“保存”，保存后便于下次使用，转换时不用重新输入，直接打开即可。

第二步，椭球系设置。

设置投影参数，源椭球系设置为“WGS-84”，目标椭球系设置成“北京 54”，投影方式为高斯 3°带投影，投影参数中央子午线为 123。见图 3-13。

第三步，计算四参数。

输入点 D03、D21 的平面投影坐标(见表 3-7)，点击“增加”→“保存” →“计算”，显示四参数计算结果，勾选“使用四参数”。见图 3-14、图 3-15。

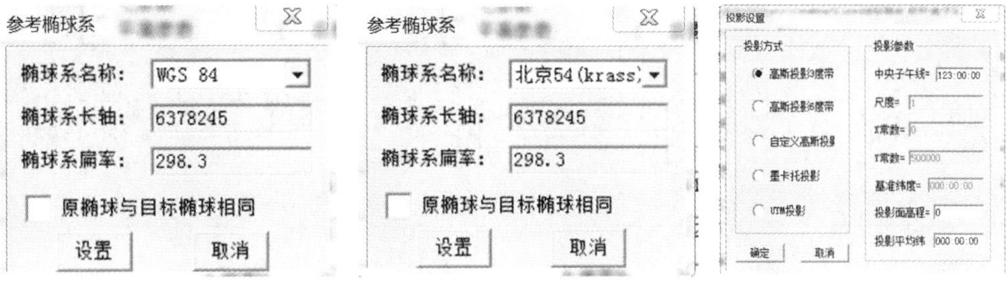

图 3-13　椭球设置及投影设置

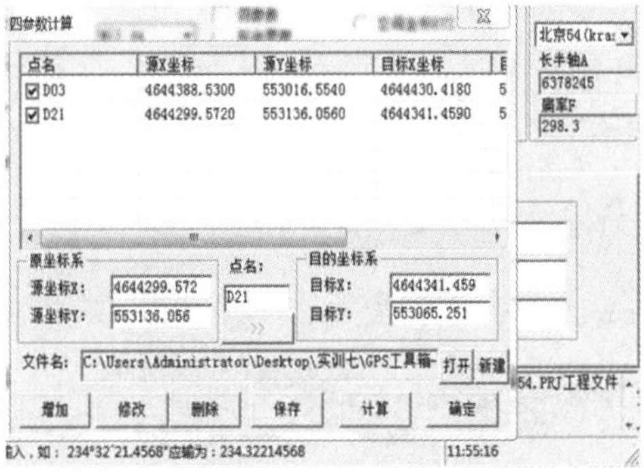

图 3-14　四参数计算

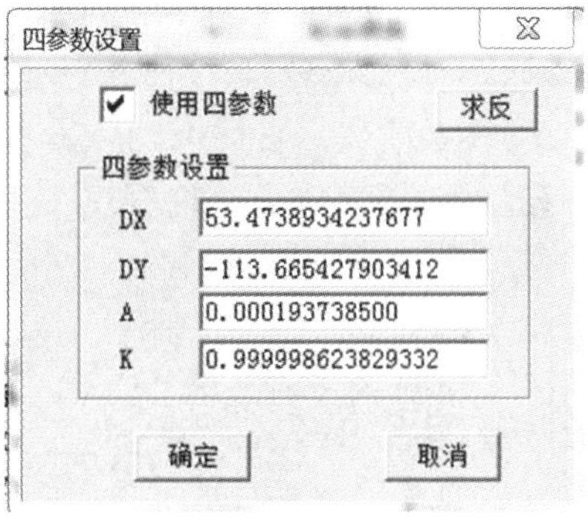

图 3-15　四参数结果

表 3-7　　**案 例 数 据**

点号	WGS-84 坐标			1980 西安坐标系		
	B	*L*	*H*	*B*	*L*	*H*
	x	*y*	*H*	*x*	*y*	*H*
D03	41. 555866640	123. 382123633	120. 000	41. 55573821	123. 38181118	101. 449
	4644388. 530	553016. 554	120. 000	4644430. 418	552945. 750	101. 449
D21	41. 555575441	123. 382639427	122. 295	41. 55544702	123. 38232696	103. 744
	4644299. 572	553136. 056	122. 295	4644341. 459	553065. 251	103. 744
D16	41. 560026305	123. 381675377	127. 948	41. 55589787	123. 38136294	109. 397
	4644437. 023	552912. 917	127. 948	4644478. 911	552842. 113	109. 397

续表

点号	WGS-84 坐标			1980 西安坐标系		
	B	L	H	B	L	H
	x	y	H	x	y	H
D10	41. 555775952	123. 38203029	112. 172	41. 55564753	123. 38171784	93. 621
	4644360. 390	552995. 258	112. 172	4644402. 277	552924. 454	93. 621
备注	以上中央子午线经度为 123°，3 度带高斯投影					

第四步，使用四参数。

勾选坐标转换中“四参数”，输入 D16 的 WGS-84 平面坐标（4644437. 023，552912. 917），点击“转换”按钮，完成 WGS-84 坐标系到 1954 北京坐标系的转换，转换结果为(4644478. 912，552842. 115)。见图 3-16。

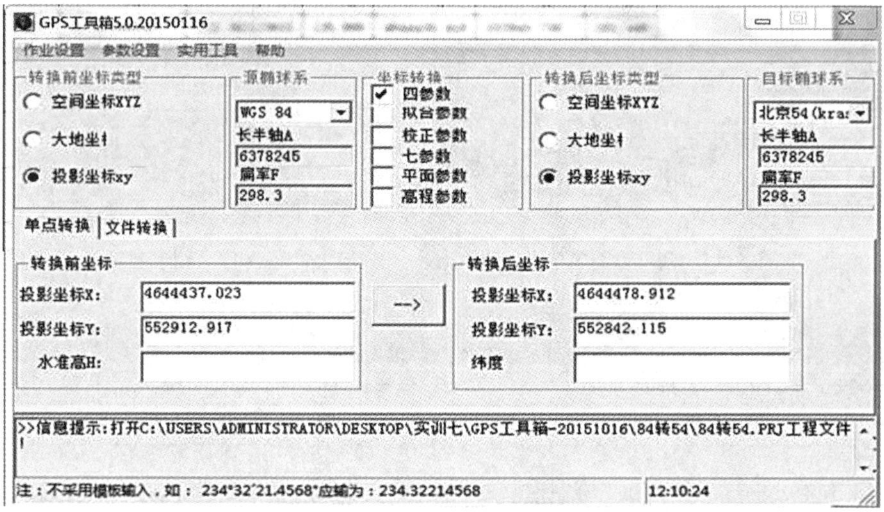

图 3-16 WGS-84 坐标系转换成 1954 北京坐标系

3) WGS-84 坐标系转换成 1980 西安坐标系(七参数转换)

第一步，建立文件。

新建坐标转换文件，点击“文件”→“新建”→输入文件名→点击“保存”。

第二步，椭球系设置。

设置投影参数，源椭球系设置为“WGS-84”，目标椭球系设置为“国家 80”，投影方式为高斯 3°带投影，投影参数中央子午线为 123。

第三步，计算七参数。

七参数计算案例数据见表 3-8。一个测区当已知点具有 3 个以上时，最好利用七参数求解工作坐标。七参数的求解方法同四参数，把所有的已知点都增加进去，然后计算七参数。也可以根据静态控制测量计算七参数。

表 3-8　　**案 例 数 据**

	WGS-84 坐标			1980 西安坐标系		
点名	*B*	*L*	*H*	*B*	*L*	*H*
QJ06	41. 510214958	123. 551959223	105. 699	41. 51023726	123. 55146251	96. 3316
QJ07	41. 510747885	123. 541047804	92. 618	41. 51077011	123. 54055110	83. 2499
QJ08	41. 503417886	123. 495563578	82. 862	41. 50343987	123. 49506700	73. 494
QJ09	41. 493976967	123. 532838327	114. 155	41. 49399919	123. 53234179	104. 7875
QJ10	41. 491712787	123. 550309731	107. 530	4632217. 057	576115. 7183	98. 1621
说明	中央子午线经度为 123°，3 度带高斯投影					

点击“实用工具”→“七参数计算”，选取原坐标系“WGS-84”及目标坐标系“国家80”，输入点名、源坐标及相对应的目标坐标，点击“增加”，见图 3-17，点击“计算”，显示结果见图 3-18。

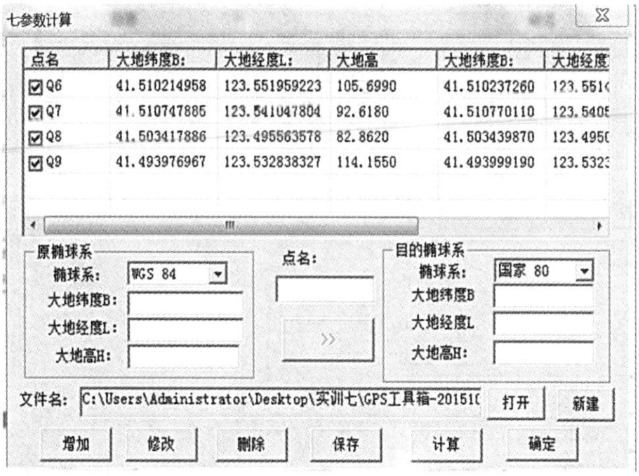

图 3-17　七参数计算

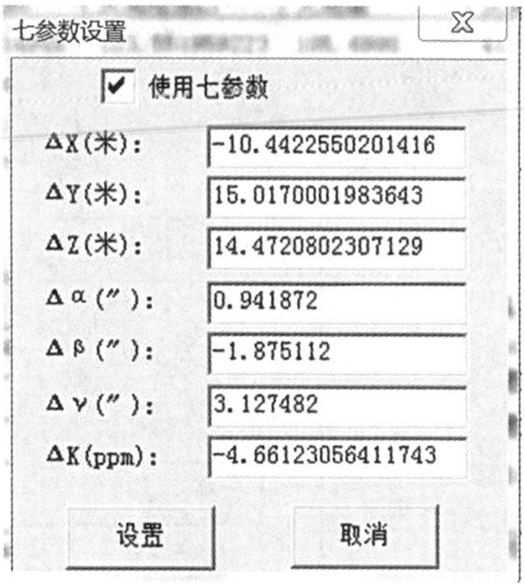

图 3-18　七参数结果

两种方法虽稍有些差异，但计算结果仍然能满足区域作业精度要求。

第四步，七参数使用。

勾选“七参数”，输入带转换 WGS-84 坐标系，完成 WGS-84 坐标系向 1980 西安坐标系转换，见图 3-19。

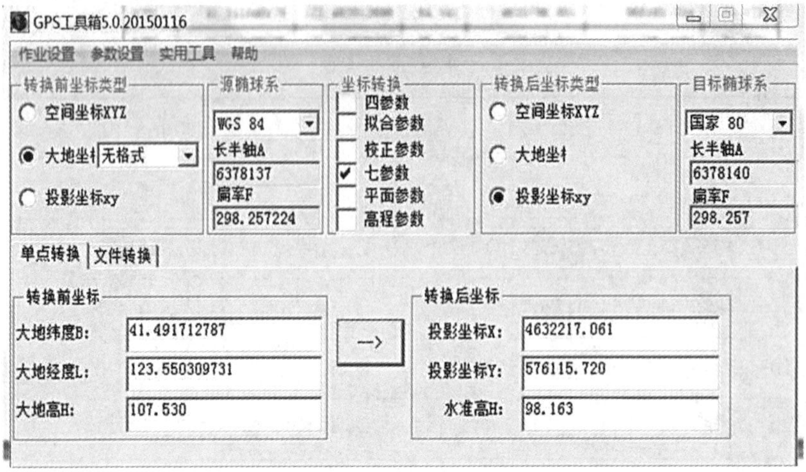

图 3-19　WGS-84 坐标系转换成 1980 西安坐标系

项目小结

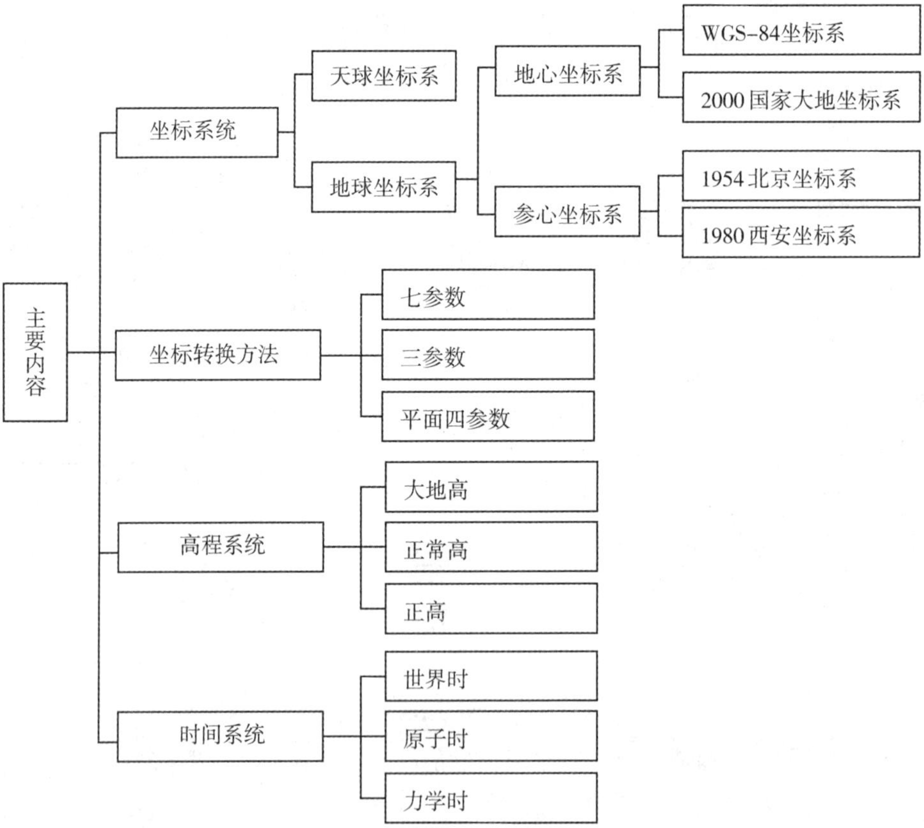

知识检测

1. GNSS 常用的坐标系统有哪些？

2. 熟悉下列概念：似大地水准面、正高、正常高、大地高。

3. 熟悉 WGS-84 坐标系、2000 国家大地坐标系、1980 西安坐标系等坐标系的椭球参数和定位定向方法。

4. 用 Excel 编写小程序进行高斯投影换算。

（习题答案请扫描右侧二维码查看。）

项目 4　GNSS 单点定位

项目简介

GNSS 一般可以进行单点定位、控制测量，也可以进行 RTK 测量，其中静态控制测量更多用于精度较高的二等、三等控制测量中，RTK 控制测量则在地籍测量、工程测量中使用广泛。

GNSS 的工作原理是以天空中高速运转的卫星的瞬时位置为已知量，观测卫星至 GNSS 接收机相位中心的距离，使用空间距离后方交会的方法，计算接收机所处位置坐标。坐标采集的方法包括单点定位和相对定位。本项目主要介绍单点坐标数据采集的方法及作业过程，GNSS 手持机踏勘选点及绘制点之记。

教学目标

(1)知识目标：掌握单点定位的原理；了解 GNSS 定位分类方法。

(2)技能目标：学会 GNSS 单点定位；学会手持机踏勘选点及绘制点之记。

(3)思政目标：①培养学生勇于创新、探索求真的精神；②养成细心、负责的工作态度和习惯。

任务 4.1　单点坐标数据采集

一、GNSS 测量方法和分类

(一)GNSS 测量方法

利用 GNSS 定位，不管采用何种方法，都必须通过用户接收机来接收卫星发射的信号并加以处理，获得卫星至用户接收机的距离，从而确定用户接收机的位置。GNSS 卫星到用户接收机的观测距离，由于各种误差源的影响，并非真实地反映卫星到用户接收机的几何距离，而是有误差，这种带有误差的 GNSS 观测距离称为伪距。由于卫星信号含有多种定位信息，根据不同的要求和方法，可获得不同的观测量：

(1)测码伪距观测量(码相位观测量)；

(2)测相伪距观测量(载波相位观测量)；

(3)多普勒积分计数伪距差；

(4)干涉法测量时间延迟。

目前，在 GNSS 定位测量中，广泛采用的观测量为前两种，即码相位观测量和载波相位观测量。

(二)GNSS 测量方法分类

利用 GNSS 进行定位的方法有很多种。若按照参考点的位置不同，则定位方法可分为：

(1)绝对定位(也叫单点定位)。即用一台 GNSS 接收机来独立测定该点在地球坐标系中的位置，参考点是地球的质心。

(2)相对定位。即在协议地球坐标系中，利用两台及以上的接收机同步测定观测点至某一地面参考点(已知点)之间的相对位置。也就是测定地面参考点到未知点的坐标增量。由于星历误差和大气折射误差有相关性，所以通过观测量求差可消除这些误差，因此相对定位的精度远高于绝对定位的精度。

按用户接收机在作业中的运动状态不同，定位方法可分为：

(1)静态定位。即在定位过程中，将接收机安置在测站点上并固定不动。严格来说，这种静止状态只是相对的，通常指接收机相对其周围点位没有发生变化。

(2)动态定位。即在定位过程中，接收机处于运动状态。

GNSS 绝对定位和相对定位中，又都包含静态和动态两种方式。即动态绝对定位、静态绝对定位、动态相对定位和静态相对定位。

若依照测距的原理不同，又可分为测码伪距法定位、测相伪距法定位、差分定位等。

本项目将论述测码伪距和测相伪距进行绝对定位和相对定位的原理和方法。

二、GNSS 单点定位

(一)GNSS 单点定位原理

GNSS 单点定位又叫绝对定位，即以 GNSS 卫星和用户接收机之间的距离观测值为基础，并根据卫星瞬时坐标(由卫星星历确定计算出来的)，直接确定用户接收机天线在地球坐标系中相对于坐标原点(地球质心)的绝对位置。GNSS 定位原理是测量学中的空间距离后方交会。

GNSS 接收机如果开机后只收到 1 颗卫星，接收机的位置可以就在以 1 颗卫星为球心，伪距为半径的球平面圆周任意一点上，所以位置是不确定的；而当收到 2 颗卫星时，接收机的位置在以 2 颗卫星为圆心，伪距为半径的 2 个球平面交点上，这样能确定出 2 个位置，仍然不固定；如果收到 3 颗卫星，观测站位于以 3 颗卫星为球心，相应距离为半径的球与观测站所在平面交线的交点上，这样接收机就可以判断准确的位置。如图 4-1 所示。

实际观测的站星距离含有卫星钟和接收机钟同步差的影响，为了求解接收机的三维坐标 X，Y，Z，我们通常把卫星钟差也作为一个未知数，这 4 个未知参数，正是我们需要求解的。为此，至少需要建立 4 个类似的方程。所以，用户至少需要同步观测 4 颗卫星以便获得 4 个以上观测方程。

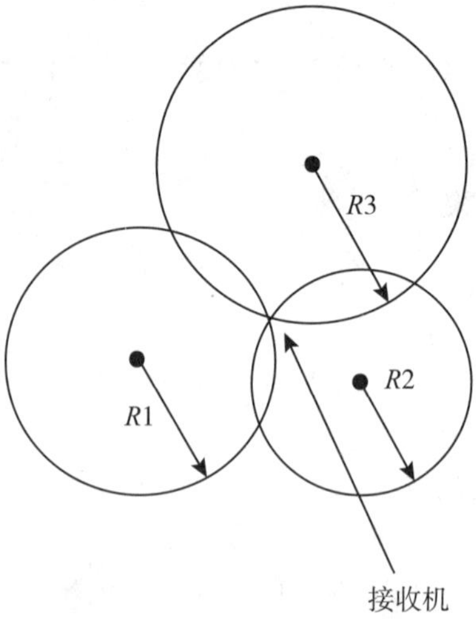

图 4-1 单点定位接收机原理

如图 4-2 所示，设想在地面待定位置上安置 GNSS 接收机，同一时刻接收 4 颗以上 GNSS 卫星发射的信号。通过一定的方法测定这 4 颗以上卫星在此瞬间的位置以及它们分别至该接收机的距离，据此利用距离交会法解算出测站 P 的位置及接收机钟差 δ_t。

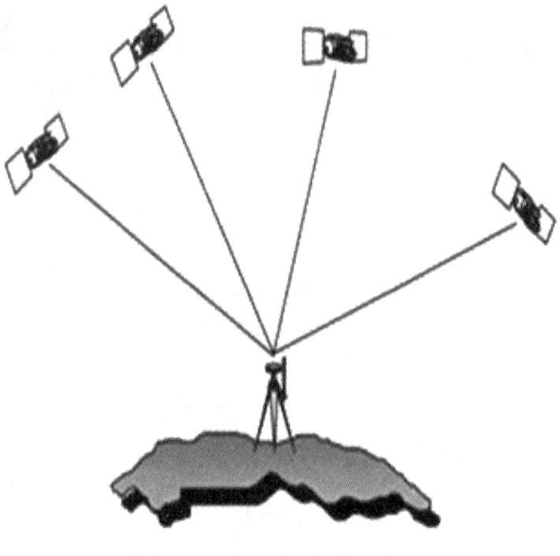

图 4-2 GNSS 定位原理

由此可见，GNSS 定位中，要解决的问题就是两个：

一是观测瞬间 GNSS 卫星的位置。在项目 3 中，我们知道 GNSS 卫星发射的导航电文中含有 GNSS 卫星星历，可以实时地确定卫星的位置信息。

二是观测瞬间测站点至 GNSS 卫星之间的距离。站星之间的距离是通过测定 GNSS 卫星信号在卫星和测站点之间的传播时间来确定的。

根据用户接收机天线所处的状态不同，绝对定位又可分为静态绝对定位和动态绝对定位。

(二)静态绝对定位原理

1. 测码伪距静态绝对定位

测码伪距测量是通过测量 GNSS 卫星发射的测距码信号到达用户接收机的传播时间，从而计算出接收机至卫星的距离，即

$$\rho = \Delta t \cdot c \tag{4-1}$$

式中：Δt ——GNSS 信号到达用户接收机的传播时间；

c——光速(3×10^8m/s)。

为了测量上述测距码信号的传播时间，GNSS 卫星在卫星钟的某一时刻 t^j 发射出某一测距码信号，用户接收机依照接收机时钟在同一时刻也产生一个与发射码完全相同的码(称为复制码)。卫星发射的测距码信号经过 Δt 时间在接收机时钟的 t_i时刻被接收机收到(称为接收码)，接收机通过时间延迟器将复制码向后平移若干码元，使复制码信号与接收码信号达到最大相关(即复制码与接收码完全对齐)，并记录平移的码元数。平移的码元数与码元宽度的乘积，就是卫星发射的码信号到达接收机天线的传播时间 Δt，又称时间延迟。测量过程参见图 4-3。

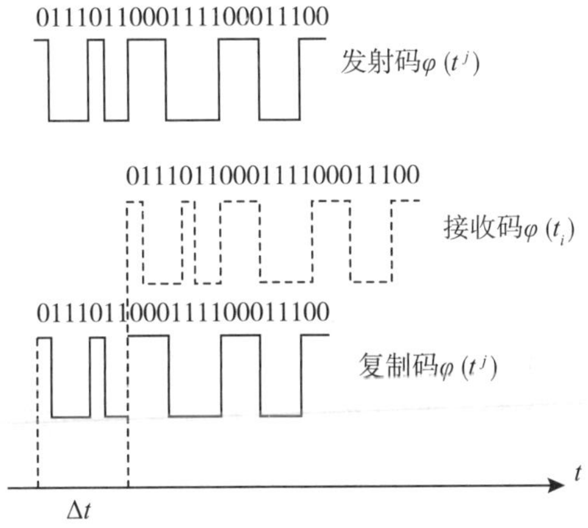

图 4-3　测码伪距测量

利用测距码进行伪距测量是全球定位系统的基本测距方法。GNSS 信号中测距码的码元宽度较大，根据经验，码相位相关精度约为码元宽度的 1%。则对于 P 码来说，其码元宽度约为 29. 3m，所以量测精度为 0. 29m。而对于 C/A 码来说，其码元宽度约为 293m，所以量测精度为 2. 9m。因此，有时也将 C/A 码称为粗码，P 码称为精码。可见，采用测距码进行站星距离测量的测距精度不高。

接收机天线处于静止状态下，可以连续地在不同历元同步观测不同的卫星，测定卫星至观测站的伪距，获得充分的观测量，通过测后数据处理求得测站的绝对坐标。

上述情况仅考虑了 GNSS 接收机在某历元 t 同时观测 n^j 颗卫星的情况。由于我们讨论的是静态绝对定位，测站 T_i 上的接收机处于静止状态，故可以于不同历元，多次同步观测一组卫星，由此可以获得更多的测码伪距观测量，一般通过平差提高定位精度。

这种多卫星多历元的定位方法，在静态单点定位中应用较广，它可以比较精确地测定静止观测站的绝对坐标。

2. 测相伪距静态绝对定位

由上节可知，测码伪距的量测精度过低，无法满足测量定位的需要。如果把 GNSS 信号中的载波作为量测信号，如图 4-4 所示，由于载波的波长短，$\lambda_{L_1} = 19\text{cm}$，$\lambda_{L_2} = 24\text{cm}$，所以对于载波 L_1 而言，相应的测距误差约为 1.9mm，而对于载波 L_2 而言，相应的测距误差约为 2.4mm。可见测距精度很高。

所以，GNSS 测量采用载波相位观测值可以获得比伪距(C/A 码或 P 码)定位高得多的成果精度。

但是，载波信号是一种周期性的正弦信号，而相位测量又只能测定其不足一个波长的部分，因而存在着整周数不确定的问题，使解算过程变得比较复杂。

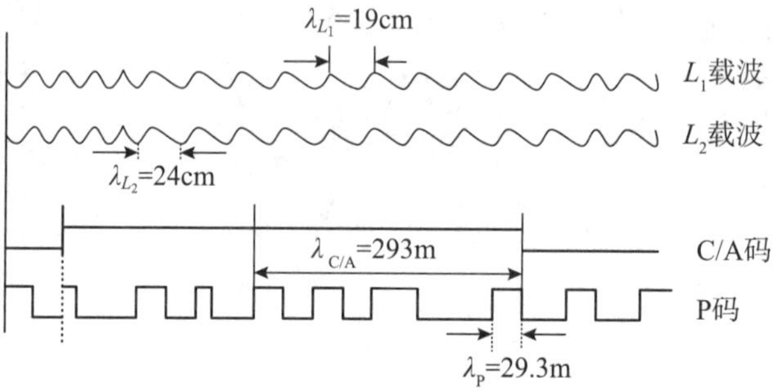

图 4-4　载波相位测量

在 GNSS 信号中由于已用相位调整的方法在载波上调制了测距码和导航电文，因而接收到的载波的相位已不再连续，所以在进行载波相位测量之前，首先要进行解调工作，设法将调制在载波上的测距码和导航电文解调，重新获取载波，这一工作称为重建载波。(具体知识点请扫描右侧二维码阅读)

载波相位测量是通过测量 GNSS 卫星发射的载波信号从 GNSS 卫星发射到 GNSS 接收机的传播路程上的相位变化，从而确定传播距离。因而又称为测相伪距测量。

载波信号的相位变化可以通过如下方法测得：

某一卫星钟时刻 t^j 卫星发射载波信号 $\varphi^j(t^j)$，与此同时接收机内振荡器复制一个与发射载波的初相和频率完全相同的参考载波 $\varphi_i(t^j)$，在接收机钟时刻 t_i 被接收机收到的卫星载波信号 $\varphi_i(t_i)$ 与此时的接收机参考载波信号的相位差，就是载波信号从卫星传播到接收机的相位延迟(载波相位观测量)。测量过程参见图 4-5。

实际上，在进行载波相位测量时，接收机只能测定不足一周的小数部分。因为载波信号是一单纯的正弦波，不带有任何标志，所以我们无法确定正在量测的是第几个整周的小数部分，于是便出现了一个整周未知数，或称整周模糊度。

3. 整周未知数的确定

在以载波相位观测量为根据的 GNSS 精密定位中，初始整周未知数的确定是定位的一

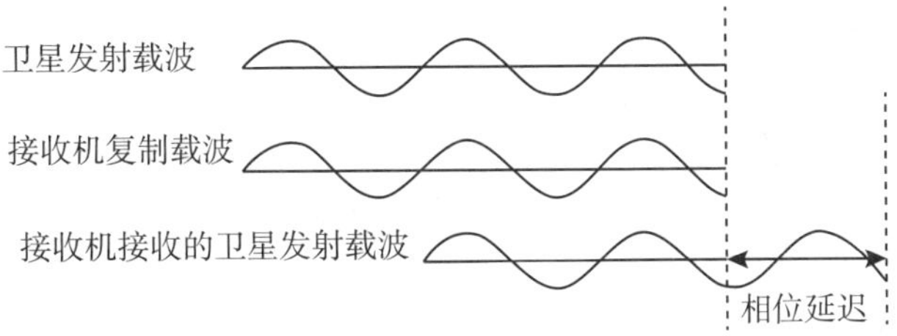

图 4-5　载波相位测量

个关键问题，准确而快速地解算整周未知数对保障定位精度、缩短定位时间、提高 GNSS 定位效率都具有极其重要的意义。

GNSS 定位时，只要确定了整周未知数，则测相伪距方程就和测码伪距方程一样了。若都不考虑卫星钟差的影响，则只需要解算 4 个未知数，这时至少同步观测 4 颗卫星，利用 1 个历元就可以进行定位。

目前，解算整周未知数的方法很多，相关知识请扫描右侧二维码阅读。

这里必须说明，如果静态观测时间段较长，在这段时间里，在不同历元观测的卫星数可能不同，在组成平差模型时应予注意。另外，整周未知数与所观测的卫星有关，故在不同的历元观测的卫星不同时，将增加新的未知参数，这会导致数据处理变得更加复杂，而且有可能会降低解的精度。因此，在一个观测站的观测过程中，应于不同的历元尽可能地观测同一组卫星。

静态观测站 T_i 在定位观测时，观测 n^j 颗卫星，观测 n_t 个历元，可得到 $n^j \times n_t$ 个测相伪距观测量。待解的未知数包括：测站的三个坐标分量，n_t 个接收机钟差，与所测卫星数相等的 n^j 个整周未知数。因此，应用测相伪距法进行静态绝对定位时，由于存在整周不确定性的问题，在同样观测 4 颗卫星的情况下，至少必须同步观测 3 个历元，这样才能解求出测站的坐标值。

在定位精度不高，观测时间较短的情况下，可以把 GNSS 接收机的钟差视为常数。

可见，在同时观测 4 颗卫星的情况下，至少必须同步观测 2 个历元。

由于载波相位观测量的精度很高，所以有可能获得较高的定位精度。但是影响定位精度的因素还有卫星轨道误差和大气折射误差等，只有当卫星轨道的精度相当高，同时又能对观测量中所含的电离层和对流层误差影响加以必要的修正，才能更好地发挥测相伪距静态绝对定位的潜力。

测相伪距静态绝对定位，主要用于大地测量中的单点定位工作，或者为相对定位的基准站提供较为精密的初始坐标值。

4. 周跳的探测分析与修复

周跳就是由于 GNSS 接收机对于卫星信号的失锁，而导致 GNSS 接收机中载波相位观测值中的整周计数发生突变的现象。

要获得高精度定位，除必须准确地解算整周未知数之外，还必须保证计数器准确记录整周计数和小数部分相位，特别是整周计数应该是连续的。如果由于各种原因，导致计数器累计发生中断，那么恢复计数器后，其所计的整周计数与正确数之间就会存在一个偏差，这个偏差就是因周跳而丢失掉的周数。其后观测的每个相位观测值中都含有这个偏差。

产生周跳的主要原因是卫星信号失锁，例如卫星信号被障碍物遮挡而暂时中断，或受到无线电信号干扰而造成失锁等。这些原因都会使计数器的整周数发生错误，由于载波相位观测量为瞬时观测值，因此不足一周的小数部分总能保持正确。

如何判断周跳并恢复正确的计数是 GNSS 数据处理中的一项很重要的工作。许多软件中都已经有这一功能，称为周跳探测与修复，一般在平差之前的数据预处理阶段进行。

(三) 动态绝对定位原理

将 GNSS 用户接收机安装在载体上，并处于动态的情况下，确定载体的瞬时绝对位置的定位方法，称为动态绝对定位。一般情况下，动态绝对定位只能获得很少或者没有多余观测量的实数解，因而定位精度不是很高，被广泛应用于飞机、船舶、陆地车辆等运动载体的导航。另外在航空物探和卫星遥感领域也有着广阔的应用前景。

根据观测量的性质，可将动态绝对定位分为测码伪距动态绝对定位和测相伪距动态绝对定位。

1. 测码伪距动态绝对定位

在动态绝对定位的情况下，由于测站是运动的，所以获得的观测量很少，但为了获得实时定位结果，必须至少同步观测 4 颗卫星。

很明显，当共视卫星数多于 4 颗时，则观测量的个数超过待求参数的个数，此时要利用最小二乘法平差求解。

顺便要指出，这里在解算载体位置时，不是直接求出它的三维坐标，而是求各个坐标分量的修正分量，也就是给定用户的三维坐标初始值，而求解三维坐标的改正数。在解算运动载体的实时点位时，前一个点的点位坐标可作为后续点位的初始坐标值。

2. 测相伪距动态绝对定位

由于测相伪距法中引入了另外的未知参数——整周未知数，因此，和测码伪距法一样，观测 4 颗卫星无法解算出测站的三维坐标。

可见，误差方程中的未知参数有：三个测站点位坐标，一个接收机钟差，n^j 个整周未知数。

值得注意的是，采用测相伪距动态绝对定位时，载体上的 GNSS 接收机在运动之前应该初始化，而且运动过程中不能发生信号失锁，否则就无法实现实时定位。然而载体在运动过程中，要始终保持对所观测卫星的连续跟踪，目前在技术上尚有一定困难，一旦发生周跳，则须在动态条件下重新初始化。因此，在实时动态绝对定位中，寻找快速确定动态整周模糊度的方法是非常关键的问题。

任务 4.2 踏勘选点及绘制点之记

一、踏勘选点

对于一个新测区，首先需要收集区域内的测量资料，寻找测量控制点，包括在控制测量阶段寻找起算平面控制点和有概略坐标的水准点，在地形图测量或放样过程中寻找设站和定向控制点。为了寻找控制点，先将控制点坐标(大地经纬度)输入手持 GNSS 仪器，用手持 GNSS 的导航功能，根据导航提示找到控制点概略位置，再依据点位说明就能快速准确地找到具体点位。

二、绘制点之记

点之记是在测绘学中记载大地点位情况的资料，分为 GNSS 点、三角点、导线点、水准点等点之记。点之记的内容包括点名、级别、所在地、点位略图、实埋标石断面图以及委托保管等信息，如表 4-1 所示。

点之记填写应按以下要求进行：

(1)“概略位置”由手持 GNSS 接收机测定，经纬度按手持 GNSS 接收机的显示填写，概略高程采用大地高标注至整米。

(2)“所在地”填写点位所处位置，填写省(直辖市)至最小行政区的名称及点位具体位置，“级别”填写 GNSS 级别，“所在图幅”填写 1∶5 万地形图图幅号，“网区”填写测区地名。

(3)点位略图须在现场绘制，注明点位至主要特征地貌(地物)的方向和距离。绘图比例尺可根据实地情况，在易于找到点位的原则下适当变通。

(4)电信情况填写点位周边电信情况。

(5)“地类”根据实际情况按如下类别填写：荒地、耕地、园地、林地、草地、沙漠、戈壁、楼顶。

(6)“土质”按如下类别填写埋石坑底的土质：黄土、沙土、沙砾土、盐碱土、黏土、基岩。

(7)“最近水源及距离”填写最近水源位置及与点位的距离。

(8)“本点交通情况”填写自大(中)城市至本点的汽车运行路线，并注明交通工具到点的情况。

(9)“交通路线图”可依比例尺绘制，亦可绘制交通情况示意图。

(10)“地质概要、构造背景”和“地形地质构造略图”，根据工程项目需要，由专业地质人员填写、绘制。

(11)若绘制“点位环视图”则按点位周围高度角大于 10°遮挡地貌(地物)的方向及高度角绘制遮挡范围，遮挡范围内填绘阴影线。

(12)“标石断面图”按埋设的实际尺寸填绘。

表 4-1　**GNSS 点之记**

网区：平陆区　　　所在图幅：××××××　　　点号：NGD

点名	南疙疸	级别	B	概略位置	$B=34°14'$，$L=114°54'$，$H=182$m
所在地	山西省平陆县城关镇上岭村			最近住所及距离	平陆县城招待所，距点位 8km

续表

地　类	山地	土质	黄土	冻土深度		解冻深度	
最近电信设施		平陆县城邮电局		供电情况	上岭村每天可提供交流电		
最近水源及距离		上岭村有自来水，距点 800m		石子来源	点位附近	沙子来源	县城建筑公司
本点交通情况(至本点通路与最近车站、码头名称及距离)	由三门峡乘轮渡过黄河，向北约 8km 到山西平陆县城，再由平陆县城乘车向东南约 7km 至上岭村，再步行约 800m 到点上。每天有两班车，两轮人力车可到达点位		交通路线图				

选 点 情 况			点 位 略 图
单　位	国家测绘局第一大地测量队		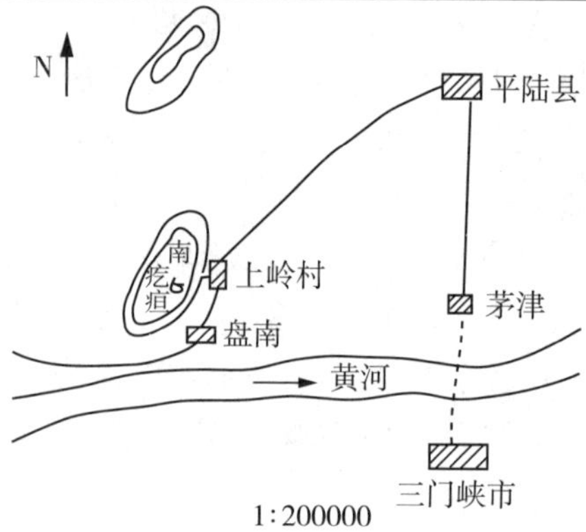
选点员	李××	日期：2000. 6. 5	
是否需联测坐标与高程		联测高程	
建议联测等级与方法		二等水准测量	
起始水准点及距离		点号为Ⅱ西三 023，距离本点 1. 5km，联测里程大约 2km	

地质概要、构造背景	地形地质构造略图

埋 石 情 况			标石断面图	接收天线计划位置
单　位		国家测绘局第一大地测量队	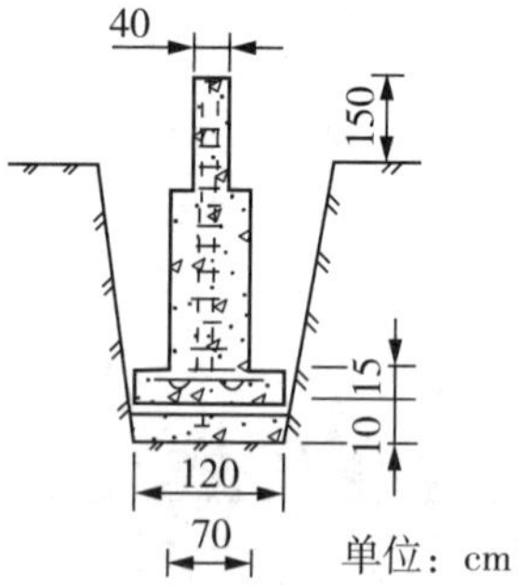	天线可直接安置在墩标顶面上
埋石员	张勇	日期：2000. 7. 12		
利用旧点及情况		利用原有墩标		
保管人		陈××		
保管人单位及职务		山西省平陆县上岭村会计		
保管人住址		山西省平陆县上岭村		
备注				

拓展阅读

北斗缩略术语

相对定位

GNSS 的测量方法，按参考点的位置不同来划分，可分为绝对定位和相对定位，按照用户接收机作业时所处的状态不同，又可分为静态定位和动态定位。

绝对定位，又称单点定位，是指利用一台 GNSS 接收机来测定该点相对于地球质心的绝对位置。相对定位则是指利用两台以上的 GNSS 接收机测定观测站到某一地面参考站(已知点)之间的相对位置，或两个观测站之间的相对位置的方法。

根据相对定位的数据解算是否具有实时性，又可将其分为后处理定位和实时动态相对定位(RTK)，其中，后处理定位又可分为静态(相对)定位和动态(相对)定位。

静态(相对)定位，是将接收机固定在不同的测站上，保持接收机固定不动，同步观测相同的卫星，以确定各测站在坐标系中的相对位置或者基线向量的方法。图 4-6 即为 GNSS 相对定位的基本情况，在两个或者多个测站同步观测相同的卫星，引起观测误差的卫星轨道误差、卫星钟差、接收机钟差、电离层折射、对流层折射等都有一定的相关性，通过对这些观测量的不同组合进行相对定位，可以有效地消除或削弱上述误差的影响，从而提高相对定位的精度。静态相对定位一般采用载波相位观测量作为基本观测量，这是目前 GNSS 定位中精度最高的一种，广泛用于大地测量、精密工程测量、地球动力学研究等。

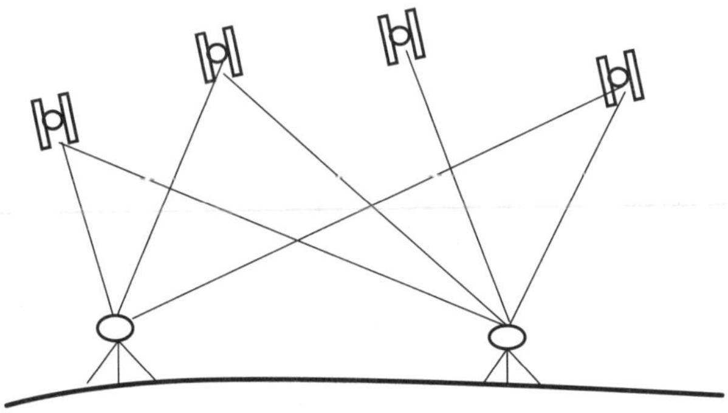

图 4-6　GNSS 相对定位

在 GNSS 相对定位中，常用的观测量的线性组合有单差、双差、三差等。

1. 单差(Single-Difference，SD)

一般是指在相同历元、不同坐标站间，同步观测同一颗卫星所得观测量之差，在图 4-7 中可见，以卫星 K 为例，在 t_i 时刻测站 P_1、P_2 接收卫星 K 的观测量分别为 $\boldsymbol{\Phi}_1^k(t_i)$、$\boldsymbol{\Phi}_2^k(t_i)$，则单差的表达形式为：

$$\mathrm{SD}_{12}^k(t_i) = \boldsymbol{\Phi}_1^k(t_i) - \boldsymbol{\Phi}_2^k(t_i) \tag{4-2}$$

单差观测方程使用了相同的卫星观测量，因此消除了与卫星有关的误差，如卫星钟差，同时有效地削弱了卫星轨道误差和大气折射误差的影响，但缺点是使观测方程的个数明显减少。

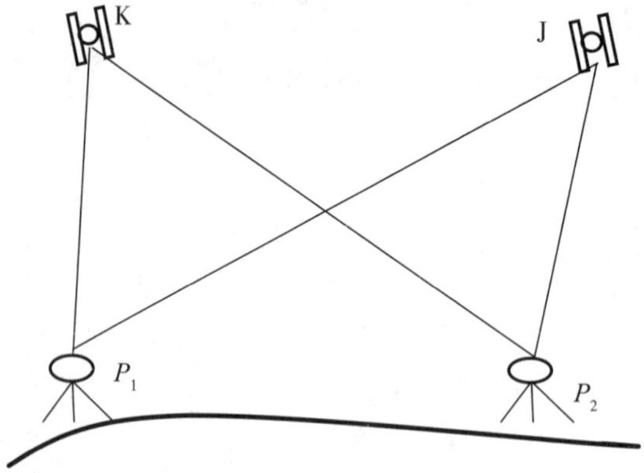

图 4-7　观测量的线性组合

2. 双差(Double-Difference，DD)

双差是指在相同历元、不同观测站同步观测同组卫星所得的观测量单差之差。在图 4-7 中，在 t_i 时刻测站 P_1、P_2 接收卫星 K 形成的单差 $\mathrm{SD}_{12}^{K}(t_i)$ 与卫星 J 形成的单差 $\mathrm{SD}_{12}^{J}(t_i)$ 之间的差值

$$\mathrm{DD}_{12}^{KJ}=\mathrm{SD}_{12}^{K}(t_i)-\mathrm{SD}_{12}^{J}(t_i)=\Phi_2^{K}(t_i)-\Phi_1^{K}(t_i)-\Phi_2^{J}(t_i)+\Phi_1^{J}(t_i) \tag{4-3}$$

双差观测方程使用了相同的接收机的单差观测量，因此在一次差的基础上进一步消除了与接收机有关的载波相位及其钟差项，但双差观测方程的个数比单差观测方程更为减少。

双差模型是 GNSS 基线向量处理时常用的模型。

3. 三差(Triple-Difference，TD)

三差是指不同历元、不同观测站同步观测同组卫星所得的观测量双差之差，其表达式为

$$\mathrm{TD}_{12}^{KJ}(t_i,\ t_{i+1})=\mathrm{DD}_{12}^{KJ}(t_i)-\mathrm{DD}_{12}^{KJ}(t_{i+1}) \tag{4-4}$$

三差观测方程在双差的基础上进一步消除了初始整周模糊度，使未知数的个数减少，但是观测方程的个数比双差观测方程更为减少，增大了计算过程中的凑数误差，这些将对未知数参数产生不良影响。所以，三差模型求得的基线结果精度不够高，在数据处理中，只作为初解，用于协助求解整周未知数和周跳等问题。

技能训练

技能训练 1：使用 GNSS 接收机采集坐标

一、训练内容

(1)单点定位；

(2)精密单点定位。

二、训练目的

(1)了解 GNSS 接收机单点定位的精度;

(2)了解 GNSS 接收机的作业过程;

(3)明确精密单点定位的应用范围。

三、仪器设备及资料准备

(1)GNSS 接收机、手簿、对中杆;

(2)精密单点定位解算软件。

四、训练步骤

(1)领取仪器及配件。注意对仪器进行外观检查和通电检查。

(2)架设 GNSS 接收机,量取天线高。天线高量取有三种方法,分别是量到天线底部、天线中部和天线顶部,观测前后各量取一次。

(3)打开 GNSS 接收机。注意查看卫星数量和电源灯情况。

(4)将 GNSS 接收机与手簿连接,测量点位坐标。在测量前注意设置点位观测时间等内容。

五、实训要求

(1)单点定位时分析点位精度。

(2)将两台接收机安置在同一位置,在相同的时间记录定位结果,比较其相关性。

(3)进行精密单点定位时,测量时间要求大于 30min;内业解算时应下载精密星历进行解算。

技能训练 2:使用 GNSS 接收机绘制点之记

一、训练目的

(1)掌握手持机的作业过程;

(2)掌握点之记的绘制方法。

二、训练内容

(1)测量控制点的坐标;

(2)测量相关数据,并绘制点之记。

三、仪器设备及资料准备

(1)手持 GNSS 接收机;

(2)坐标转换参数;

(3)控制点位信息。

四、训练步骤

(1)检验手持机,包括外观检查和通电检验;

(2)建立工作项目,设置坐标系统;

(3)求取坐标转换参数;

(4)测量控制点及邻近重要地物坐标;

(5)拍摄点位照片;

(6)制作点之记,完成表 4-2 的填写。

表 4-2 **GNSS 点之记**

<table>
<tr><td>点名</td><td></td><td>级别</td><td></td><td>概略位置</td><td colspan="3"></td></tr>
<tr><td>所在地</td><td colspan="3"></td><td>最近住所及距离</td><td colspan="3"></td></tr>
<tr><td>地类</td><td></td><td>土质</td><td></td><td>冻土深度</td><td></td><td>解冻深度</td><td></td></tr>
<tr><td colspan="2">最近电信设施</td><td colspan="2"></td><td>供电情况</td><td colspan="3"></td></tr>
<tr><td colspan="2">最近水源及距离</td><td colspan="2"></td><td>石子来源</td><td></td><td>沙子来源</td><td></td></tr>
<tr><td>最近交通情况(道路、码头、车站名称及距离)</td><td colspan="3"></td><td>交通路线图</td><td colspan="3"></td></tr>
<tr><td colspan="4">选点情况</td><td colspan="4">点位略图</td></tr>
<tr><td>单位</td><td colspan="3"></td><td colspan="4" rowspan="6"></td></tr>
<tr><td>选点员</td><td></td><td>选点日期</td><td></td></tr>
<tr><td colspan="2">是否需联测坐标及高程</td><td colspan="2"></td></tr>
<tr><td colspan="2">联测等级及方位</td><td colspan="2"></td></tr>
<tr><td colspan="2">起始水准点及距离</td><td colspan="2"></td></tr>
<tr><td colspan="4">地质概要、构造背景</td><td colspan="4">地形地质构造略图</td></tr>
<tr><td colspan="4"></td><td colspan="4"></td></tr>
<tr><td colspan="4">埋石情况</td><td>标石断面图</td><td colspan="3">接收天线计划位置</td></tr>
<tr><td>单位</td><td colspan="3"></td><td rowspan="7"></td><td colspan="3" rowspan="7"></td></tr>
<tr><td>埋石员</td><td></td><td>日期</td><td></td></tr>
<tr><td colspan="2">利用旧点及情况</td><td colspan="2"></td></tr>
<tr><td colspan="2">保管人</td><td colspan="2"></td></tr>
<tr><td colspan="2">保管人单位及职务</td><td colspan="2"></td></tr>
<tr><td colspan="2">保管人住址</td><td colspan="2"></td></tr>
</table>

项目小结

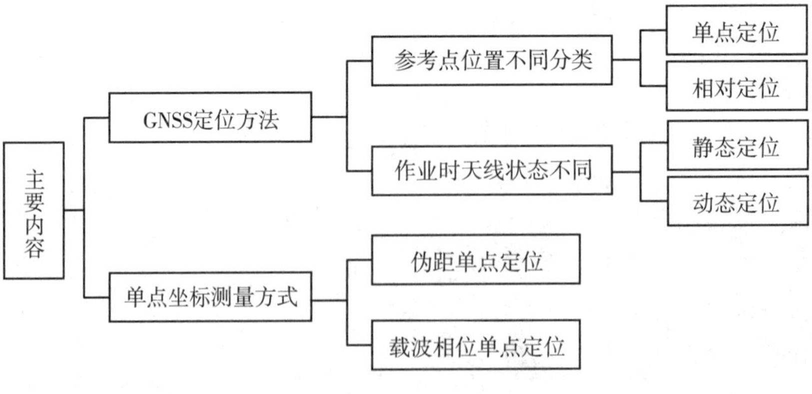

知识检测

1. GNSS 定位方式可以分为哪几种？各有什么不同？
2. 说说测码伪距单点定位的原理。

（习题答案请扫描右侧二维码查看。）

项目5 GNSS静态控制测量

项目简介

GNSS静态控制测量可以获取高精度的GNSS控制点。GNSS静态控制测量包括技术设计、外业数据采集、内业数据处理几个阶段。技术设计包括基准设计、精度设计、密度设计、图形设计、GNSS的测前准备工作及设计书的编写等内容；外业数据采集包括外业准备、选点埋石、外业观测等；内业数据处理的流程分为数据传输、数据预处理、基线计算及基线网平差这四个过程。本项目将以华测X10 GNSS-RTK接收机及CGO数据处理软件为例，针对以上问题进行阐述。通过学习，学生将掌握如何实施GNSS静态控制测量和作业前准备工作，外业测量时网形布设，数据下载，数据解算等技能。

教学目标

(1)知识目标：①掌握GNSS静态控制测量技术设计方案的制定；②掌握GNSS静态控制测量技术设计书的编写；③掌握GNSS静态控制测量外业数据采集流程；④熟悉GNSS静态控制测量数据处理流程；⑤掌握GNSS控制网应上交的成果资料内容。

(2)技能目标：①能根据具体项目布设GNSS静态控制网；②了解外业数据采集的流程；③能进行静态控制网的数据解算；④了解外业观测的成果检验方法。

(3)思政目标：①培养学生自觉学习的态度、认真做事的态度；鼓励学生积极思考，敢于沟通表达，善于分析问题和解决问题；②树立团队合作精神、严格遵守职业规范的观念，培养责任心；③激发学生精益求精的工匠精神。

任务5.1 编写GNSS静态控制网技术设计书

进行测量工作前，应根据测量任务书或合同书制定出切实可行的技术方案，并保证测绘成果符合技术要求，满足甲方需求。GNSS技术设计是GNSS测量项目进行的依据，它用于指导GNSS的外业测量、数据处理等工作。它规定了项目进行应该遵循的规范、应采取的施测方案或方法。本任务主要介绍如何完成GNSS网的控制技术方案及如何编写技术设计书。

一、技术设计书的内容

一份完整的GNSS静态控制测量技术设计书应包括项目概述、测区概况、作业依据、测区已有资料情况、技术设计方案等。技术设计书封面格式如图5-1所示。

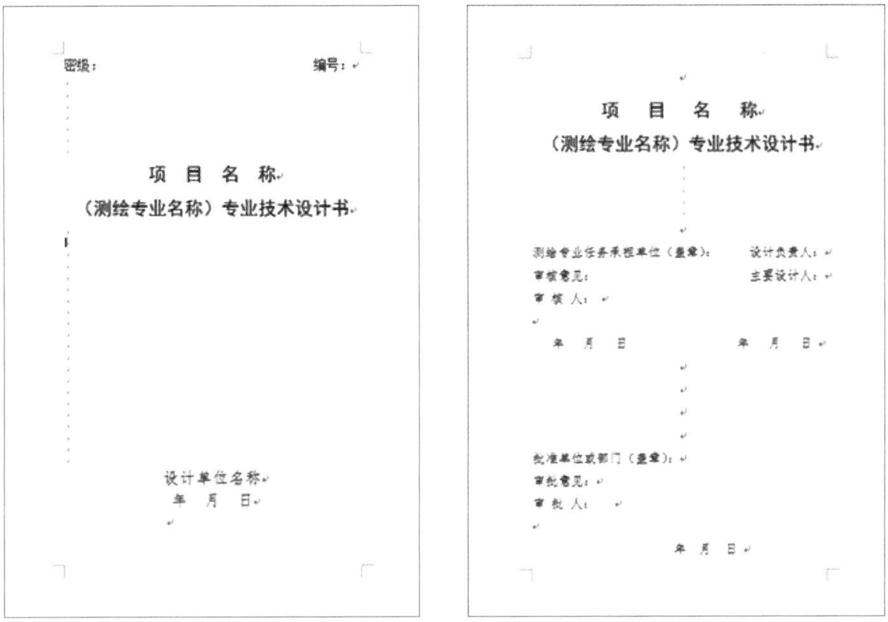
密级：　　　　编号：

项　目　名　称

（测绘专业名称）专业技术设计书

设计单位名称

年　月　日

项　目　名　称

（测绘专业名称）专业技术设计书

测绘专业任务承担单位（盖章）：　　设计负责人：

审核意见：　　主要设计人：

审　核　人：

年　月　日　　年　月　日

批准单位或部门（盖章）：

审批意见：

审　批　人：

年　月　日

图 5-1　技术设计书封面格式

(一)项目概述

项目概述包括 GNSS 项目的来源、目的、性质、用途及意义；项目的总体概况，如工作量、作业范围、完成期限等基本概况。

(二)测区概况

根据不同测量工作任务的具体内容和不同特点，说明与测量工作有关的测区自然条件、地理概况等，内容包括：

(1)测区隶属的行政管辖；测区范围的地理坐标、控制面积；

(2)测区的地形概况、地貌特征；

(3)测区的水系分布情况，江河、湖泊、池塘等的分布；桥梁、码头及水路的交通情况；植被情况，森林、草原、农作物的分布及面积等的分布及主要特征；

(4)测区道路交通状况：公路、铁路、乡村便道的分布及通行情况；

(5)测区内城镇、乡村居民点的分布，食宿及供电情况；当地风俗民情，民族的分布、习俗、习惯、地方方言，以及社会治安情况等；

(6)测区的气候状况，雨水季节等；

(7)测区地质条件分析，测区经济条件分析等；

(8)控制点的分布包括三角点、水准点、GNSS 点、导线点的等级、坐标系统、高程系统、点位的数量及分布，点位标志的保存状况等，及对控制点的分析、利用和评价等。

(三)作业依据

在编写技术设计书时所引用的测量规范、工程规范、行业标准或其他技术文件；测量任务书、合同书的要求等，文件一经引用，便成为专业技术设计书设计内容的一部分。

(四)成果技术指标和规格

根据任务书或合同的要求，或网的用途提出具体的精度指标要求、技术等级、提交成果的坐标系统和高程系统、重力基准、时间系统、投影方式等。

(五)测区已有资料的收集和利用情况

所收集到的测区资料，特别是测区已有的控制点的成果资料，它们的施测年代、施测形式，采用的坐标系统、高程系统、投影方式等；已有资料的质量，主要技术指标和规格；控制点的数量、点名、坐标、高程、等级，点位的保存状况；可利用的情况介绍等。

(六)技术设计方案

技术设计方案的内容包括施测时所需的设备、工具、材料、交通工具等，作业的主要过程，布网方案、精度质量要求、上交和归档的成果及其资料的内容和要求等。

1. 设计中应考虑的因素

(1)测站因素。网的密度，网的图形结构，时段的分配、重复设站和重合点的分布。

(2)卫星因素。卫星高度角与观测卫星的数目，几何图形精度衰减因子，卫星信号质量等。

(3)仪器因素。接收机、天线的数量及质量，记录设备、外业观测手簿等。

(4)后勤因素。交通工具、交通路线、电源供给，各时段的机组调度，人员配备、通信保障、耗材准备等。

2. 选点与埋标

(1)选点包括：测量路线、GNSS点位选址基本要求，旧点利用的要求和旧点使用情况、需要联测的点踏勘要求、点名及编号的规定、选址中应收集的资料和其他要求等。

(2)埋标包括：测量标志的选用要求，标石材料的选择要求，石子、沙、混凝土的比例；标石、标志的数学精度、测量标志外部整饰要求、埋石应获得的资料及注意事项、点之记的绘制、测量标志保护及委托保管要求等。

3. 布网设计

在适当比例尺的地形图上进行GNSS网的图上设计，包括GNSS网点的图形、网点数、连接形式，GNSS网结构特征的测算，精度估算和点位图的绘制。

4. GNSS网的外业观测

GNSS网外业观测应设计以下内容：

(1)采用的仪器设备及数量、仪器的校准或检定要求；采用的测量模式等。

(2)规定观测的基本程序，各工序作业方法和精度质量要求，观测的基本要求。包括外业观测时的具体操作规程、对中整平的精度、天线高的量测方法及精度要求，气象元素测量等。对数据采集提出应注意的问题。规定外业成果检查、整理、预处理的内容和要求，基线重测的条件和要求等。

(3)规定上交和归档成果及其他资料的内容和要求。

5. 数据处理

数据处理技术设计的主要内容包括：

(1)规定数据处理的基本方法及使用的软件、硬件及其检验和测试要求。

(2)规定起算点坐标选择，与地面点坐标联合测量的方案，高程联测的方案。

(3)规定数据处理的技术路线和流程。

(4)规定闭合环和重复基线的检验及点位精度的评定指标，确定平差计算的数学模型、计算方法和精度要求。提出精度分析、评定的方法和要求等。

(5)规定上交成果的内容、形式、打印格式和归档要求。

6. 质量检查方案

质量检查应包括下列内容：

(1)使用仪器的精度等级、检定状态和检定记录；

(2)控制点布设情况，选埋资料的完整性；

(3)外业观测资料中多余观测、各项限差、技术指标情况；

(4)数据处理过程中，数据录入、已知数据的使用、各项限差、闭合差和精度统计情况；

(5)记录完整性、准确性，记录项目齐全性；

(6)观测数据的各项改正是否齐全；

(7)计算过程的正确性、资料整理的完整性、精度统计和质量评定的合理性；

(8)提交成果的正确性和完整性；

(9)技术报告内容的完整性、统计数据的准确性、结论的可靠性。

7. 质量保证措施

要求措施具体、方法可靠，能在实际中贯彻执行。

二、技术设计的精度和密度设计

GNSS 网的布设应遵循从整体到局部、分级布网的原则。城市首级 GNSS 网应一次全面布设，加密 GNSS 网可逐级布网、越级布网或布设同级全面网。

(一) GNSS 静态控制网的精度设计

应用 GNSS 定位技术建立的测量控制网称为 GNSS 控制网，其控制点称为 GNSS 点。GNSS 控制网可分为两大类：一类是国家或区域性的高精度 GNSS 控制网；另一类是局部性的 GNSS 控制网，包括城市或工矿区及各类工程控制网。根据 GNSS 网的应用目的不同，其精度要求也有不同。

对于 GNSS 网的精度要求，主要取决于网的用途和定位技术所能达到的精度。精度指标通常是以 GNSS 网相邻点间弦长标准差来表示，即

$$\sigma = \sqrt{a^2 + (bd)^2} \tag{5-1}$$

式中：σ——标准差（基线向量的弦长中误差，mm）；

a——GNSS 接收机标称精度中的固定误差（mm）；

b——GNSS 接收机标称精度中的比例误差系数（1×10^{-6}）；

d——相邻点间的距离（km）。

国家标准《全球导航卫星系统（GNSS）测量规范》（GB/T 18314—2024），以下简称《GB 规范》，将 GNSS 控制网按其精度划分为 A、B、C、D、E 五个精度级别。其中，A 级 GNSS 控制网主要用于建立国家一等大地控制网，进行全球动力学研究、地壳形变测量和精密定轨等；B 级 GNSS 控制网主要用于建立国家二等大地控制网、建立地方或者城市坐标基准框架、区域性地球动力学研究、地壳形变测量、局部形变测量和各种精密工程测量等；C 级 GNSS 控制网主要用于建立三等大地控制网，建立区域、城市及工程测量的基本控制网；D、E 级 GNSS 控制网主要用于中小城市、城镇及测图、地籍、土地信息、房产、物探、勘测、建筑施工等的控制测量。

A 级 GNSS 网由卫星导航定位基准站构成，其坐标年变化率中误差、相对精度和地心坐标各分量年平均中误差应不大于表 5-1 中的要求。

表 5-1 **A 级 GNSS 网精度要求**

级别	坐标年变化率中误差		相对精度	地心坐标各分量年平均中误差（mm）
	水平分量（mm/a）	垂直分量（mm/a）		
A	2	3	1×10^{-8}	0.5

B、C、D、E 级 GNSS 测量等级精度要求不低于表 5-2 中的要求。

表 5-2 **B、C、D、E 级 GNSS 测量等级精度**

级别	点位中误差		相邻点基线分量中误差		相邻点间平均距离（km）
	水平分量（mm）	垂直分量（mm）	水平分量（mm）	垂直分量（mm）	
B	5	10	5	10	50
C	10	15	10	20	15
D	15	30	20	40	5
E	15	30	20	40	2

实际工作中，精度标准的确定要根据用户的实际需求以及人力、财力、物力的情况合理设计。用于建立国家二等大地控制网和三、四等大地控制网的 GNSS 控制测量，在满足表 5-2 要求的 B、C、D 级网精度的基础上，其对应的相对精度还应不低于 1×10^{-7}、1×10^{-6}、1×10^{-5}。在具体布设中，可以分级布网，也可以越级布网，或者布设同级全面网。

此外，根据 2019 年行业标准《卫星定位城市测量技术标准》（CJJ/T 73—2019）（以下简称《标准》），GNSS 控制网的主要技术要求应符合表 5-3 的规定。

表 5-3　**GNSS 控制网的主要技术要求**

等级	平均距离(km)	a(mm)	b(1×10^{-6})	最弱边相对中误差
CORS	40	≤5	≤1	1/800000
二等	9	≤5	≤2	1/120000
三等	5	≤5	≤2	1/80000
四等	2	≤10	≤5	1/45000
一级	1	≤10	≤5	1/20000
二级	<1	≤10	≤5	1/10000

注：当边长小于 200m 时，边长中误差应小于±2cm。

(二) GNSS 定位的密度设计

《GB 规范》对 GNSS 网的相邻点间距离做出了相应的规定，要求各 GNSS 点应平均分布。相邻点间最小距离可为平均距离的 1/3～1/2 倍，最大距离可为平均距离的 2～3 倍。在特殊情况下，个别点的间距也可结合任务和服务对象，对 GNSS 点分布要求做出具体的规定。

现行的《GB 规范》对 GNSS 网中两相邻点间的距离和最简独立闭合环或附合线路的边数，根据不同的需要做出了表 5-4 中的规定。

表 5-4　**《GB 规范》规定 GNSS 网点的平均距离及边数**

级别	A	B	C	D	E
相邻点最小距离	100	15	5	2	1
相邻点最大距离	2000	250	40	15	10
相邻点平均距离	300	70	15～10	10～5	5～2

三、GNSS 网布设原则

良好的网形设计可以减少野外工作量，节省经费，为得到高精度的成果打好基础。因此，GNSS 网的技术设计应着眼于控制网的精度、可靠性以及经费等要求。在进行网形布设时应遵循以下原则：

(1)各级 GNSS 网的布设应遵循从整体到局部、分级布网的原则，城市首级网应一次全面布设，加密网可越级布设；GNSS 网的布设应兼顾历史、满足需求、方便使用。

(2)各等级 GNSS 网布设的主要技术要求应符合标准、规范的要求；对符合 GNSS 网布点要求的已有控制点，应充分利用其标石。

(3)各级 GNSS 网的布设应根据其布设目的、精度要求、卫星状况、接收机类型和数量、测区已有资料、测区地形和交通状况以及作业效率等因素综合考虑。按照优化设计的原则进行。

(4)城市 GNSS 测量应积极采用新技术、新方法和新仪器，但应满足技术规范的基本规定和精度要求。

(5)GNSS 网应由一个或若干个独立观测环构成，也可采用附合线路形式构成。各等级 GNSS 网中每个闭合环或附合线路边数应符合技术规范的规定。如表 5-5、表 5-6 所示。

(6)非同步观测的 GNSS 基线向量边，应按所设计的网图选定，也可按软件功能自动挑选独立基线构成环路。

表 5-5 《标准》中关于闭合环或附合线路边数的规定

等级	二等	三等	四等	一级	二级
闭合环或附合线路的边数(条)	≤6	≤8	≤10	≤10	≤10

表 5-6 《GB 规范》中关于闭合环或附合线路边数的规定

级别	B	C	D	E
闭合环或附合线路的边数(条)	≤6	≤6	≤8	≤10

(7)B、C、D、E 级网布设时，测区内高于施测级别的 GNSS 点均应作为本级别 GNSS 网的控制点，并在观测时纳入本次施测的 GNSS 网中一并测量。

(8)在局部补充、加密低等级的 GNSS 网点时，采用的高等级 GNSS 网点点数应不少于 4 个。

(9)各级 GNSS 网按观测方法可采用基于 A 级点、区域卫星连续运行基准站网、临时连续运行基准站网等的点观测模式，或以多个同步观测环为基本组成的网观测模式。网观测模式中的同步环之间，应以边连接或点连接的方式进行网的构建。

(10)控制网点的高程联测应与高程控制网的布设或精化区域似大地水准面工程的目标一致。

四、GNSS 网联测设计

利用 GNSS 卫星测量得到的点位坐标，应属于 WGS-84 坐标。而工程中对测量工作要求的坐标系统通常是国家坐标系或者地方独立坐标系。对于一个 GNSS 网测量工程，在技术设计阶段必须明确 GNSS 成果所采用的坐标系统和起算数据，即明确 GNSS 网需联测的常规控制点和基准点。

(一)联测点(公共点)的精度要求

联测点即 GNSS 测量成果转化到常规地面坐标系统或地方坐标系的基准点，是进行坐标转化的起算数据，在 GNSS 数据处理中非常重要。因此，联测点的地面坐标应具有较高的精度。

联测点可以是以下几种：

(1)测区内现有的最高等级的常规地面控制点。

(2)地方独立坐标系中控制网定位、定向的起算点。

(3)连接国家坐标系和地方独立坐标系的连接点。

(4)水准点。

联测点应遵循如下原则：

(1)布设城市首级控制网时，应与 CORS 站和国家控制网进行联测，如果网中有国家 A、B 级 GNSS 控制点或者其他高等级 GNSS 控制点，应优先采用这些点。作为解算基线向量的固定位置基准。

(2)若网中有较高等级的国家坐标或地方坐标系下的坐标，可以将它们作为坐标转化的基准点。

(3)坐标转化的基准点精度应高于本次 GNSS 控制测量的精度。

(二)联测点的密度分布

GNSS 网与地面点联测时，联测点的密度分布应遵循以下原则：

(1)新布设的 GNSS 网应与附近已有的国家高等级 GNSS 点进行联测，联测点数不应少于 3 点。若附近有卫星导航定位基准站点，则应优先使用。

(2)为求 GNSS 点在某一参考坐标系中的坐标，应与该参考坐标系中的原有控制点联测，联测的总点数不应少于 3 点。在需用常规测量方法加密控制网的地区，D、E 级 GNSS 网点应有 1~2 个方向通视。

(3) B、C、D、E 级 GNSS 网布设时，测区内高于施测级别的 GNSS 网点均可作为本级别 GNSS 网的控制点，并在观测时纳入相应级别的 GNSS 网中一并施测。

(4)在局部补充、加密低等级的 GNSS 网点时，宜与周边卫星导航定位基准站站点联测，采用的高等级 GNSS 网点点数应不少于 3 个。

(5)各级 GNSS 网按观测方法可采用多个同步环为基本组成的网观测模式，网观测模式中的同步环之间，应以边连接的方式进行网的构建。

(6)公共点应均匀分布于测区范围内，避免集中分布。

(7)公共点应具有较高的点位精度，数量不宜少于 3 个。当公共点精度差异较大时，应采用方差分量估计或加权方法进行参数计算。

(三)联测的水准点的选择和分布

GNSS 观测得到的高程是以参考椭球面为基准面的大地高，而实际应用的是以似大地水准面为基准面的正常高。联测水准高程后才能将大地高转换为正常高，《全球导航卫星系统(GNSS)测量规范》(GB/T 18314—2024)中规定：

(1)A 级 GNSS 网应逐点联测高程，距国家一、二等水准路线 5km 以内的 B 级 GNSS 网应逐点联测高程，C 级 GNSS 网应根据区域似大地水准面精化要求联测高程，D、E 级 GNSS 网可依具体情况联测高程。

(2)A、B 级 GNSS 网点的高程联测精度应不低于二等水准测量精度，C 级 GNSS 网点的高程联测精度应不低于三等水准测量精度，D、E 级 GNSS 网点的高程联测精度应不低于四等水准测量精度或可使用与其精度相当的方法进行高程联测。各级 GNSS 网高程联测的测量方法和技术要求应按 GB/T 12897 或 GB/T 12898 规定执行。

五、GNSS 网形构成的几个基本概念及网特征条件

由于 GNSS 控制测量点间不需要通视，且点位精度主要取决于卫星与测站间的几何网形、观测数据质量和数据处理方法，因此 GNSS 网的设计主要取决于用户的要求和用途。在进行 GNSS 网图形设计前，必须明确有关 GNSS 网构成的几个概念，掌握网的特征条件计算方法。

(一) GNSS 网图构成的几个基本概念

(1) 观测时段：测站上开始接收卫星信号到观测停止，连续工作的时间段简称观测时段。

(2) 同步观测：两台或两台以上接收机同时对同一组卫星进行的观测。

(3) 同步观测环：三台或三台以上接收机同步观测获得的基线向量所构成的闭合环，简称同步环。

(4) 独立基线：对于 N 台 GNSS 接收机构成的同步观测环，有 J 条同步观测基线，其中独立基线数为 $N-1$。独立基线之间没有相关性。

(5) 独立观测环：由独立观测所获得的基线向量构成的闭合环，简称独立环。

(6) 异步观测环：在构成多边形环路的所有基线向量中，只要有非同步观测基线向量，则该多边形环路叫异步观测环，简称异步环。

(7) 非独立基线：除独立基线外的其他基线叫非独立基线，总基线数与独立基线数之差为非独立基线数。

(二) GNSS 基线向量

基线向量是利用由两台或两台以上接收机所采集的同步观测数据形成的差分观测值，通过参数估计的方法所计算出来的两两接收机之间的三维坐标差。基线向量是既有长度性，又有方向性的矢量。而基线边长指的是仅具有长度特性的标量。如图 5-2 所示。

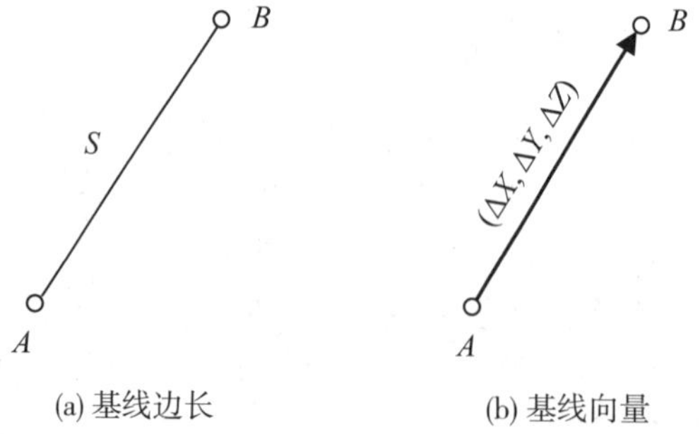

图 5-2　基线边长与基线向量

基线向量可以用空间直角坐标差或者大地坐标差的方式表示。采用空间直角坐标系坐标差表示一条基线向量为

$$\boldsymbol{b}_i = [\Delta X_i \quad \Delta Y_i \quad \Delta Z_i]^{\mathrm{T}} \tag{5-2}$$

采用大地坐标差表示一条基线向量为

$$\boldsymbol{b}_i = [\Delta B_i \quad \Delta L_i \quad \Delta H_i]^{\mathrm{T}} \tag{5-3}$$

这两种基线向量的表达方式在数学上是等价的，可以互相转换。

(三) GNSS 网特征条件的计算

假若在一个测区中需要布设 n 个 GNSS 点，用 N 台接收机进行观测，在每一个点观测 m 次，则 GNSS 观测时段数 S：

$$S = \frac{m}{N} \cdot n \tag{5-4}$$

总基线数：

$$B_{总} = S \cdot N \cdot (N-1)/2 \tag{5-5}$$

必要基线数：

$$B_{必} = n - 1 \tag{5-6}$$

独立基线数：

$$B_{独} = S \cdot (N-1) \tag{5-7}$$

多余基线数：

$$B_{多} = S \cdot (N-1) - (n-1) \tag{5-8}$$

(四) GNSS 网同步图形构成及独立边选择

根据公式(5-5)，由 N 台 GNSS 接收机同步观测可得到的基线(GNSS 边)数为：

$$B = N(N-1)/2 \tag{5-9}$$

但其中仅有 $N-1$ 条是独立边，其余为非独立边。图 5-3 给出了当接收机数 $N = 2 \sim 5$ 时所构成的同步图形。

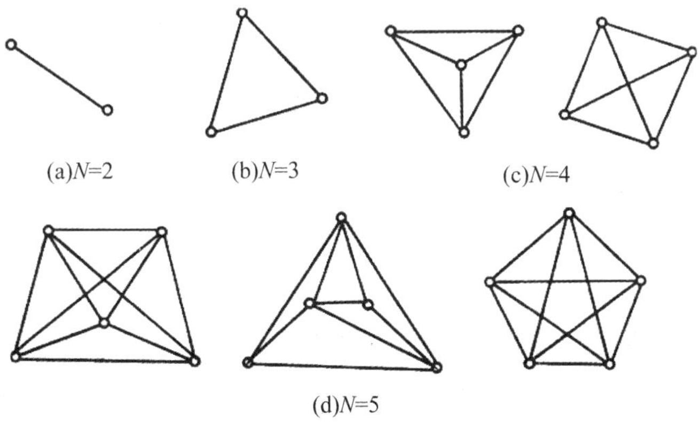

图 5-3　N 台接收机同步观测图形

当同步观测的 GNSS 接收机数 $N \geqslant 3$ 时，同步闭合环的最少个数应为：

$$L = B - (N - 1) = (N - 1)(N - 2)/2 \tag{5-10}$$

图 5-4 给出了 $N-1$ 条独立 GNSS 边的不同选择形式。

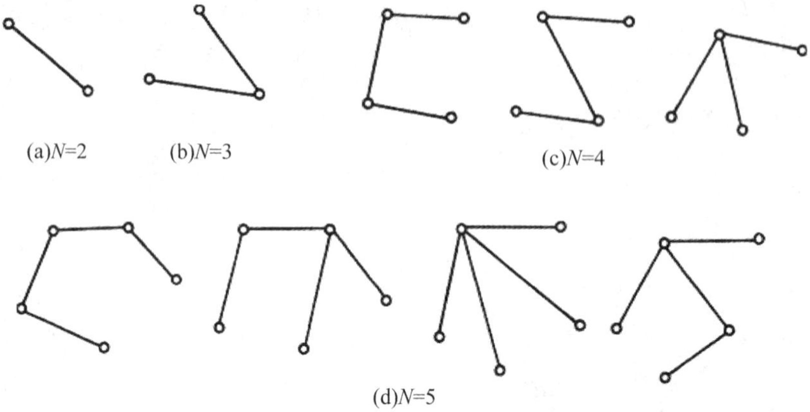

(a)N=2　(b)N=3　(c)N=4　(d)N=5

图 5-4　独立 GNSS 边的不同选择形式

接收机数 N、GNSS 边数 B 和同步闭合环 L(最小个数)的对应关系见表 5-7。

表 5-7　**N 与 B、L 的关系**

N	2	3	4	5	6
B	1	3	6	10	15
L	0	1	3	6	10

理论上，同步闭合环中各 GNSS 的坐标差之和即闭合差应为零，但实际上并非如此，一般规范都规定了同步闭合差的限差。

在工程应用中，同步闭合环的闭合差较小只能说明基线向量的计算合格，并不能说明 GNSS 边的观测精度高，也不能发现接收的信号受到干扰而产生的某些粗差。

为了确保 GNSS 观测效果的可靠性，有效地发现观测成果中的粗差，必须使 GNSS 网中的独立边构成一定的几何图形。这种几何图形可以是由数条独立边构成的非同步闭合环(亦称异步环)。

GNSS 网的图形设计，也就是根据所布设的网的精度要求和其他方面的要求，设计出由独立边构成的多边形网。

六、GNSS 基线向量网的布网方式

由于 GNSS 控制网点间不需要通视，并且网的精度主要取决于观测时与测站间的几何图形，观测数据的质量、数据处理的方法，与 GNSS 网形关系不大，因此，在 GNSS 布网时，与常规网相比，较为灵活方便，GNSS 网布设主要取决于用户的要求和用途，GNSS

控制网是由同步图形作为基本图形扩展得到的，采用的连接方式不同，接收机的数量不同，网形结构的形状也不同，GNSS 控制网的布设就是要将各同步图形合理地衔接成一个整体，使其达到精度高、可靠性强、效率高、经济实用的目的。

GNSS 控制网常用的布网方式有：跟踪站式、会战式、多基准站式(枢纽点式)、同步图形扩展式及单基准站式。

(一)跟踪站式的布网

1. 布网方式

若干台接收机长期固定安放在测站上，进行常年、不间断的观测，即一年观测 365 天，一天观测 24 小时，这种观测方式很像跟踪站，因此，这种布网形式被称为跟踪站式。

2. 特点

接收机在各个测站上进行了不间断的连续观测，观测时间长、数据量大，数据处理通常采用精密星历进行解算。因此跟踪站式的布网方式精度极高，具有框架基准的特性。

每个跟踪站为了保证连续观测，需建立专门的永久性建筑，即跟踪站，来安置 GNSS 接收机及其配件，观测成本很高。

这种布网方式一般适用于建立 GNSS 跟踪站(A 级网)，永久性的监测网(如用于监测地壳形变、大气物理参数等的永久性监测网络)。

(二)会战式的布网

1. 布网方式

在布设 GNSS 网时，一次组织多台 GNSS 接收机，集中在一段不太长的时间内共同作业。在作业时，观测分阶段进行。在同一阶段中，所有的接收机，在若干天的时间里分别各自在同一批点上进行多天、长时段的同步观测。在完成一批点的测量后，所有接收机又都迁移到另外一批点上，采用相同方式进行另一阶段的观测，直至所有点观测完毕。

2. 特点

会战式布网的优点是各个基线均进行过较长时间、多时段的观测，可以较好地消除多种误差因素的影响，因而具有特高的尺度精度。一般适用于布设 A、B 级 GNSS 网。

(三)多基准站式的布网

1. 布网方式

若干台接收机在一段时间里长期固定在某几个点上进行长时间的观测，这些测站称为基准站，在基准站进行观测的同时，另外一些接收机则在这些基准站周围相互之间进行同步观测。布网方式如图 5-5 所示。

2. 特点

多基准站式布网的优点是各个基准站之间进行了长时间的观测，一方面可以获得较高精度的定位结果，这些高精度的基线向量可以作为整个 GNSS 网的骨架。另一方面，其余进行了同步观测的接收机间除了自身间有基线向量相连外，它们与各个基准站之间也存在有同步观测，因此，也有同步观测基线相连，这样可以获得更强的图形结构。适用范围：C、D 级 GNSS 网观测。

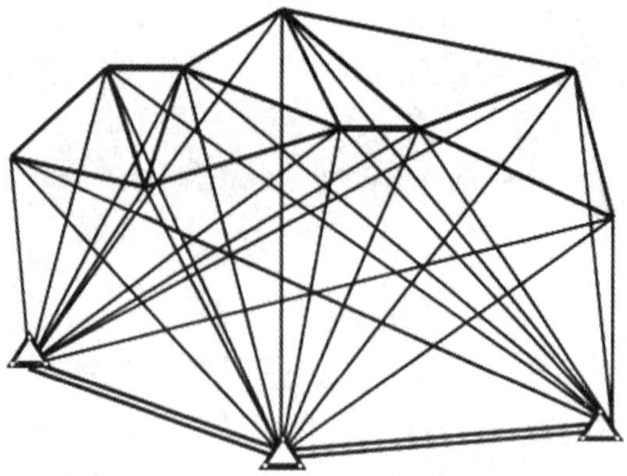

图 5-5　多基准站式

(四)同步图形扩展式的布网

1. 布网方式

多台接收机在不同测站上进行同步观测，在完成一个时段的同步观测后，又迁移到其他测站上进行同步观测，每次同步观测都可以形成一个同步图形，在测量过程中，不同的同步图形间一般有若干个公共点相连，整个 GNSS 网由这些同步图形构成。

2. 特点

同步图形扩展式布网，图形扩展速度快，图形强度较高，且作业方法简单。适用范围：C、D 级 GNSS 网。

同步图形扩展式布网是主要的 GNSS 布网形式。可以分为点连式、边连式、网连式和混连式。

1)点连式

如图 5-6 所示，相邻同步图形之间只有一个公共点连接。这种布网方式图形扩展快，几何强度较弱，抗粗差能力较差，如果连接点发生问题会影响到后面的同步图形。一般可以加测几个时段以增强网的异步图形闭合条件的个数。

图 5-6　点连式布网

2)边连式

如图 5-7 所示，相邻同步图形由一条公共基线连接。这种布网方式几何强度较高，抗粗差能力较强，有较多的复测边和非同步图形闭合条件，在相同的仪器个数的条件下，观测时段将比点连接方式大大增加。

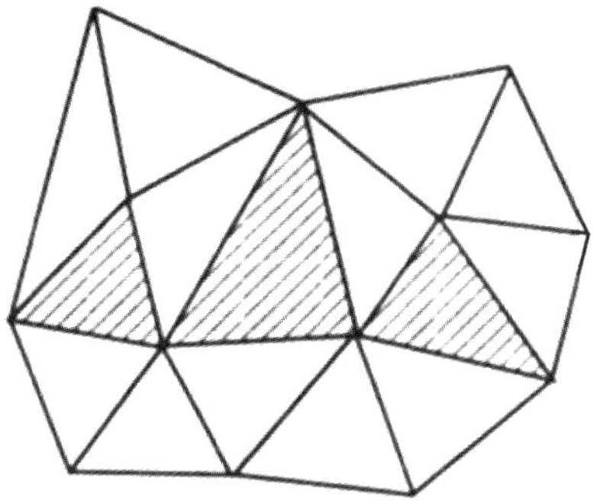

图 5-7　边连式布网

3)网连式

相邻同步图形之间有两个以上的公共点相连接，相邻图形间有一定的重叠。这种作业方法需要 4 台以上的接收机。采用这种布网方式所测设的 GNSS 网具有较强的图形强度和较高的可靠性，但作业效率低，花费的经费和时间较多，一般仅适于要求精度较高的控制网测量。

4)混连式

如图 5-8 所示，混连式布网是把点连式布网和边连式布网有机地结合在一起，这种方式既可以提高网的几何强度和可靠性指标，又减少了外业工作量，是一种较为理想的布网方法。

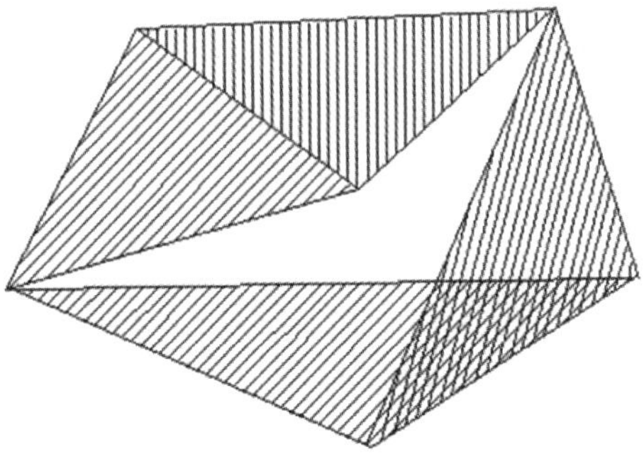

图 5-8　混连式布网

(五)单基准站(星形网)式的布网

1. 布网方式

以一台接收机作为基准站，在某个测站上连续观测，其余的接收机在基准站观测期间，在其周围流动，每到一点就进行观测，流动的接收机之间一般不要求同步，这样，流动的接收机每观测一个时段，就与基准站间测得一条同步观测基线，所有这样测得的同步基线就形成了一个以基准站为中心的星形 GNSS 网，如图 5-9 所示。

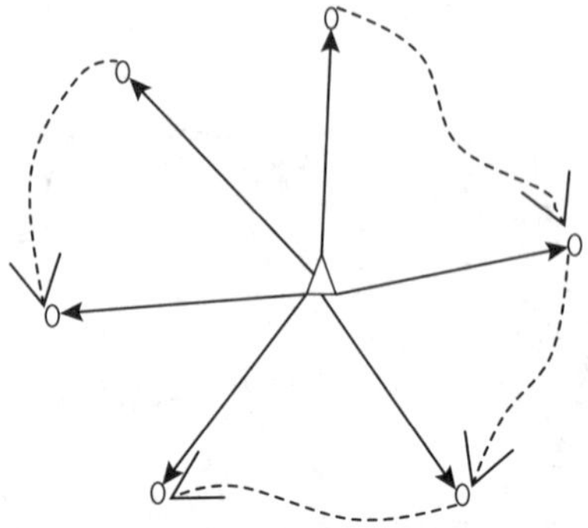

图 5-9　单基准站式网形

2. 特点

单基准站式的优点是作业效率高，但因各流动站一般只与基准站之间有同步观测基线，缺少检核，因此图形强度弱。适用范围：D、E 级 GNSS 网。

七、案例：××市地铁 9 号线二期地面控制测量

(一) 任务概述

1. 任务来源

受××市地铁集团有限公司委托，由我院为地铁 9 号线东延线轨道设施施工项目提供基础控制测量成果，为保证测量质量，统一工艺流程，规范成果格式要求，特编制本技术设计书。

2. 工程概况

××地铁 9 号线东延线工程北起××站，南至××站，串联了××地区、××地区、××地区等重点功能区，构建了城市核心区与城市北部、南部片区的联系，是城市中心城区重要的南北向走廊通道。

线路全长约 35.18km，其中地下线长约 27.06km，高架线长约 7.63km，过渡段长约 0.49km。共设站 31 座，其中换乘站 12 座；于××站北侧设有 1 座××新区车辆段，于××站南侧设有 1 座××街停车场。最小站间距 547m，位于××站～××路站，最大站间距 2037m，位于××路站～××站，平均站间距约 1179m。具体站间距及站名如表 5-8 所示：

表 5-8　　　　　　　　　　　　**站间距表**

序号	站名	站中心里程	右线站间距(m)
	右线设计起点	K8+400.000	144.078
	小轿子路站(二期)	K8+544.078	1501.924
	本工程设计线路、土建起点	K10+046.002	212.189
1	××街站	K10+258.191	1404.225
2	××路站	K11+662.416	1607.936
3	××路站	K13+270.352	1187.713
4	××站	K14+458.065	1335.831
5	××北路站	K15+793.896	800.933
6	××路站	K16+594.829	892.414
7	××路站	K17+487.243	1160.879
8	××站	K18+648.122	1674.921
9	××大学站	K20+323.043	1613.194
10	××街站	K21+936.237	1294.089
11	××站	K23+230.326	547.005
12	××路站	K23+777.331	818.011
13	××路站	K24+595.342	1028.273
14	××站	K25+623.615	976.625
15	××路站	K26+600.240	1215.872
16	××馆站	K27+816.112	1073.319
17	××站	K28+889.431	811.048
18	××公园站	K29+700.479	1406.645
19	××西路站	K31+107.124	906.729
20	××站	K32+013.853	1405.826
21	××站	K33+419.679	912.759
22	××站	K34+332.438	838.55
23	××站	K35+170.988	840.279
24	××站	K36+011.267	2037
25	××站	K38+048.267	1292.307
26	××站	K39+340.574	1072.447
27	××站	K40+413.021	1595.262
28	××路站	K42+008.283	1113.554
29	××站	K43+121.837	951.895
30	××路站	K44+073.732	1019.977
31	××街站	K45+093.709	127.999
	右线设计终点	K45+221.708	

(二)技术依据

(1)《城市轨道交通工程测量规范》(GB 50308—2017);

(2)《全球导航卫星系统(GNSS)测量规范》(GB/T 18314—2024);

(3)《城市测量规范》(CJJ/T 8—2011);

(4)《卫星定位城市测量技术标准》(CJJ/T 73—2019);

(5)《国家一、二等水准测量规范》(GB/T 12897—2016);

(6)《测绘成果质量检查与验收》(GB/T 24356—2023);

(7)《测绘作业人员安全规范》(CH 1016—2008);

(8)合同、甲方要求、××市地铁 6 号线工程线路平面示意图及设计资料。

在执行上述技术标准过程中,如有个别要求不一致,以本技术设计书为准;未提及内容,按有关规范执行,规范如遇更新,以新版本规范要求执行。

(三)坐标基准

平面系统:2000 国家大地坐标系;

高程基准:1985 国家高程基准;

投　　影:高斯克吕格 3°带投影,中央子午线 123°。

(四)既有资料情况

1. 平面控制资料

某设计院 2015—2016 年更新布设的××市 C 级 GNSS 控制网,有 350 余个控制点,均匀分布在××市域范围,平面精度边长相对中误差平均值为 1∶112 万,最弱边中误差为 1∶70 万,最大点位误差为 2.2cm,平均值为 1.2cm,方位角中误差为 0.55″,平均为 0.29″,精度良好,可作为本次地铁 GNSS 控制网的起算数据。

2. 高程控制资料

某设计院 2015—2016 年施测的××市二等水准网成果覆盖了××市全市域及地铁区域范围,路线总长 2580 余千米,共有近 450 余个二等水准网点,该网偶然中误差 0.56mm/km,全中误差 0.86mm,成果精度高,标石稳定,可作为本次地铁高程控制网的起算数据。

3. 其他参考资料

(1)地铁 1 号线、2 号线、3 号线、4 号线、9 号线、10 号线平面及高程控制成果,可作为本次工程施工的衔接比对成果,从而保障不同地铁线路的工程精准衔接与贯通施工。

(2)大比例尺地形图

我院拥有覆盖××市全域 1∶500、1∶1000 现势地形图,可作为本项目控制网优化设计及测量作业参考数据使用,可有效提升工程项目的作业速度与准确度。

(3)正射影像图

我院拥有覆盖测区范围的 0.05m 分辨率的正射影像图资料，该影像资料可作为本项目的基础资料与设计资料应用，可精准、快速、直观指导及辅助项目生产。

(五)仪器设备

1. GNSS 设备

首级平面控制网采用天宝 R8 型双频 GPS 接收机 10 台，标称精度为：

平面：$2.5\text{mm}+1\times10^{-6}\cdot D$　　　　垂直：$5\text{mm}+2\times10^{-6}\cdot D$

2. 水准测量设备

水准观测采用徕卡 DNA03 数字水准仪和配套的 GPCL2 铟钢尺 1 对，仪器标称精度为每千米往返测量标准偏差±0.3mm。

3. 仪器检校要求

在仪器使用前，需按照规定对仪器进行各项检校，包括对中器检校、标尺检校(包括尺垫符合性检查)、测量仪器检校(全站仪对中误差、水准仪 i 角检测、GNSS 数据可利用率、多路径影响检测等)，并按照设计的各项限差事先完成各种设置。

(六)控制测量

1. 首级平面控制网的布设

(1)基本要求。

地铁 9 号线路二期工程以带状分布，因此 9 号线 GNSS 控制网按带状布设，按《轨道交通工程测量规范》(以下简称《规范》)要求细则予以实施。平面控制网分两级布设，地铁首级 GNSS 平面控制网在××市城市 C 级 GNSS 网框架下布设，要求每站点附近布设 3 个可以相互通视的点，相邻站点间 GNSS 可以共用。如果达不到每站 3 点相互通视，需在相应两段 GNSS 间布设加密导线网。

(2)起算点位选择。

首级控制点应尽量选用原地铁线路控制点位，经综合分析拟选用"××1""××2""××3""××4""××5""××6""××7""××8"等 8 个控制点，并拟新选埋 71 个 GNSS 控制点，每车站附近布设一组。为方便施工使用，组内点尽量两两通视。地铁线路两端及车辆厂各布设一组 3 个互相通视的 GNSS 控制点，主要站点、换乘站、弯道及竖井附近各布设一组 GNSS 控制点，以方便施工，有利于布控。

数据采集时，新选各点与以上 8 个基准控制点构成 GNSS 同步观测网，在进行已知点可靠性分析的基础上，根据内符合精度指标，选取 5~6 个点作为起算点，其他为检查点。

(3)换乘站 GNSS 点位检核。

因地铁 6 号线换乘站较多，故已建成路段换乘站附近留存的原地铁控制点位，必须进行检核，以对比 6 号线控制点位与原有地铁线路控制点的兼容性。经实地点位普查及综合分析，选取 1、2、3、4、9、10 号线的检核点位共计 12 点，同步观测，统一解算。对于线路成果只存在1954北京坐标系或1980西安坐标系成果的点位，应在1954北京坐标系或1980西安坐标系下平差后，进行点位差值比对计算。

1）GNSS控制网选点原则

（1）原有保存完好的地铁1、2、3、4、9、10号线公共点位应尽量利用。

（2）GNSS组点选址要兼顾直接施工放样目的，尽量减少导线测段的布设。

（3）新埋点位尽量设在车站附近，作为向隧道内传递坐标的联系测量依据，保证对点间通视，且不受旁折光影响。

（4）间距不宜小于600m，点位应满足卫星定位观测的需要，易于寻找和到达，并且尽量方便GNSS联测和地铁施工控制应用。

（5）所选点位应有利于安全作业，便于安置接收设备和操作，被测卫星的地平高度角应大于10°。

（6）所选点位应远离大功率无线电发射源（电视台、电台、微波站等），距离不小于200m，远离高压输电线、微波无线电信号传送通道，距离不宜小于50m，附近不应有强烈干扰接收卫星信号的物体（如大面积水域或对电磁波反射、吸收强烈的物体等）。

（7）GNSS点选埋应考虑能够长久保存，保障地铁施工期间5~7年间不被破坏，不易受沉降及形变影响。

2）GNSS点位埋设

若选在建筑物楼顶（建筑物高度一般在2~7层为宜），用工具将楼顶刨至楼板（预制板），用射钉枪在楼板上订9个以上射钉，将预制的墩标整平，现场进行混凝土浇筑，并做好防水。要求埋设的点位高度架设仪器后应看到地面导线点，楼顶女儿墙超过1.2m的，视野应超过女儿墙高度。

若选在地面，则将预制的带有十字标识结构的2m以上标志墩埋于预选点位，××市冻土层深度1.2m，埋设在冻土层以下0.7m，现场浇筑混凝土，注意尽量埋在高地，以有利于通视效果。

点位埋设后详细填写点之记，并且在地铁沿线地形图上清晰标注。

3）首级GNSS控制网主要技术指标

（1）观测技术指标。

以边连接的方式，以静态相对定位作业模式施测。用三角架安置天线时，其对中误差不应大于1mm；互为120°方向上量取的天线高互差小于3mm；卫星高度角≥15°；有效卫星总数≥4颗；观测时长≥90分钟，如基线超过15km，应增加观测时间至120min以上；重复设站数≥2；数据采样间隔为1″。

观测时禁止在测站附近使用手机和对讲机。

（2）数据处理指标。

①数据可利用率≥90%；L1、L2频率的多路径效应MP1、MP2宜小于0.5m。

②基线解算、GNSS网平差处理、坐标转换和海拔高拟合均使用TBC、科傻平差软件或其他随机软件进行处理，各基线向量的解算结果必须为双差固定解，GDOP值≤6，最大异步环边数≤6。

③数据处理主要技术指标按表 5-9 执行。

表 5-9 **GNSS 网主要技术指标**

平均边长(km)	相邻点相对点位中误差(mm)	最弱边相对中误差	与原有控制点的坐标较差(mm)	不同线路控制网重合点坐标较差(mm)
2	±10	1/100000	≤50	≤25

(3)数据平差指标。

独立环或附合线路各坐标分类及全长相对闭合差应满足：

$\omega_x \leqslant 2\sqrt{n}\sigma$；$\omega_y \leqslant 2\sqrt{n}\sigma$；$\omega_z \leqslant 2\sqrt{n}\sigma$；$\omega = \sqrt{\omega_x^2 + \omega_y^2 + \omega_z^2}$；$\omega \leqslant 2\sqrt{3n}\sigma$

式中，n 为异步环中基线的个数，ω 为异步环环线全长闭合差，σ 为标准差，复测基线长度较差 $D_s \leqslant 2\sqrt{n}\sigma$ 。

(4)平差结果检验。

①地铁 GNSS 网平差采用某已知控制点进行三维无约束平差，并提供各点的三维坐标、各基线向量、改正数和精度信息。在无约束平差中，基线分量的改正数绝对值($V_{\Delta x}$、$V_{\Delta y}$、$V_{\Delta z}$) 应满足下式：

$$V_{\Delta x} \leqslant 3\sigma；V_{\Delta y} \leqslant 3\sigma；V_{\Delta z} \leqslant 3\sigma$$

②约束平差，要求在 WGS-84 坐标系下进行三维约束平差；要求在 2000 国家坐标系下进行二维约束平差，平差后基线分量改正数与剔除粗差后的无约束平差结果的同名基线相应改正数的较差的绝对值($\mathrm{d}V_{\Delta x}$、$\mathrm{d}V_{\Delta y}$、$\mathrm{d}V_{\Delta z}$)应满足下式：

$$\mathrm{d}V_{\Delta x} \leqslant 2\sigma；\mathrm{d}V_{\Delta y} \leqslant 2\sigma；\mathrm{d}V_{\Delta z} \leqslant 2\sigma$$

(5)与已有控制点校验。

平差完成后，需要对原地铁线路 GNSS 控制点进行成果比较，坐标较差限值见表 5-9，比对结果应在总结中体现。若较差异常或超限，需及时上报技术质量部，协同甲方商议解决办法。

2. 高程控制测量

1)水准点的布设

××市地铁 9 号线水准网沿地铁线路布设成附合路线，按《轨道交通工程测量规范》一等水准要求进行施测。拟以城市高级水准点 S222 起，经“S075”“S084”“S109”“××3-2”“S206”，附合至“××(LC206)”上。

车辆段附近应至少设置 2 个水准点，水准点宜选在远离变形区外稳固的便于施工使用的永久性目标物上，并尽量靠近竖井处；经过综合考虑与选择，拟新选埋 53 个水准点，并联测检核全部换乘站附近的地铁水准点，经考察及优化分析，拟联测(地铁 1、2、9 号线临近点已全部丢失)地铁 3 号线水准点 S0337、G0338，地铁 4 号线水准点 S0413、S0414、S0425、S0427、S0447、S0448，地铁 10 号线水准点 S1022、S1023 共计 10 个水准点，要求检核点高程较差不大于$\sqrt{2}$倍高程中误差。

水准点选埋应尽量利用原有水准点位。观测线路范围 1km 以内有其他二等以上水准点位的，要予以联测，作为检校成果一并提供。

采用墙角水准或地面埋石方式，埋石按照《规范》中的标石埋设要求施行。

点位选择埋设后，要根据点位的实际情况绘制点之记，在图上清晰标注。

2)技术指标

(1)每千米高差中数偶然中误差≤±1mm；

(2)按规定进行 i 角检验，i 角误差≤±15″；

(3)往返测、附合线路或环线闭合差 $\leqslant \pm 4\sqrt{L}$，L 为附合线路或环线长，单位为km；

(4)检测已测测段高差之差 $\leqslant \pm 6\sqrt{R}$，R 为检测测段长度，单位为km。

3)观测要求

(1)观测前圆水准器应精确校正；

(2)在连续各测站上安置水准仪的三脚架时，应使其中两脚与水准路线的方向平行，第三脚轮换置于路线的左侧与右侧；

(3)在同一测站上观测时，不能二次调焦；

(4)每测段的测站数应为偶数；

(5)采用中丝读数法往返观测，观测方法为：

往返测　　奇数站　　后前前后。

往返测　　偶数站　　前后后前。

每一测段的往测与返测宜分别在上午和下午进行，由往测转为返测时两根标尺要互换位置。

(6)水准观测的视线长度≤50m，前后视距差≤1.5m，任意测站前后视距累积差≤6m，视线高度应高于0.55m，低于2.80m；重复测量次数≥2。

(7) 间歇与检测

工作间歇时最好能在水准点上结束观测。否则，应选择两个坚稳可靠、光滑突出、便于放置标尺的固定点作为间歇点。间歇后，应进行检测，检测结果符合限差要求即可起测。检测高差不予采用。

(8) 每测站的观测限差

两次读数所测高差之差≤0.6mm；检测间歇点高差之差≤1mm。

4)数据处理

数字水准仪在观测过程中自动记录。观测完成后，可直接将观测数据导入计算机。数据处理采用“平差易”或其他随机软件进行解算。内业需要处理的项目包括：

(1)观测高差改正数的计算；

(2)计算每千米水准测量偶然中误差；

(3)平差和精度评定；

(4)与原线路公共点高程较差计算。

(七)资料提交及归档(有电子版数据，附相应电子版文档)

(1)技术设计书。

(2)外业观测手簿、原始记录。

(3)控制网平差、精度评定及成果资料(包括平面控制和高程控制各项改正数资料)。

(4)控制网示意图(包括 GNSS 控制网、水准网示意图)。

(5)控制点坐标成果(2000 坐标成果【1980 西安坐标系、1954 北京坐标系对比成果】、水准点成果及点之记)。

(6)技术总结。

(7)质检报告。

任务 5.2 外 业 观 测

GNSS 外业观测时利用 GNSS 接收机接收卫星信号，并进行储存，包括准备工作、天线设置、接收机操作、气象数据观测、测站手簿等内容。

一、GNSS 选点与埋石

(一)资料收集

技术设计前应收集测区内及周边地区的有关资料，资料应包括下列内容：

(1)测区 1∶10000 至 1∶100000 各种比例尺地形图；

(2)原有测区及周边地区的控制测量资料，包括平面控制网和水准路线网成果、技术设计、技术总结、点之记等其他文字和图表资料；

(3)与测区有关的城市总体规划和近期城市建设发展资料；

(4)与测区有关的交通、地质、气象、通信、地下水和冻土深度等资料。

(二)点位设计

应根据项目目标和测区的自然地理情况进行网形及点位设计，进行控制网优化和精度估算。

(三)控制点的点位要求

GNSS 观测测站间不要求通视，网的图形结构也较灵活，因此选点工作比经典控制测量简便。控制点的点位应符合以下要求：

(1)点位应设在易于安装接收设备、视野开阔的较高点上。

(2)点位目标要显著，视场周围 15°以上不应有障碍物，以减少 GNSS 信号被遮挡或障碍物吸收。

(3)点位应远离大功率无线电发射源(如电视机、微波炉等)，其距离不小于 200m；远离高压输电线，其距离不得小于 50m，以避免电磁场对 GNSS 信号的干扰。

(4)点位附近不应有大面积水域或不应有强烈干扰卫星信号接收的物体，以减弱多路径效应的影响。

(5)点位应选在交通方便，有利于其他观测手段扩展与联测的地方。

(6)地面基础稳定，易于点的保存。

(7)选点人员应按技术设计进行踏勘，在实地按要求选定点位。当利用旧点时，应对旧点的稳定性、完好性，以及觇标是否安全、可用作检查，符合要求方可利用。

(8)网形应有利于同步观测边、点联结。

(9)当所选点位需要进行水准联测时，选点人员应实地踏勘水准路线，提出有关建议。

(10)点位选定后应现场标记、画略图。

(四)控制点命名规定

(1)GNSS点名可采用该点所在的位置命名，例如村名、山名、地名或单位名等，无法区分时可在点名后加注(一)、(二)等予以区分。

(2)利用原有旧点位时，点名不宜进行更改，如原点所在地的名称已经变更，应在新点名后加括号注明旧点名。如果点位与水准点重合，应在新点名后以括号注明水准点等级和编号。

(五)标志埋设

GNSS网点一般应埋设具有中心标志的标石，以精确标志点位，点的标石和标志必须稳定、坚固以利于长久保存和利用。在基岩露头地区，也可以直接在基岩上嵌入金属标志。GNSS点标志埋设如图5-10所示。

埋石工作应符合以下要求：

(1)城市各等级GNSS控制点应埋设永久性测量标志，标志应满足平面高程共用要求。标石及标志规格要求应符合规范(程)的要求。

(2)控制点中心标志应用铜、不锈钢或其他耐腐蚀、耐磨损的材料制作，应安放正直，镶接牢固，控制点中心标志应有清晰、精细的十字线或嵌入直径小于0.5mm的不同颜色的金属；标志顶部应为圆球状、顶部应高出标石面。

(3)控制点可用混凝土预制或者现场灌制；利用基岩、混凝土或沥青路面时，可以凿孔现场灌注混凝土埋设标志；利用硬质地面时，可以在地面上刻正方形方框，其中心灌入直径不大于2mm、长度不短于30mm的铜条作为标志。

(4)埋设GNSS观测墩应符合规范(规程)的要求。

(5)标石的底部应埋设在冻土层以下，并浇灌混凝土基础。

(6)GNSS控制测量点埋设经过一个雨季和一个冻结期，方可进行观测，地质坚硬的地方可在混凝土浇筑一周后进行观测。

(7)二、三等GNSS测量控制点埋设后应办理测量标志委托保管。

(六)上交资料

每个点标石埋设结束后，应填写点之记(表5-10)并提交以下资料：

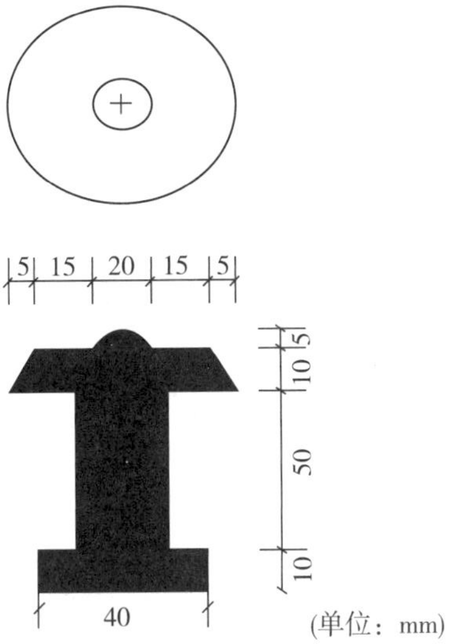

(a) GNSS 控制点标志

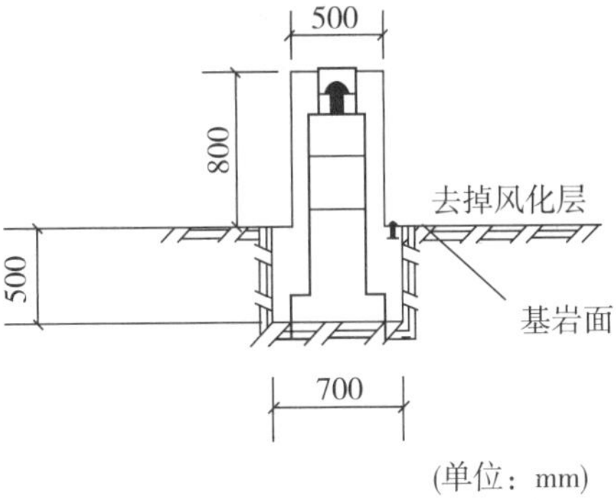

(b) 岩层墩标埋设

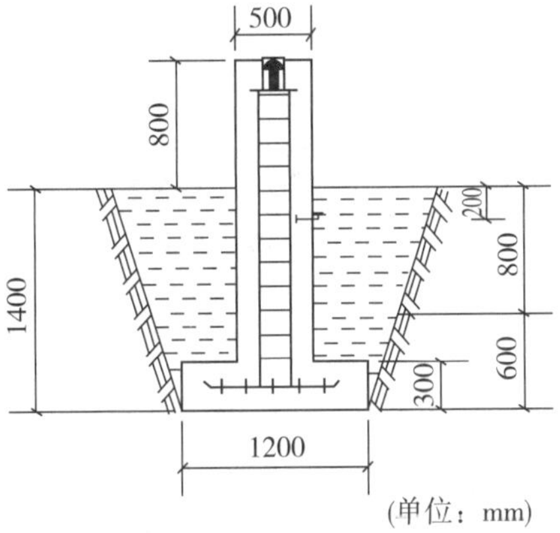

标石底部距冻土线以下0.6m,并与地面不小于1m

(c) 土层墩标埋设

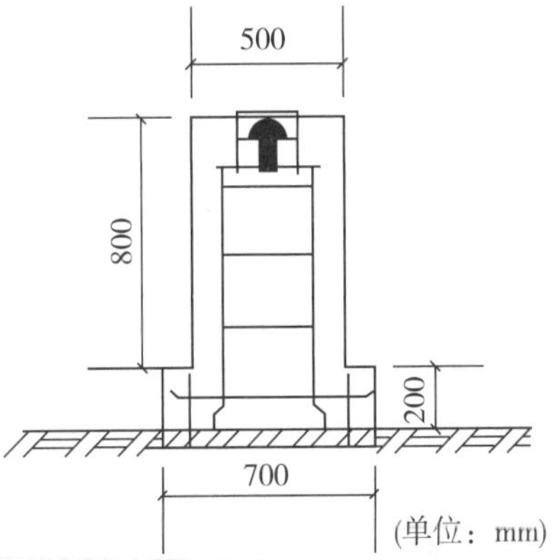

(d) 楼顶墩标埋设

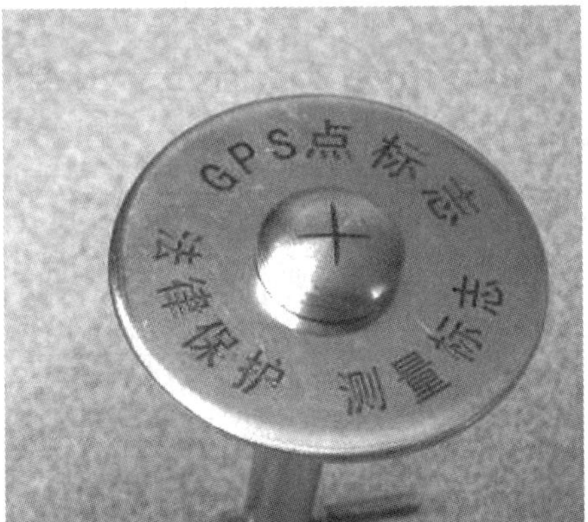

(e) 未埋设的点位标志

(f) 埋设好的点位标志

图 5-10　GNSS 点标志埋设

(1)点之记；
(2)GNSS 网的选取点网图；
(3)土地占用批准文件与测量标志委托保管书；
(4)选点与埋石工作技术总结。

表 5-10 **点之记(正面)**

点名		点号		类 别		等级	B 级
所在图幅				点位略图			
概略纬度							
概略经度							
概略高程							
所在地							
最近住所							
供电情况							
电信情况							
地类		土质		比例尺：1：×××××			
冻土深度		解冻深度		交通路线图			
最近水源							
石子来源							
沙子来源							
交通情况							
地质概要、构造背景				地形地质构造图			

表 5-10 **点之记(背面)**

点位环视图	标石类型	
点位环视图说明	便于联测的水准点点名、点号、等级及联测里程	
原有高等级大地、重力、形变点位利用情况	便于联测的重力点等级、点名、点号及联测里程	

续表

<table>
<tr><td rowspan="5">选点情况</td><td>选点者</td><td></td><td rowspan="4">埋石情况</td><td>埋石者</td><td></td></tr>
<tr><td>单位</td><td></td><td rowspan="2">单位</td><td rowspan="2"></td></tr>
<tr><td>地质员</td><td></td></tr>
<tr><td>单位</td><td></td><td>埋石时间</td><td></td></tr>
<tr><td>选点时间</td><td></td><td>委托保管情况</td><td>保管人</td><td></td></tr>
<tr><td colspan="3">对埋石工作的建议</td><td rowspan="4"></td><td>单位</td><td></td></tr>
<tr><td colspan="3" rowspan="3"></td><td>地址</td><td></td></tr>
<tr><td>邮编</td><td></td></tr>
<tr><td>电话</td><td></td></tr>
<tr><td>备注</td><td colspan="5"></td></tr>
</table>

点之记共两页，纸质文档应双面打印，点之记绘制说明如下：

a.“概略位置”由手持 GNSS 接收机测定，经纬度按手持 GNSS 接收机的显示填写至 0.1"，概略高程采用大地高标注至整米；

b.“类别”填写国家 GNSS 大地控制点；

c.“等级”填写相应等级；

d.“点位略图”需在现场绘制，应能明确表达点位所在位置与周边特征地物的相对关系，点位略图比例尺应根据实地情况确定；

e.“电信情况”填写与点位最近的固定电话位置、点位所处位置的移动电话收发情况；

f.“地类”按如下类别填写：荒地、耕地、园地、林地、草地、沙漠、戈壁，“土质”按如下类别填写：黑土、红土、黄土、沙土、沙砾土、盐碱土、黏土、基岩；

g.“最近水源”填写最近水源位置及与点位的距离；

h.“交通路线图”在公开出版的全国(省市)电子交通图上绘制，图上除明显表示点位，点位所在县城所在地到点位的交通路线外，尽量表达清楚点位所在县城与相邻城市的交通路线；

i.“交通情况”填写自点位所在地县级城市至本点的汽车运行路线，交通路线图与说明文字保持一致，并注明交通工具到点情况；

j.“地质概要、构造背景”和“地形地质构造图”根据项目需要填写；

k.“点位环视图”点位四周遮挡高度角小于10°时环视图中不表示；当遮挡高度角大于10°时，需要在环视图中从10°开始用阴影线绘制遮挡物的范围。

二、拟订外业观测计划

外业观测工作是 GNSS 测量的主要工作，观测开始之前，外业观测计划的拟订对于顺利完成野外数据采集任务、保证测量精度、提高工作效率是极其重要的。在施测前，应根据网的布设方案、规模大小、精度要求、经费预算、GNSS 卫星星座、参与作业的 GNSS 接收机的数量及后勤保障条件，制订观测计划。

(一)确定测量模式

测量模式的确定主要包括定位方式的确定和控制网网形的确定。如本次 GNSS 外业测量计划采用静态差分定位，投入 3 台接收机作业，同步网之间以边连式连接。GNSS 接收机的选用如表 5-11 所示。

表 5-11　**GNSS 接收机的选用(GB/T 18314—2024)**

级别	B	C	D、E
频段	多模多频	多模多频/单模多频	单模多频/多模单频
观测量(至少有)	载波相位、伪距	载波相位、伪距	载波相位、伪距
同步观测接收机数	≥4	≥3	≥2
天线要求	扼流圈、抗干扰	大地型	大地型

(二)选择最佳的观测时段

GNSS 定位的精度与卫星和测站构成的图形有关，与能同步跟踪的卫星数和接收机使用的通道数有关。所测卫星与测站所组成的几何图形，其强度因子可用空间精度因子(PDOP)来表示，无论绝对定位还是相对定位，GNSS 观测时段的 PDOP 值不宜大于 6，特殊困难地区可适当放宽，但不应超过 8。

卫星的数量大于 4 颗，且分布均匀，PDOP 值小于 6 的时段就是最佳观测时段。

采用星历预报的方法可以确定最佳观测时段。历书文件可从各网站下载(例如 navcen 官网)。下载的历书文件一般每 7 天更新一次。星历预报结果为 PDOP 变化图、天空图等。

(三)编排接收机调度表，确定同步观测时段长度及起止时分

确定同步观测时段长度及起止时分可在技术规范的基础上参考星历预报结果进行。规范规定的观测要求如表 5-12 所示。

表 5-12　**《全球导航卫星系统(GNSS)测量规范》(GB/T 18314—2024)规定的观测要求**

项目	级别			
	B	C	D	E
卫星截止高度角(°)	15	15	15	15
同时观测有效卫星数(个)	≥4	≥4	≥4	≥4
有效观测卫星总数(个)	≥20	≥6	≥4	≥4
观测时段数(个)	≥3	≥2	≥1.6	≥1.6
时段长度	≥23h	≥4h	≥60min	≥40min

续表

项目	级别			
	B	C	D	E
采样间隔(s)	30	15~30	5~15	5~15

注：1. 计算有效卫星观测总数时，应将各时段的有效卫星数扣除其间的重复卫星数。

2. 观测时段长度，应为开始记录数据到结束记录的时间段。

3. 观测时段数≥1.6，指采用网观测模式时，每站至少观测一时段，其中两次设站点数应不少于GNSS 网总点数的 60%。

4. 采用基于卫星定位连续参考站点观测模式时，可连续观测，但连续观测时间应不低于表中规定的各时段观测时间总和。

作业组应根据测区的地形、交通状况、控制网的大小、精度的高低、仪器的数量、GNSS 网的设计等情况拟订接收机调度计划和编制作业调度表，以提高工作效率。

调度计划制订应遵循以下原则：

(1)保证同步观测；

(2)保证足够重复基线；

(3)设计最优接收机调度路径；

(4)保证作业效率；确保最佳观测窗口。

表 5-13 为包括观测时段、测站号/名及接收机号的作业调度表。

表 5-13　**GNSS 接收机调度表**

时段编号	观测时间	测站名	测站名	测站名	测站名	测站名	测站名
		机号	机号	机号	机号	机号	机号
1							
2							
3							

表 5-14 采用规定格式的 GNSS 外业观测通知单进行调度。

表 5-14　**GNSS 外业观测通知单**

观测日期：　　　　年　　　　月　　　　日

组别：　　　　　　　　操作员：　　　　　　　　接收机号：

点位所在图幅：

测站编号/名：

观测时段：1：　　　　　　　　2：

　　　　　3：　　　　　　　　4：

　　　　　5：　　　　　　　　6：

　　　　　安排人：　　　　　　　　　　　　年　　月　　日

三、案例：根据卫星分布图设计观测计划

根据 GNSS 静态控制网网形（见图 5-11），用 3 台双频 GPS 接收机作业，相邻点之间的距离约 1km，仪器迁移时间约 20～30 分钟，已知接收机的使用序号和天线编号，请回答下列问题：

（1）该网形以什么方式连接？

（2）根据图 5-12 中 PDOP 值选择最佳观测时段。

（3）根据控制网图形的观测顺序和观测时间填写 GNSS 观测调度表。

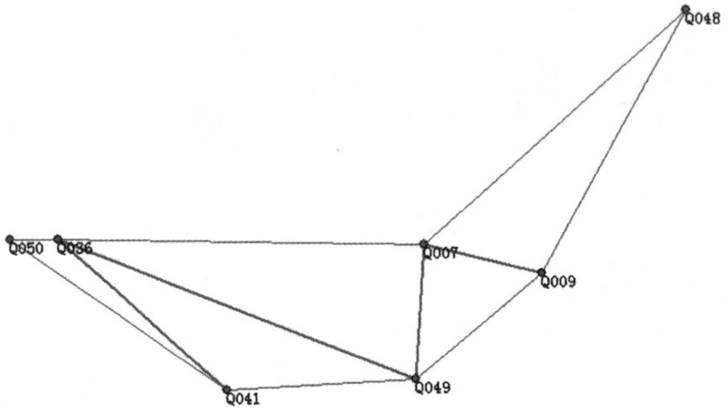

图 5-11　GNSS 静态控制网网形

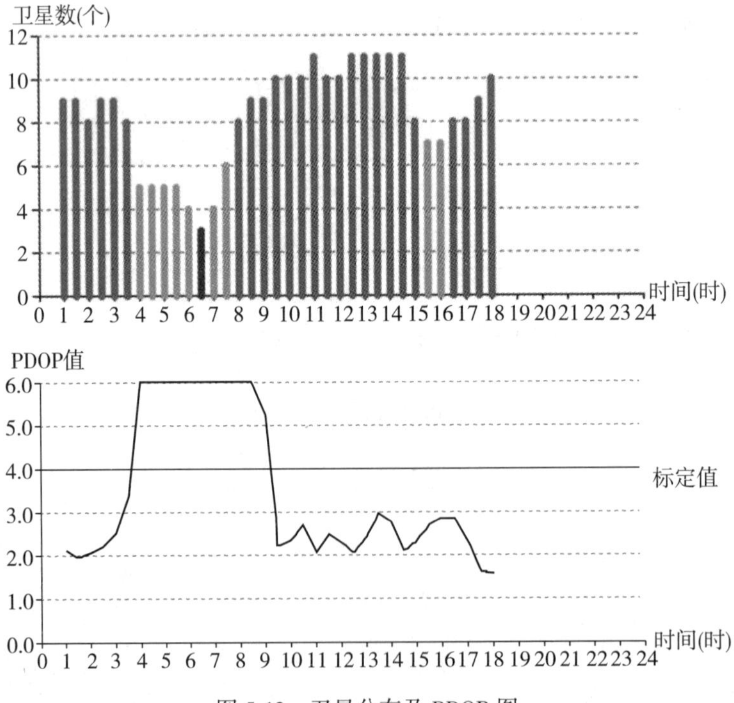

图 5-12　卫星分布及 PDOP 图

四、外业观测

观测作业的主要任务是捕获 GNSS 卫星信号，并对其进行跟踪、处理和量测，以获得所需要的定位信息和观测数据。扫描右侧二维码学习如何使用华测 X10 GNSS 接收机进行静态外业观测及手簿静态设置。

(一) 安置仪器

在正常点位，天线应架设在三脚架上，并安置在标志中心的上方直接对中，天线基座上的圆水准气泡必须整平。注意观测站周围环境必须符合 GNSS 控制点选点要求。在特殊点位，当天线需要安置在三角点觇标的观测台或回光台上时应先将觇顶拆除，防止对 GNSS 信号的遮挡。

天线的定向标志应指向正北，并顾及当地磁偏角的影响，以减弱相位中心偏差的影响。天线定向误差依定位精度不同而异，一般不应超过±3°~5°。

刮风天气安置天线时，应将天线进行三向固定，以防倒地碰坏。雷雨天气安置天线时，应该注意将其底盘接地，以防雷击天线。

架设天线不宜过低，一般应距地 1m 以上。如图 5-13 所示，天线架设好后，在圆盘天线间隔 120°的三个方向分别量取天线高，三次测量结果之差不应超过 3mm，取其三次结果的平均值记入测量手簿中，天线高记录取值 0.001m。对备有专门测高标尺的接收设备，将标尺插入天线的专用孔中，下端垂直对准中心标志，直接读出天线高。对其他接收设备，可采用倾斜测量方法。

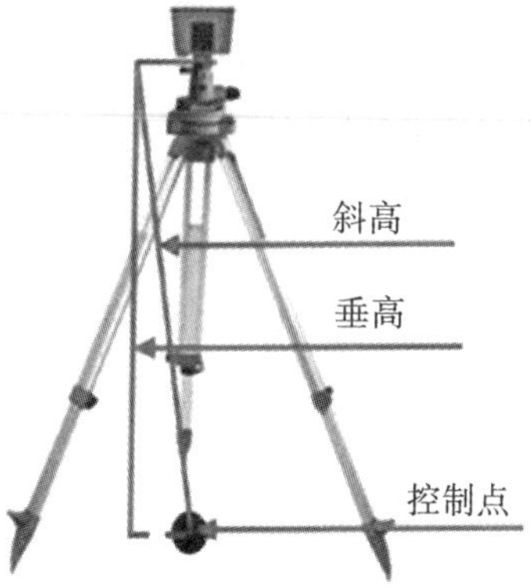

图 5-13　天线高量取方法

在高精度 GNSS 测量中，要求测定气象元素。每时段气象观测应不少于 3 次(时段开始、中间、结束)。气压读至 0.1mbar，气温读至 0.1℃，对一般城市及工程测量只记录天气状况。

(二) 观测作业

观测作业的主要目的是捕获 GNSS 卫星信号，并对其进行跟踪、处理和量测，以获得所需要的定位信息和观测数据。

天线安置完成后，在离开天线适当位置的地面上安放GNSS接收机，接通接收机与电源、天线、控制器的连接电缆，并经过预热和静置，即可启动接收机进行观测。

通常来说，在外业观测工作中，仪器操作人员应注意以下事项：

(1)当确认外接电源电缆及天线等各项连接完全无误后，方可接通电源，启动接收机。

(2)开机后接收机有关指示显示正常并通过自测后，方能输入有关测站和时段的控制信息。

(3)接收机在开始记录数据后，应注意查看有关观测卫星数量、卫星号、相位测量残差、实时定位结果及其变化、存储介质记录等情况。

(4)一个时段观测过程中，不允许进行以下操作：关闭又重新启动；进行自测试(发现故障除外)；改变卫星高度角；改变天线位置；改变数据采样间隔；按动关闭文件和删除文件等功能键。

(5)每一观测时段中，气象元素一般应在始、中、末各观测记录一次，当时段较长时可适当增加观测次数。

(6)在观测过程中要特别注意供电情况，除在出测前认真检查电池容量是否充足外，作业中观测人员不要远离接收机，听到仪器的低电报警要及时予以处理，否则可能会造成仪器内部数据的破坏或丢失。对观测时段较长的观测工作，建议尽量采用太阳能电池或汽车电瓶进行供电。

(7)仪器高一定要按规定始、末各测一次，并及时输入及记入测量手簿之中。

(8)接收机在观测过程中不要靠近接收机使用的对讲机；雷雨季节架设天线要防止雷击，雷雨过境时应关机停测，并卸下天线。

(9)观测站的全部预定作业项目，经检查均已按规定完成，且记录与资料完整无误后方可迁站。

(10)观测过程中要随时查看仪器内存或硬盘容量，每日观测结束后，应及时将数据转存至计算机硬盘、软盘上，确保观测数据不丢失。

(三)观测记录

观测记录由GNSS接收机自动进行，均记录在存储介质(如硬盘、硬卡或记忆卡等)上，其主要内容有：

(1)载波相位观测值及相应的观测历元；

(2)同一历元的测码伪距观测值；

(3)GNSS卫星星历及卫星钟差参数；

(4)实时绝对定位结果；

(5)测站控制信息及接收机工作状态信息。

测量手簿是在接收机启动前及观测过程中，由观测者随时填写的。其记录格式在现行《全球导航卫星系统(GNSS)测量规范》(GB/T 18314—2024)中有规定，为便于使用，这里列出《全球导航卫星系统(GNSS)测量规范》(GB/T 18314—2024)中的观测记录格式(见表5-15)供参考。

表5-15中，备注栏应记载观测过程中发生的重要问题，问题出现的时间及其处理方式等。

表 5-15　**外业观测手簿**

观测者：________ 测站名：________ 天气状况：________	日期：____年___月___日 测站号：________ 时段数：________
测站近似坐标：________ 经度：___°___′ 纬度：___°___′ 高程：____ m	本测站为 ________新点 ________等大地点 ________等水准点
记录时间(北京时间)： 开始时间________　结束时间________	
接收机号：________ 天线高：(m) 1. ______2. ______　3. ______	 测后校核值：________ 平均值：______
天线高量取方式图	备注：

观测记录和测量手簿都是 GNSS 精密定位的依据，必须认真、及时填写，坚决杜绝事后补记或追记。

外业观测中存储介质上的数据文件应及时拷贝一式两份，分别保存在专人保管的防水、防静电的资料箱内。存储介质的外面，适当处应贴制标签，注明文件名、网区名、点名、时段名、采集日期、测量手簿编号等。

接收机内存数据文件在转录到外存介质上时，不得进行任何剔除或删改，不得调用任何对数据实施重新加工组合的操作指令。

任务 5.3　观测数据下载

GNSS静态观测数据、导航电文及其他信息一般是以二进制形式存储在接收机中的。在数据处理前要先将数据从接收机中输出。大多数 GNSS 仪器公司有自己的数据下载软件。不同仪器公司制造的接收机数据存储格式不同。这就使得用不同类型的接收机观测的数据在处理前，必须转换成与数据软件无关的统一格式。

静态数据导出

一、静态观测数据下载

静态观测数据一般存储在接收机内，不同厂商的接收机，数据格式也有不同，数据传输软件也不同。一般采用自带的数据传输软件下载数据，数据传输前需进行参数设置。

(一)数据通信端口

通信端口有 COM 口和 USB 口两种，一般 COM 口有两个：一个是 COM1，另一个是 COM2；当使用无线时，可以使用 COM5、COM8。使用 USB 口时，需要安装 USB 驱动，如图 5-14 所示。

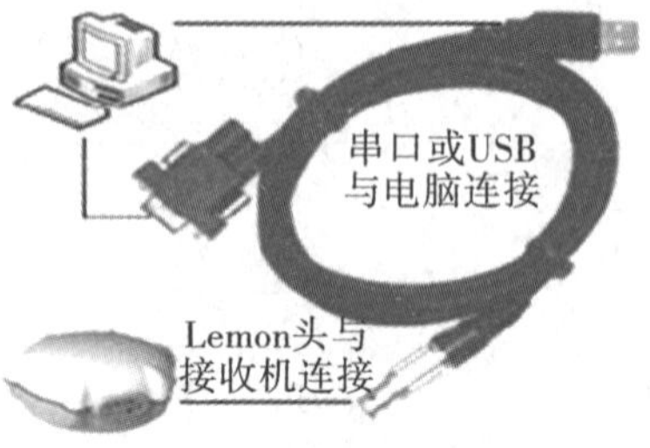

图 5-14 数据线的连接

(二)波特率

波特率是指数据传输速率，每秒传输的符号数。若每个符号所含的信息量为 1 比特，1 波特(B)= 1 比特(bit)= 1 位/秒(1bps)。一般设为 115200bps。

(三)测站信息

在进行数据下载过程中可以修改仪器高、测站点号等信息。数据文件名由四位字符组成，可以在数据下载前根据仪器型号、开关机时间、测站位置等信息来修改数据文件名或点名。点号命名要取四位，输入仪器高时，应注意仪器高的量取方式，根据情况改正天线相位中心的位置。

二、动态数据下载

接收机在动态工作模式下不直接记录数据，观测数据由手簿存储。以华测 X10 为例，手簿为安卓系统，手簿与电脑连接使用的软件是同步软件。在电脑上安装同步软件后，用电缆或红外接口连接手簿和电脑。在“设置”中，打开 USB 调试功能，在文件夹中找到观测文件，并保存到电脑中。也可以使用随机自带软件进行数据传输，并核对观测时间、天线高、时段、点名等信息。

三、RENIX 文件

由于卫星系统和接收机的型号不同，以及不同的接收机生产商设计的数据格式各不相同，为了方便后续的数据处理，国际上设计了一种与接收机无关的 RENIX 格式文件。其他的 GNSS 观测数据均可转换为 RENIX 格式文件。

RENIX3.00 版文件包括五种 ASCII 码文件，分别是：

(1)观测数据(OBServation data，OBS)，接收机记录的伪距、相位观测值。

(2)导航数据(NAVigation data，NAV)，记录卫星实时发布的广播星历。

(3)气象数据(METeorological data，MET)，记录气象仪器观测的温度、压强、湿度状况。

(4)GLONASS 导航文件。GLONASS 导航数据与 GPS 导航数据之间存在差异。

(5)SBAS 导航电文文件。SBAS 系统包含：欧洲静地星导航重叠服务(EGNOS)，美国广域增强系统(WAAS)，日本多功能卫星增强系统(MSAS)等。

RINEX 为纯 ASCII 码文本文件，其文件名的命名方式为“ssssdddf.yyt”。各字母的含义如表 5-16 所示。

表 5-16 **RENIX3.00 文件格式**

字母	含义	备注
ssss	以 4 个字母表示测站名	
ddd	文件中第一个记录所对应的年积日	
f	一天内的文件序号	如果文件包含了当天的所有数据：f=0； 如果文件包含了当天以小时为单位的文件：a=第一小时：00 点—01 点；b=第二小时：01 点—02 点……x=第 24 小时：23 点—24 点
yy	以两位数表示年份	80~99 表示 1980—1999 年 00~76 表示 2000—2076 年
t	文件类型	O：观测数据文件
		N：GPS 导航电文文件
		M：气象数据文件
		G：GLONASS 导航电文文件
		L：将来的 Galileo 导航电文文件
		H：SBAS 导航电文文件
		B：SBAS 广播数据文件
		C：钟文件
		S：摘要文件

例如：Kunm0980.09n 的解读，请扫描右侧二维码查看。

四、案例：多款 GNSS 接收机数据下载

(一)南方 S82 接收机数据下载流程

(1)用 USB 数据线将接收机与电脑连接，GNSS 主机应为开机状态。注意用数据线正确连接 GNSS 接收机和计算机，数据线不应该有扭曲，接口应直插直拔，不应有扭转。

(2)启动南方 GPS 接收机数据传输软件，这时传输软件的状态栏中将出现“USB 启动”，意味着已经找到了 USB 上的灵锐 S82 设备，如图 5-15 所示。

图 5-15 USB 启动

(3)数据下载界面，先选择好左端的文件下载路径，如图 5-16 所示。

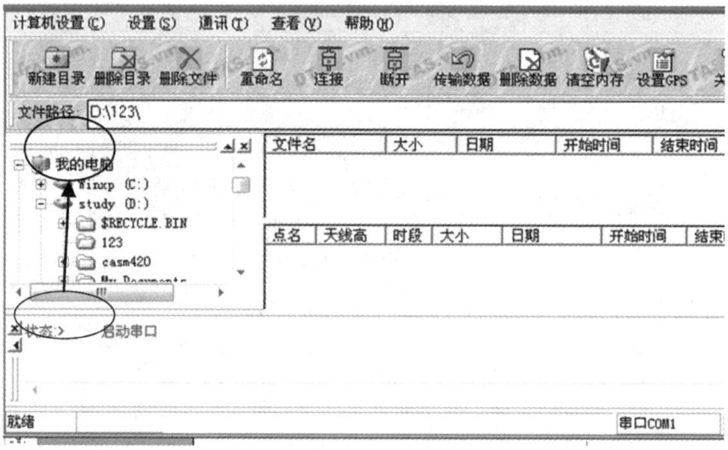

图 5-16 数据下载路径选择

(4)在电脑端数据下载软件内，点击“”，进行 GNSS 接收机与计算机的连接，如图 5-17 所示。

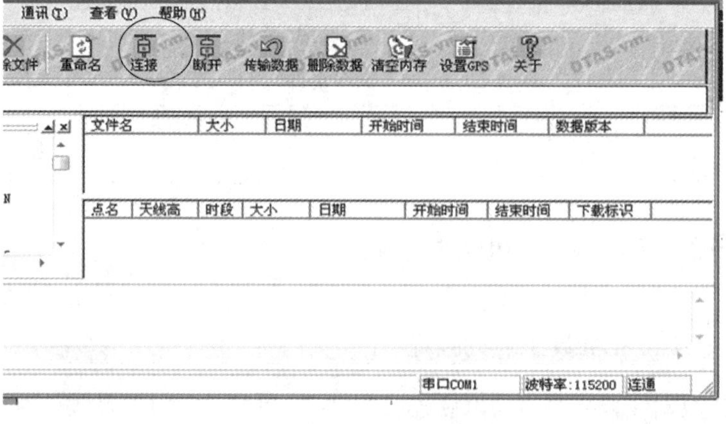

图 5-17 接收机连接

(5)数据下载，核对观测文件信息后，选择需要下载的数据文件，如需修改，右击鼠标选择“输入测站信息”。内容包括：

①测站名：输入仪器在开始时间与结束时间内设站的测站点点名。

②时段：区分一个仪器在同一测站内观测多次。

③天线高：天线到测点的倾斜距离。

④文件类型：默认“静态”。

设置好后按下“确认”键。点击“传输数据”，则数据保存到设置好的路径里。

(二)华测 X10 USB 下载

直接用 USB 数据线连接 GNSS 接收机与电脑，GNSS 接收机开机后，在电脑中读取 USB 信息，在相关文件夹下找到观测数据文件，并保存到电脑中，如图 5-18 所示。

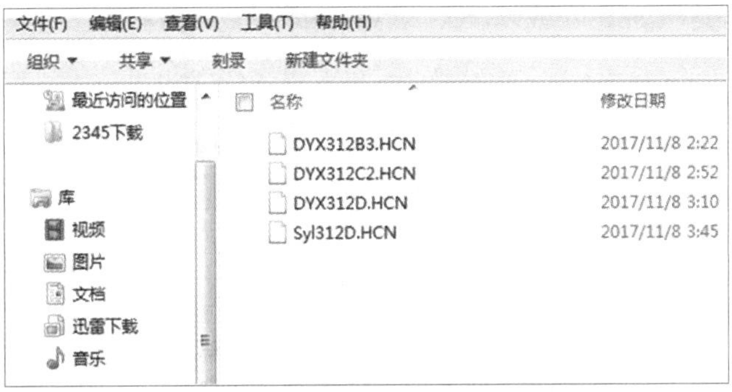

图 5-18 华测静态观测文件

华测 X10 主机采用 USB 连接方式。正确的连接方式是先打开主机电源再连接 USB 连接线。将数据线的 USB 接头插入接收机通信接口，USB 接口插入计算机主机 USB 口，会在任务栏里出现热插拔图标，如图 5-19 所示。

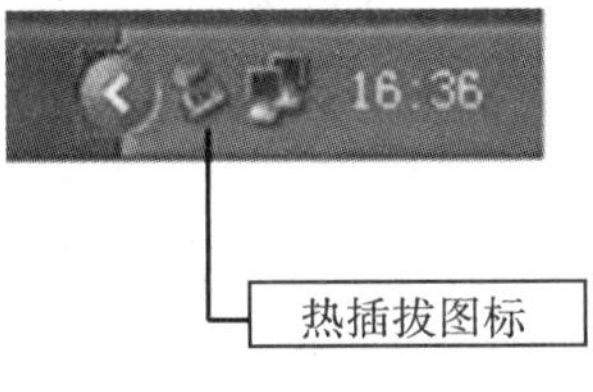

图 5-19 USB 通信

主机内存会以“可移动磁盘”的盘符出现在“我的计算机”接口下，打开“可移动磁盘”可以看到主机内存中的数据文件。

(三)华测 X10 无线下载

1. 登录网页

第一步：打开接收机 Wi-Fi，用电脑或者其他带 Wi-Fi 功能的设备搜索接收机；默认名称为接收机“SN 号”，默认连接密码为“12345678”。

第二步：打开 IE 浏览器，在地址栏输入远程地址 192.168.1.1，按回车键进入登录界面，默认用户名为“admin”，默认密码为“password”。

2. 数据记录

点击网页左侧“数据记录”一栏可以查看“记录设置”“FTP 推送设置”“FTP 推送记录”“数据下载”。

“数据下载”可通过 FTP 的方式访问 X10 的内部存储器，X10 所有线程存储的静态数据均在其 repo 文件夹下，用户可通过下载的方式获得数据。初始用户名、密码均为 ftp，用户名、密码也可在“网络服务”—“FTP 服务”中进行修改。

3. ftp 模式下载

接收机通过 Wi-Fi 连上电脑，打开“计算机”或“我的电脑”，在地址栏中输入 ftp：//192.168.1.1，登录名：ftp，密码：ftp，进入找到对应数据复制出来即可。见图 5-20、图 5-21。

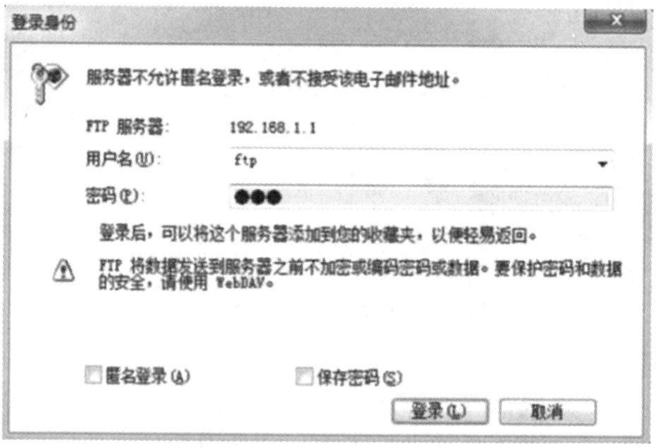

图 5-20　登录服务器

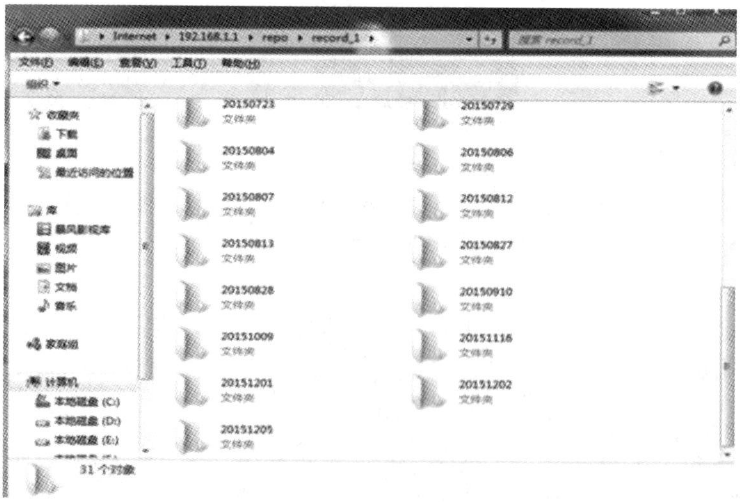

图 5-21　文件位置

任务 5.4 静态数据处理

数据处理的流程是数据下载、数据预处理、基线向量解算、网平差、高程计算、成果输出。本任务将介绍 GNSS 静态控制测量数据处理的流程。

一、静态数据处理软件

《全球导航卫星系统(GNSS)测量规范》中提出 A、B 级 GNSS 网基线数据处理应采用高精度数据处理专用软件，如表 5-17 所示。C、D、E 级 GNSS 基线解算可采用随接收机配备的商用数据处理软件。数据处理软件应由有关部门的试验鉴定并经业务部门批准方能使用。

《卫星定位城市测量技术规程》(CJJ/T 73—2010)中规定城市二等 GNSS 网基线解算和平差应采用高精度软件，其他等级控制网可采用商用软件。城市二等 GNSS 网基线解算应采用卫星精密星历解算，其他等级控制网可采用卫星广播星历解算基线。当使用不同型号的接收机共同作业时，应将观测数据转换成标准格式后，再进行统一的基线解算。

表 5-17 **GNSS 数据处理软件**

软件分类	开发单位	软件名
高精度软件	美国麻省理工学院(MIT)和 SCRIPPS 海洋研究所(SIO)	GAMIT/GLOBK 软件
	美国喷气动力实验室(JPL)	GIPSY 软件
	瑞士伯尔尼大学	Bernese 软件
商业软件	天宝(Trimble)导航公司	GPSurvey、Trimble Geomatics Office (TGO)、Trimble Total Control(TTC)
	徕卡(Leica)仪器有限公司	Static Kinematic Post Processing Software (SKI)、Leica Geo Office(LGO)
	索佳(SOKKIA)	Spectrum Survey 后处理软件
	拓普康(Topcon)	拓普康 GNSS 静态测量 Pinnacle 软件
	Novatel 公司	静态/动态基线处理软件 Waypoint GrafNav 和静态基线解算与网平差软件 Waypoint GrafNet
	南方测绘	南方 GNSS 数据处理软件
	广州中海达卫星导航技术股份有限公司	中海达 HD2003 数据后处理软件
	上海华测导航技术有限公司	华测 GNSS 后处理软件 CGOffice
	武汉大学	科傻 GPS 数据处理软件(COSAGPS)

二、数据预处理

GNSS 数据的预处理，其主要目的是对原始观测数据进行编辑、加工与整理，剔除无效、无用数据，分流出各种专用的信息文件，为下一步的平差计算做准备。预处理所采用的数学模型、评价数据质量的标准和方法的优劣，对以后的平差计算结果的精度都将产生重要影响，因而是提高 GNSS 定位作业效率和精度的重要环节。预处理工作的主要内容有：

(一)数据传输及数据分流

将 GNSS 接收机内存中记录的观测数据用专用的电缆连接到计算机(或者无线传输)，并传输到计算机内。在数据传输的同时，将各类观测数据放入不同的文件，将各类数据分类整理，剔除无效的信息和观测值。

(二)统一数据文件格式

将不同接收机的数据记录格式、采样间隔等，统一为彼此兼容的标准化的 RINEX 文件格式，以便统一处理。若是采用同一种型号的接收机，并用该接收机厂商开发的数据处理软件，无须此步骤。

(三)卫星轨道的标准化

为了统一不同来源卫星轨道信息的表达方式和平滑 GNSS 卫星每小时发送的轨道参数，一般须采用多项式拟合法，使观测时段的卫星轨道标准化，以简化计算工作，提高定位精度。

(四)探测周跳、修复载波相位观测值

在跟踪卫星的过程中，可能由于卫星信号被障碍物遮挡，或者受到无线电信号干扰等影响，引起卫星跟踪的暂时中断，使计数器无法连续计数，出现信号失锁，使相位的整周计数发生跳变，这种现象叫作周跳。

发生周跳后，整周计数可以从中断处继续向后计数，也可以归零后重新计数，或者从一个任意整周数重新开始计数，它们取决于接收机的类型及产生周跳的具体情况。

所谓周跳的探测就是利用观测的信息来发现周跳。在探测出周跳后，利用观测信息来估计丢失的周数Δ，从而修正周跳后的载波相位观测值，称为周跳的修复。在探测出周跳之后，也可将 $N_0+\Delta$ 视为周跳后的整周模糊度而利用平差的原理求解出这个未知参数，这是一个整周模糊度的求解问题。

静态定位中，由于接收机静止不动，周跳的探测与修复问题已得到了很好的解决。在动态环境下，由于动态接收机在不断地运动，周跳的探测与修复比静态定位要困难得多。由于 GNSS 信号接收机能提供多种观测信息，利用这些观测信息本身的相互关系(无须轨道信息)，可以对周跳进行探测和修复，目前主要有下列方法：

(1)根据有周跳现象发生将会破坏载波相位测量的观测值随时间而有规律变化的特性来探测周跳(高次差或多项式拟合法)；

(2)利用载波相位及其变化率的多项式拟合来探测、修复周跳(多项式拟合法);
(3)利用伪距和载波相位观测值组合来探测、修复周跳(伪距/载波组合法);
(4)利用双频载波相位组合观测值探测、修复周跳(电离层残差法)。

(五)对观测值进行电离层、对流层等各种模型改正

是否改正取决于数据处理软件是否有此功能。

三、基线解算

在基线解算过程中，通过对多台接收机的同步观测数据进行复杂的平差计算，得到基线向量及其相应的方差-协方差矩阵。解算中，要顾及周跳引起的数据剔除、观测数据粗差的发现和剔除、星座变化引起的整周未知数的增加等问题。基线解算的结果除了用于后续的网平差之外，还被用于检验和评估外业观测数据质量，它提供了点与点之间的相对位置关系，可确定网的形状和定向，而要确定网的位置基准，则需要引入外部起算数据。

(一)基线向量解算的流程

基线向量解算的基本数学模型有非差载波相位模型、单差载波相位模型、双差载波相位模型、三差载波相位模型四种。在平差计算求解测站之间的基线向量时，一般选取双差载波相位模型，即以双差观测值或其线性组合作为平差解算时的观测量，以测站间的基线向量坐标 $\boldsymbol{b}_i=[\Delta X_i \quad \Delta Y_i \quad \Delta Z_i]^{\mathrm{T}}$ 为主要未知量，建立误差方程，用方程求解基线向量。其平差方式类似于间接平差法。由于平差过程复杂，这里略去。图 5-22 为基线向量的解算流程。

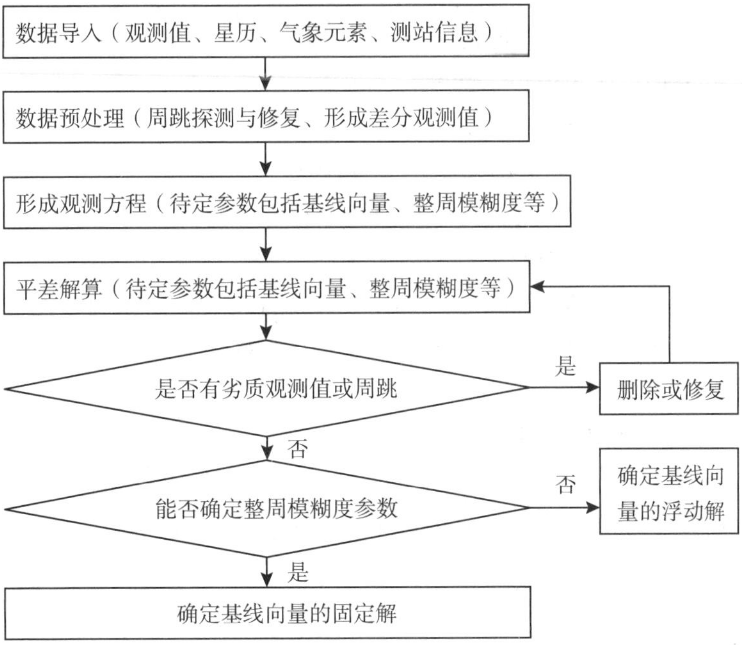

图 5-22　基线向量的解算流程

(二)基线向量解算的质量控制

基线解算是 GNSS 静态相对定位数据后处理过程中的重要环节，其解算结果是 GNSS 基线向量网平差的基础数据，其质量好坏直接影响到 GNSS 静态相对定位测量的成果和精度。

基线解算质量控制的方法主要涉及以下几个指标：

1. 观测值残差的均方根 RMS

$$RMS = \frac{\boldsymbol{V}^{T}\boldsymbol{V}}{n} \tag{5-11}$$

RMS 表明了观测值与参数估值间的符合程度，观测质量越好，RMS 就越小；反之，观测值质量越差，RMS 则越大，它不受观测条件(观测期间卫星分布图形)好坏的影响。

2. 数据删除率

在基线解算时，如果观测值的改正数大于某一个阈值，则认为该观测值含有粗差，需要将其删除。被删除观测值的数量与观测值的总数的比值，就是数据删除率。

数据删除率从某一方面反映了 GNSS 原始观测值的质量。数据删除率越高，说明观测值的质量越差。一般 GNSS 测量技术规范规定，同一时段观测值的数据删除率应小于 10%。

3. 比率 RATIO

$$RATIO = \frac{RMS_{次最小}}{RMS_{最小}} \tag{5-12}$$

由公式(5-12)可看出：该值大于或等于 1，反映了所确定整周未知数的可靠性，值越大，可靠性越高。它既与观测值的质量有关，也与观测条件的好坏有关，通常观测时卫星数量越多，分布越均匀；观测时间越长，观测条件也越好。

4. 相对几何强度因子 RDOP

RDOP 值指的是在基线解算时待定参数的协因数阵的迹的平方根，即

$$RDOP = \sqrt{tr(Q)} \tag{5-13}$$

RDOP 值的大小与基线位置和卫星在空间中的几何分布及运行轨迹(即观测条件)有关，当基线位置确定后，RDOP 值就只与观测条件有关，而观测条件又是时间的函数，因此，实际上对于某条基线向量来说，其 RDOP 值的大小与观测时间段有关。

RDOP 值表明了 GNSS 卫星的状态对相对定位的影响，即取决于观测条件的好坏，它不受观测值质量好坏的影响。

5. 单位权方差因子(参考因子)$\hat{\sigma}_0$

$$\hat{\sigma}_0 = \frac{\boldsymbol{V}^{T}\boldsymbol{P}\boldsymbol{V}}{n} \tag{5-14}$$

其中，$\boldsymbol{V}$——观测值的残差；

$\boldsymbol{P}$——观测值的权；

n——观测值的总数。

单位权方差因子以 mm 为单位，该值越小，表明基线的观测值残差越小且相对集中，

观测质量也较好，可在一定程度上反映观测值质量的优劣。

6. 同步环闭合差

同步环闭合差是指同步观测基线所组成的闭合环闭合差。从理论上讲，同步观测基线间具有一定的内在联系，从而使同步环闭合差三维向量总和为 0。只要基线解算数学模型正确，数据处理无误，即使观测值质量不好，同步环闭合差也有可能非常小。所以，同步环闭合差不超限，不能说明环中所有基线质量合格，而同步环闭合差超限肯定表明闭合环中至少有 1 条基线向量有问题。

7. 异步环闭合差

异步环闭合差是指相互独立的基线组成闭合环的三维向量闭合差。异步环闭合差满足限差要求，说明组成异步环的所有基线向量质量合格；当异步环闭合差不满足限差要求时，则表明组成异步环的基线向量中至少有 1 条基线向量的质量有问题。若要确定哪些基线向量不合格，可以通过多个相邻的异步环闭合差检验或重复观测基线较差来确定。在实际作业中，将各基线同步观测时间少于观测时间的 40%所组成的闭合环按异步环处理。

8. 重复观测基线较差

重复观测基线较差指不同观测时段对同一条基线进行重复观测的观测值间的差异，当其满足限差要求时，说明基线向量解算合格；当不满足限差要求时，则说明至少有一个时段观测的基线有问题，这条基线可通过多条复测基线来判定哪个时段的基线观测值有问题。

(三)基线解算常用参数设置

1. 历元间隔

历元间隔就是在基线处理时，软件从原始观测数据中抽取数据的间隔。如 2 台接收机在静态观测时，设置 5s 采集一组数据，但在内业处理时，这么高密度的观测数据通常并不能显著提高基线精度，反而会大大增加基线处理的时间。因此，为了提高基线处理速度，可以适当增加数据处理的采样间隔。

通常，对于短边且观测时间较短时，可适当缩小采样间隔(5~30s)；而对于长边，可适当增大采样间隔(60s 或 120s)。内业数据处理历元间隔应是外业采样间隔的整数倍。

2. 卫星截止高度角

截止高度角用来限制高度比较低的卫星数据，使其不参与基线解算。大气层对高度比较低的卫星信号的影响比较复杂，难以用模型改正。另外，高度比较低的卫星信号容易受到多路径、电磁波等因素的影响，因此它们的信号质量通常也比较低，数据处理时，通常将它们剔除。

单从大气层折射的角度来看，对于短距离的观测，可以降低截止高度角，而对于长距离的观测，应该加大截止高度角，因为距离越短，大气折射影响越容易相互抵消。数据处理时，应根据卫星分布状况和测站点周围环境设置截止高度角(一般设置为 15°)。

3. 卫星星历

一般工程控制网所采用的星历都是广播星历，对于定位精度要求高或是基线较长时的数据处理，可采用精密星历。

4. 电离层改正模型

静态定位中，若观测时间大于1h，可选用计算模型，这样就可以模拟电离层的实际情况进行改正，提高基线解算精度。当观测时间较短时，可以选择标准模型。有些软件可以选择“自动”，软件会自动根据基线情况来选择改正模型。

5. 对流层改正模型

系统的缺省模型一般为霍普菲尔德模型，还可以选择其他模型或自己严密推导的专用模型。对于10km以内的短基线，标准的气象模型与实测的气象数据进行改正的差值仅为几毫米。但对于长度较长、测站高差较大或气象观测值相差较大的基线，选择实测的气象数据进行改正，比较有利于对流层的改正。一般工程控制网选用默认的霍普菲尔德改正模型即可。

6. 基线解算类型

短基线的解算结果应以双差固定解为最优，当观测期间星座变化频繁、大气抖动严重或存在未修复的周跳等因素时，可直接指定解的类型为双差浮点解，或减小解算整周未知数基线的长度。

7. 双差固定解方差比(RATIO)

RATIO值为在采用搜索算法确定整周未知数参数的整数值时，产生次最小的单位权方差与最小的单位权方差的比值。RATIO值既与观测质量有关，又与观测条件有关，其值应不小于3。

8. 粗差容忍系数

在数据处理过程中，常常要将一些不合格的数据当作粗差剔除。当观测值偏离模型值(粗差容忍系数×RMS)时，就认为这组观测值为粗差。

粗差容忍系数太大或太小都会影响观测数据剔除的标准，一般设置为3.5。

9. 最小历元数

在观测过程中，接收机必须观测到连续的载波相位，如果一段数据连续出现周跳，则这一段数据的质量一般是很差的，影响基线处理的质量，通常将其删除。在基线处理过程中，软件会将观测连续历元数不超过设置的最小历元数的数据剔除。

10. 最大历元数

最大历元数与软件在基线处理时分配的内存有关，一般采用默认值。

11. 卫星的选择

基线处理时，观测时间短、周跳太多、多路径效应严重等导致某些卫星数据质量差，可以将这些卫星屏蔽，不参与基线解算。

12. 无效历元的剔除

在某些情况下，如卫星的健康情况恶劣、测站环境不理想、受电磁波干扰等会导致某些卫星数据信号经常失锁，又或者低仰角的卫星有时信号强度太弱、信噪比较低而导致信号失锁，以及信号在传输路径上受到较大的大气折射影响而导致整周模糊度搜索失败，对于经常失锁的卫星或者历元段过短的星历，需剔除。

(四)影响GNSS基线解算结果因素的判别与对策

GNSS在基线解算时往往不是解算一次就成功的，为了使基线解算成功，得到高质量的解算结果，需要判断影响基线解算结果的因素并采取相应的应对措施。

影响 GNSS 基线解算质量的因素较多且复杂，例如卫星的周跳、星历误差、对流层及电离层影响、多路径误差、无线电干扰、不明因素影响以及起算点误差过大等。这些因素都会对基线解算结果产生影响。准确判断影响 GNSS 基线解算结果的因素，并采取相应的措施能够提高基线解算结果的质量。

1. GNSS 基线解算结果因素的判别

1）起点坐标不准的判别

对附加人为误差重新计算，考察其差异；选取不同的基线起点，用该点的伪距定位结果计算基线，比较互差。起点坐标不准的判别较困难，在实际工作中最好提高起点坐标的准确度。

2）个别卫星观测时间短的判别

个别卫星观测时间短的判别非常容易，只要查看观测数据的记录文件对每颗卫星的观测数据的数量，或者查看一下卫星的可见性图就一目了然。

3）周跳太多的判别

对于卫星观测值中某些时段周跳太多的情况，通过分析，若 RATIO 值较小，PDOP 值、RDOP 值也较小，说明可能存在周跳；从基线解算后所获得的观测值残差来分析，当在某测站对某卫星的观测值含有未修复的周跳时，与此相关的所有双差观测值的残差都会出现整倍数的增大。

4）多路径效应严重的判别

考察周围条件，如测站周围是否有高建筑物或山坡、是否有大面积水域（海边、湖岸和江岸等），通过观测值的残差来分析，L1 波段双差解残差普遍较大，L2 波段半周跳很多。

5）对流层和电离层受折射影响的判别

同一基线重复观测，高差闭合差和异步环闭合差较大；双差观测值的残差明显大于正常观测值的残差。

2. 影响基线解算结果的应对措施

1）基线起点坐标不准确的应对方法

要解决基线起点坐标不准确的问题，可以在基线解算时使用坐标准确度较高的点作为基线解算的起点，较为准确的起点坐标可以通过较长时间的单点定位或通过与 WGS-84 坐标较准确的点联测得到；也可以在进行整网的基线解算时，采用所有基线起点的坐标均由一个点坐标衍生而来，使得基线结果均具有某一系统偏差，然后在 GNSS 网平差处理时，引入系统参数的方法加以解决。

2）卫星观测时间短的应对方法

卫星整周模糊度难以确定的影响。由于个别或少数卫星观测时间太短，而导致这些卫星的整周模糊度难以准确确定。对于参与解算的卫星，其整周模糊度不能确定，必将给这一组同步观测的基线解算带来影响。卫星观测时间过短，是非常容易识别的，因观测时间短，观测记录的数据量就会小。解算基线时观察卫星相位跟踪图，能直观地看到观测到的各颗卫星的出没时间。当基线无固定解时，在基线报告中可以看到各颗卫星的整周模糊度及其误差。若某颗卫星的观测时间太短，则可以删除该卫星的观测数据，不让它们参加基线解算，这样可以保证基线解算结果的质量。

3)周跳太多的应对方法

若多颗卫星在相同的时间段内经常发生周跳，则可采用删除周跳严重时间段的方法，来尝试改善基线解算结果的质量；若只是个别卫星经常发生周跳，则可采用删除经常发生周跳卫星观测值的方法，来尝试改善基线解算结果的质量。

4)多路径效应严重

由于多路径效应往往造成观测值残差较大，因此可以通过缩小编辑因子的方法来剔除残差较大的观测值；另外，也可以采用删除多路径效应严重的时间段或卫星的方法。

5)对流层或电离层折射影响过大的应对方法

对于对流层或电离层折射影响过大的问题，可以采用下列方法：

提高截止高度角，剔除易受对流层或电离层影响的低高度角观测数据。但这种方法具有一定的盲目性，因为高度角低的信号，不一定受对流层或电离层的影响就大。

分别采用模型对对流层和电离层的延迟进行改正。

如果GPS观测值是双频观测值，那么可以使用无电离层(Iono-free)观测值来进行基线解算。采用Iono-free观测值进行基线解算可以消除电离层折射的影响，但是Iono-free观测值的噪声比L1载波相位观测值的噪声要大。

四、网平差

在网平差阶段，将基线解算所确定的基线向量作为观测值，将基线向量的验后方差-协方差阵作为确定观测值的权阵，同时，引入适当的起算数据，进行整网平差，确定网中各点的坐标。

在实际应用中，往往还需要将WGS-84坐标系统中的平差结果按用户需要进行坐标系统的转换，或者与地面网进行联合平差，确定GNSS网与经典地面网的转换参数，改善已有的经典地面网。

(一)GNSS网平差的目的

在GNSS网的数据处理过程中，基线解算所得的基线向量仅能确定GNSS网的几何形状，无法提供最终网中各点的绝对坐标所需的绝对坐标基准。在GNSS网平差中，通过起算点坐标可以达到进入绝对基准的目的。不过这不是GNSS网平差的唯一目的，总结起来GNSS网平差的目的主要有3个：

(1)消除由观测值和已知条件中所存在的误差而引起的GNSS网在几何条件上的不一致。例如闭合环的闭合差不为零、复测基线较差不为零、由基线向量形成的附合导线闭合差不为零等。通过网平差可以消除这些不符值。

(2)改善GNSS网的质量，评定GNSS网的精度。通过网平差，我们可以获得一系列能用于评估GNSS网精度的指标，如观测值改正数、观测值验后方差、观测值单位权方差、相邻点距离中误差、点位中误差等。结合这些精度指标，还可以设法确定出可能存在的粗差或者质量不佳的观测值，并对其进行相应的处理，从而达到改善网的质量的目的。

(3)确定GNSS网中点在指标参考系下的坐标以及其他所需参数的估值。在网平差过程中，通过引入起算数据(如已知点、已知边长、已知方向等)，可最终确定出点在指定参考系下的坐标及其他一些参数(如基准转换参数等)。

(二)GNSS 网平差的类型

根据 GNSS 网平差时所采用的观测量和已知条件的类型、数量，通常 GNSS 网平差分三维无约束平差、三维约束平差和三维联合平差三种模型。

1. 三维无约束平差

GNSS 网的三维无约束平差是在 WGS-84 三维空间直角坐标系下进行的，指的是在平差时不引入会造成 GNSS 网产生由非观测量所引起的变形的外部起算数据。常见的 GNSS 网的无约束平差，一般是在平差时没有起算数据或没有多余的起算数据。

2. 三维约束平差

约束平差所采用的观测量也完全是 GNSS 基线向量，但与无约束平差不同的是平差中引入了国家大地坐标系或者地方坐标系的某些点的固定坐标、固定边长及固定方位为网的基准，将其作为平差中的约束条件，并在平差计算中考虑 GNSS 网与地面网之间的转换参数。

3. 三维联合平差

GNSS 网的联合平差一般是在某一个地方坐标系下进行的，平差所采用的观测量除了 GNSS 基线向量外，有可能还引入了常规的地面观测值，这些常规的地面观测值包括边长观测值、角度观测值、方向观测值等；平差所采用的起算数据一般为地面点的三维大地坐标，除此之外，有时还加入了已知边长和已知方位等作为起算数据。工程中通常采用联合平差。

(三)GNSS 网平差流程

在 GNSS 网平差中，通过起算点坐标可以达到引入绝对基准的目的。在 GNSS 控制网的平差中，是以基线向量及协方差为基本观测量的。通常采用三维无约束平差、三维约束平差及三维联合平差三种平差模型。各类型的平差具有各自不同的功能，必须分阶段采用不同类型的网平差方法。GNSS 网平差的流程如图 5-23 所示。

五、GNSS 高程计算

传统的地面观测技术确定地面点的位置时，因为平面位置和高程所采用的基准面不同，以及确定平面位置和高程的技术手段不同，所以平面位置和高程往往分开独立确定。GNSS 虽然可以精确测到点的三维坐标，但是其所确定的高程却是基于 WGS-84 椭球的大地高程，并非实际应用中采用的正常高程系统(见项目 3 任务 3.2“高程系统转换”)。因此，应找出 GNSS 点的大地高程同正常高程的关系，并采用一定的模型进行转换。

采用 GNSS 测定正高或正常高，称为 GNSS 水准。通常，通过 GNSS 测出的是大地高，要确定点的正高或正常高，需要进行高程系统转换，即需确定大地水准面差距或高程异

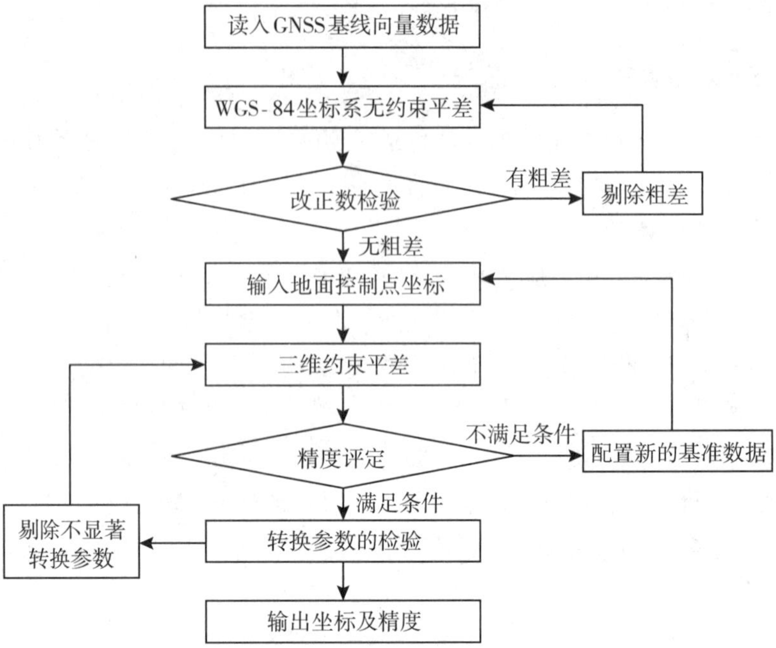

图 5-23　GNSS 网平差流程

常。由此可以看出，GNSS 水准实际上包括两方面内容：一方面是采用 GNSS 方法确定大地高，另一方面是采用其他技术方法确定大地水准面差距或高程异常。如果大地水准面差距已知，就能够进行大地高与正高间的相互转换，但当其未知时，则需要设法确定大地水准面差距的数值。确定大地水准面差距的基本方法有天文大地法、大地水准面模型法、重力测量法、几何内插法及残差模型法等方法。下面以几何内插法为例，介绍高程拟合的方法。

几何内插法的基本原理是，利用既进行了 GNSS 观测，又进行了水准测量的公共点获得相应的大地水准面差距，采用平面或曲面拟合、配置、三次样条等内插方法，拟合出测区大地水准面，得到待定点的大地水准面差距，进而求出待求点的正高。

若在公共点上分别利用 GNSS 和水准测量测得了大地高和正高，利用式(5-15)可得其大地水准面差距，即

$$N = H - H_g \tag{5-15}$$

设大地水准面差距与点的坐标存在以下关系：

$$N = a_0 + a_1 \mathrm{d}B + a_2 \mathrm{d}L + a_3 \mathrm{d}B^2 + a_4 \mathrm{d}L^2 + a_5 \mathrm{d}B\mathrm{d}L \tag{5-16}$$

式中，$\mathrm{d}B = B - B_0$，$\mathrm{d}L = L - L_0$，$B_0 = \frac{1}{n}\sum B$，$L_0 = \frac{1}{n}\sum L$，n 为进行了 GNSS 观测的点数。

若存在 m 个这样的公共点，则有

$$\boldsymbol{V} = \boldsymbol{AX} + L \tag{5-17}$$

式中

$$
\boldsymbol{A}=\begin{bmatrix}
1 & \mathrm{d}B_1 & \mathrm{d}L_1 & \mathrm{d}B_1^2 & \mathrm{d}L_1^2 & \mathrm{d}B_1\mathrm{d}L_1 \\
1 & \mathrm{d}B_2 & \mathrm{d}L_2 & \mathrm{d}B_2^2 & \mathrm{d}L_2^2 & \mathrm{d}B_2\mathrm{d}L_2 \\
 & & & \cdots & & \\
1 & \mathrm{d}B_m & \mathrm{d}L_m & \mathrm{d}B_m^2 & \mathrm{d}L_m^2 & \mathrm{d}B_m\mathrm{d}L_m
\end{bmatrix}
$$

$$\boldsymbol{X}=[a_0 \quad a_1 \quad a_2 \quad a_3 \quad a_4 \quad a_5]^{\mathrm{T}}$$

$$\boldsymbol{V}=[N_1 \quad N_2 \quad \cdots \quad N_m]$$

通过最小二乘法可求解出多项式系数

$$\boldsymbol{X}=-(\boldsymbol{A}^{\mathrm{T}}\boldsymbol{PA})^{-1}(\boldsymbol{A}^{\mathrm{T}}\boldsymbol{PL}) \tag{5-18}$$

式中，权阵 $\boldsymbol{P}$ 根据大地高和正高的精度来确定。

可见，采用二次多项式来拟合大地水准面差距，至少需要 6 个公共点才能求出多项式系数。解出系数后，可按式(5-16)来内插确定出待定点的大地水准面差距，从而求出正高。求出 GNSS 水准，可替代传统三、四等水准测量，大大提高了作业效率。

为了提高拟合的精度，须注意以下问题：

(1)测区中联测的几何水准点的点数，视测区的大小和(似)大地水准面的变化情况而定，但联测的几何水准点的点数不能少于待定点的个数。

(2)联测的几何水准点的点位，应均匀布设于测区，并能包围整个测区。

(3)对含有不同趋势地区的地形，在地形突变处的 GNSS 点，要联测几何水准，大的测区还可采取分区计算的方法。

六、案例：数据处理软件作业流程

虽然 GNSS 数据处理的商业软件众多，但是数据处理步骤相似，下面将以上海华测导航公司的 GNSS 后处理软件 CHC Geomatics Office 2 为例，以××市××乡E级GNSS网解算过程说明GNSS数据处理的全过程。

CHC Geomatics Office 2 教程

(一)新建项目

启动 CHC Geomatics Office 2，选择主菜单“开始”→“新建项目”创建新项目，如图 5-24 所示，弹出“新建项目”对话框，在“名称”中输入项目名称；同时单击按钮 ...，设置项目文件的存放路径，然后点击“确认”按钮。

之后，将弹出“项目属性”对话框，如图 5-25 所示，这里可以进行项目坐标系统、投影方式、中央子午线、时间系统等的设置，也可以修改单位格式，选择保留几位小数、配置控制网等级等；用户还可以套用模板，使用其他项目的工程坐标系、工程精度、工程单位等。

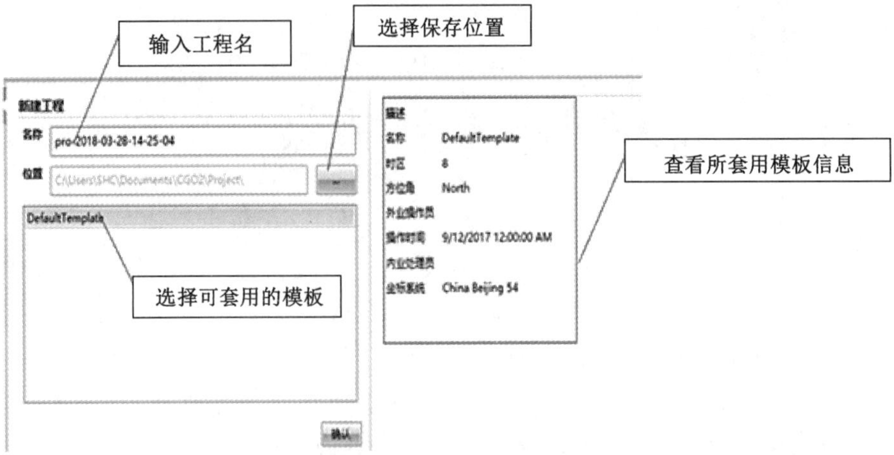

图 5-24 新建项目

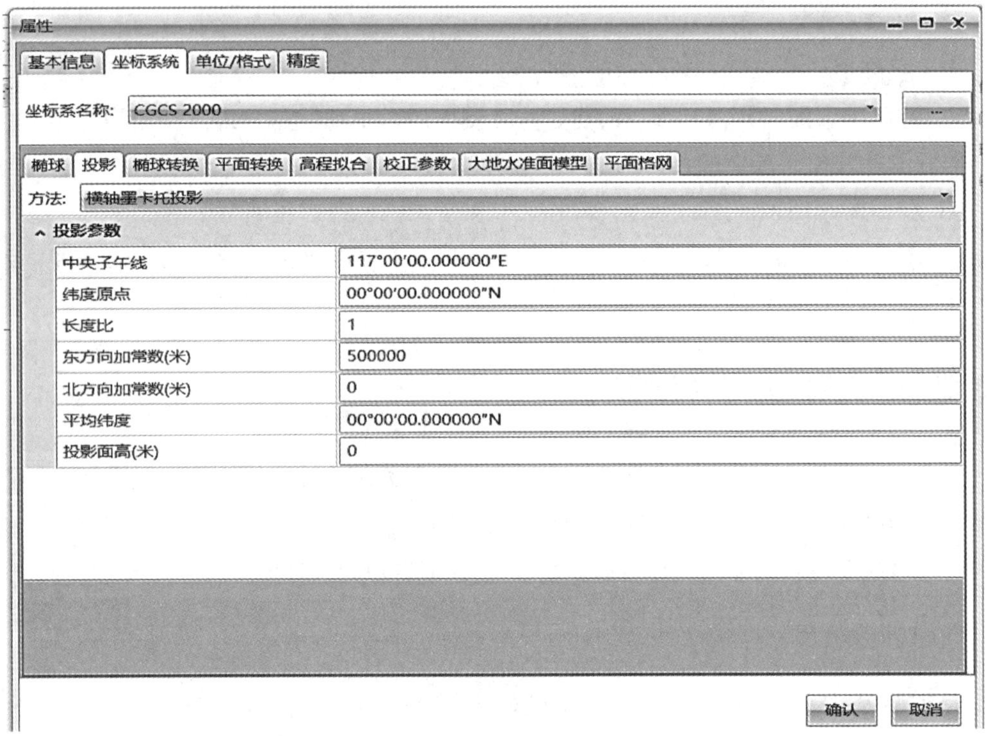

图 5-25 项目属性

(二) 数据导入

项目创建完成后，需要加载 GNSS 观测数据文件。如图 5-26 所示，点击“GNSS”→“导入”按钮。

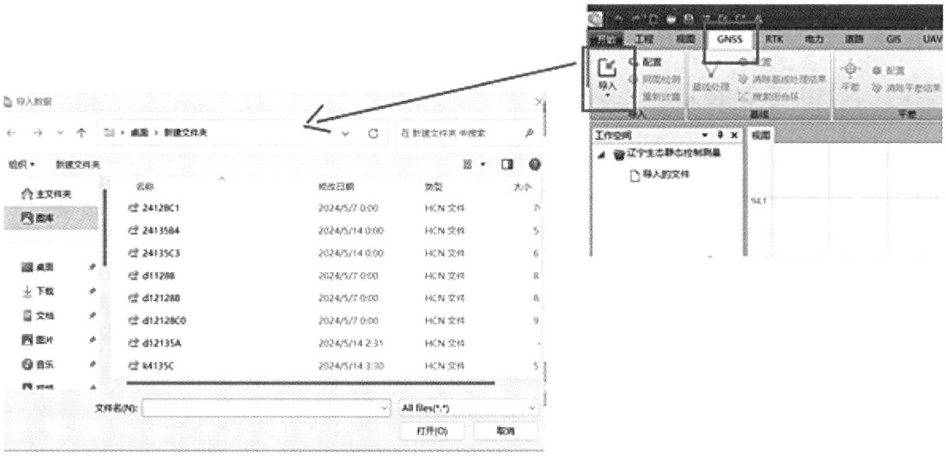

图 5-26 导入数据

弹出数据导入的对话框，选择要导入的数据所在路径、数据类型，也可以通过左侧导航栏“导入”模块→“HCN 文件”/“RINEX 文件”/“其他文件”进行数据导入。根据工程的数据文件类型，选择相应的数据类型，华测默认数据格式的扩展名为 HCN 格式，精密星历文件也可在此导入。本案例使用的是 RINEX 数据。

数据导入完毕后，弹出检查数据对话框，如图 5-27 所示。

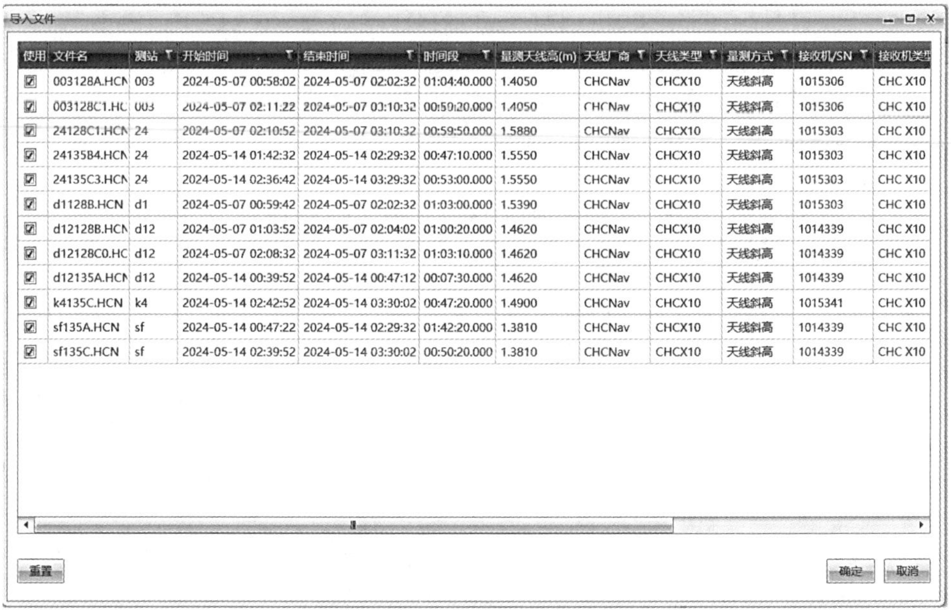

使用	文件名	测站	开始时间	结束时间	时间段	量测天线高(m)	天线厂商	天线类型	量测方式	接收机/SN	接收机类
☑	003128A.HC	003	2024-05-07 00:58:02	2024-05-07 02:02:32	01:04:40.000	1.4050	CHCNav	CHCX10	天线斜高	1015306	CHC X10
☑	003128C1.HC	003	2024-05-07 02:11:22	2024-05-07 03:10:32	00:59:20.000	1.4050	CHCNav	CHCX10	天线斜高	1015306	CHC X10
☑	24128C1.HC	24	2024-05-07 02:10:52	2024-05-07 03:10:32	00:59:50.000	1.5880	CHCNav	CHCX10	天线斜高	1015303	CHC X10
☑	24135B4.HC	24	2024-05-14 01:42:32	2024-05-14 02:29:32	00:47:10.000	1.5550	CHCNav	CHCX10	天线斜高	1015303	CHC X10
☑	24135C3.HC	24	2024-05-14 02:36:42	2024-05-14 03:29:32	00:53:00.000	1.5550	CHCNav	CHCX10	天线斜高	1015303	CHC X10
☑	d1128B.HCN	d1	2024-05-07 00:59:42	2024-05-07 02:02:32	01:03:00.000	1.5390	CHCNav	CHCX10	天线斜高	1015303	CHC X10
☑	d12128B.HC	d12	2024-05-07 01:03:52	2024-05-07 02:04:02	01:00:20.000	1.4620	CHCNav	CHCX10	天线斜高	1014339	CHC X10
☑	d12128C0.HC	d12	2024-05-07 02:08:32	2024-05-07 03:11:32	01:03:10.000	1.4620	CHCNav	CHCX10	天线斜高	1014339	CHC X10
☑	d12135A.HC	d12	2024-05-14 00:39:52	2024-05-14 00:47:12	00:07:30.000	1.4620	CHCNav	CHCX10	天线斜高	1014339	CHC X10
☑	k4135C.HCN	k4	2024-05-14 02:42:52	2024-05-14 03:30:02	00:47:20.000	1.4900	CHCNav	CHCX10	天线斜高	1015341	CHC X10
☑	sf135A.HCN	sf	2024-05-14 00:47:22	2024-05-14 02:29:32	01:42:20.000	1.3810	CHCNav	CHCX10	天线斜高	1014339	CHC X10
☑	sf135C.HCN	sf	2024-05-14 02:39:52	2024-05-14 03:30:02	00:50:20.000	1.3810	CHCNav	CHCX10	天线斜高	1014339	CHC X10

图 5-27 原始数据检查

通过数据检查框，可以对“测站 ID”（即点名）、“量测天线高”、“天线类型”、“测量方法”进行设置，也可以通过勾选框设置观测文件是否使用。导入数据文件后，系统将自动形成网图、观测文件列表、基线(重复基线，基线残差)列表、测站列表、闭合环列表等页面信息。如图 5-28 所示。

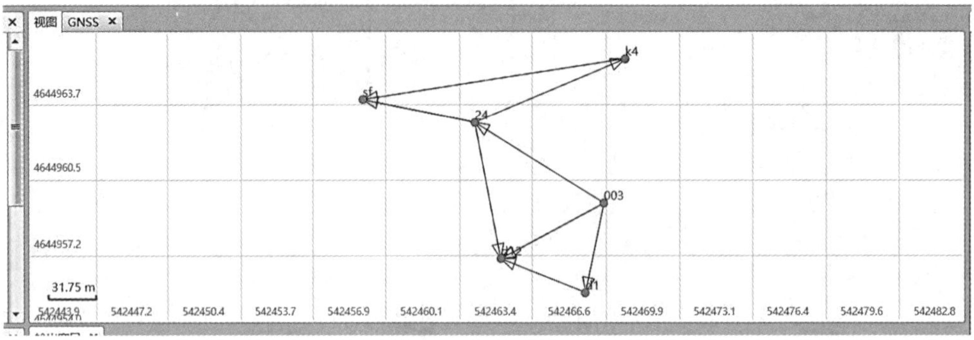

图 5-28　网图

在导入文件后，用户还可以通过测站文件列表对观测文件的测站名(点名)、量测天线高、天线类型、测量方法等进行修改。如图 5-29 所示。

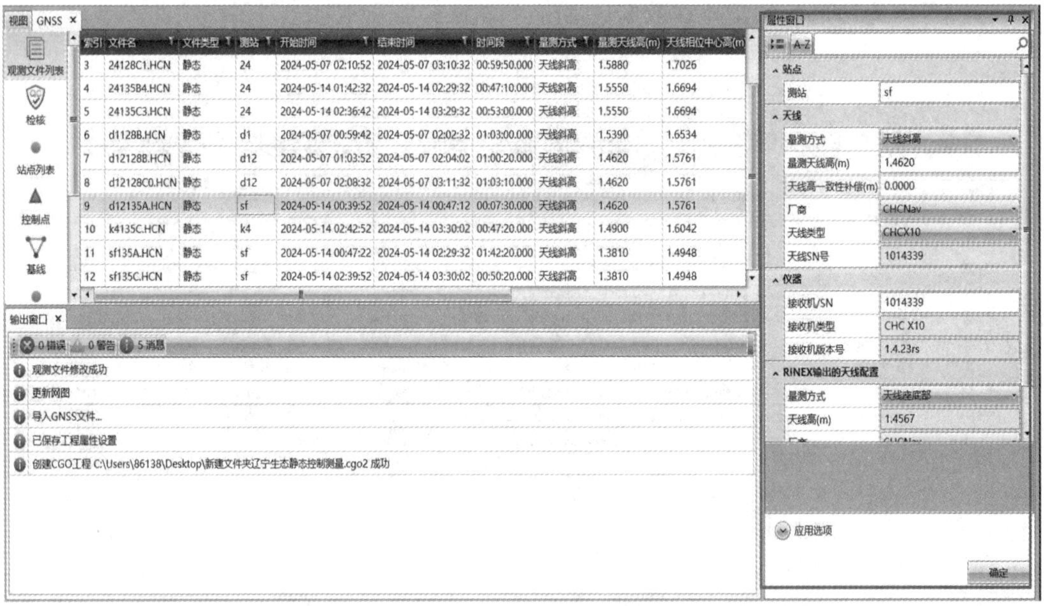

图 5-29　观测文件属性修改

(三)处理基线

单击基线处理模块中的“配置”按钮，可以修改基线处理配置，包括设置截止高度角、采样间隔、精度控制、大气模型改正等，如图 5-30 所示。再点击“基线处理”按钮，即可解算所有的基线向量。

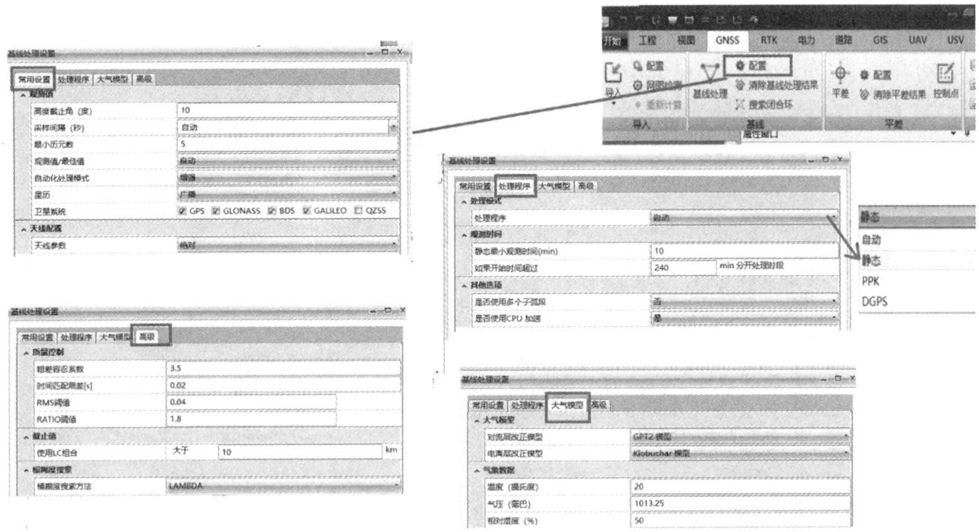

图 5-30 基线解算配置

计算结束后，在基线列表中，可以看到基线解算处理的结果，如图 5-31 所示。

索引	基线ID	基线类型	起点	终点	解算类型	利用率(9	同步时间	Ratic	RMS(m)	合格	Dx(m
1	B01(00312	静态	003	24	L1固定解	100	00:59:10.000	6.4	0.0150	合格	88.07
2	B02(00312	静态	003	d1	L1固定解	100	01:02:50.000	18.6	0.0125	合格	-8.81
3	B03(00312	静态	003	d12	L1固定解	98.02	00:58:40.000	13.6	0.0137	合格	42.17
4	B04(d1128	静态	d1	d12	L1固定解	98.02	00:58:40.000	58.1	0.0064	合格	50.99
5	B05(00312	静态	003	d12	L1固定解	100	00:59:10.000	11.7	0.0125	合格	42.17
6	B06(24128	静态	24	d12	L1固定解	100	00:59:40.000	9.5	0.0151	合格	-45.9
7	B07(24135	静态	24	k4	L1固定解	100	00:46:40.000	54.7	0.0098	合格	-65.5
8	B08(24135	静态	24	sf	L1固定解	100	00:47:00.000	24.5	0.0095	合格	65.50
9	B09(24135	静态	24	sf	L1固定解	100	00:49:40.000	33.7	0.0090	合格	65.50
10	B10(k4135	静态	k4	sf	L1固定解	100	00:47:10.000	99.0	0.0075	合格	131.0

图 5-31 基线列表

如果解算之后，对解算结果不满意，例如显示不合格、Ratio 值过小、RMS 值过大等，可以对解算较差的基线进行手动配置，重新解算，如图 5-32 所示，选中需要重新解算的基线，在右键菜单中点击“残差序列图”，在残差序列图中，首先选中要查看的卫星，对不好的卫星时段进行编辑；整段卫星数据不好的可以禁用此卫星数据；最后重新解算，使基线解算数据达到要求。如图 5-33 所示。说明：如果基线处理不合格，应反复比对残差序列图对基线时序图、基线设置进行调整，如果经过编辑该基线始终不合格，可以“禁用基线”。

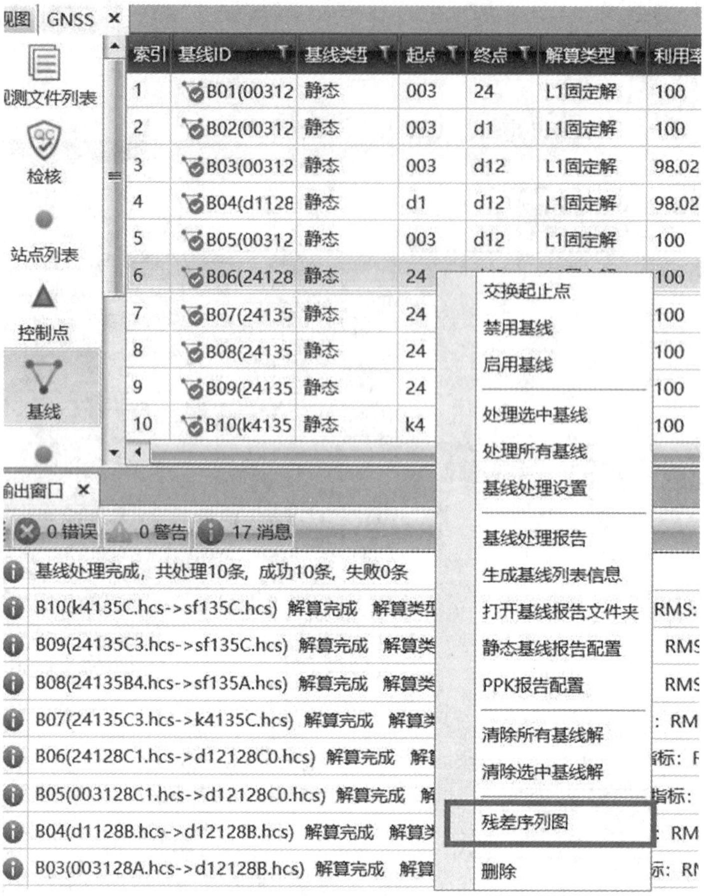

图 5-32　打开残差序列图

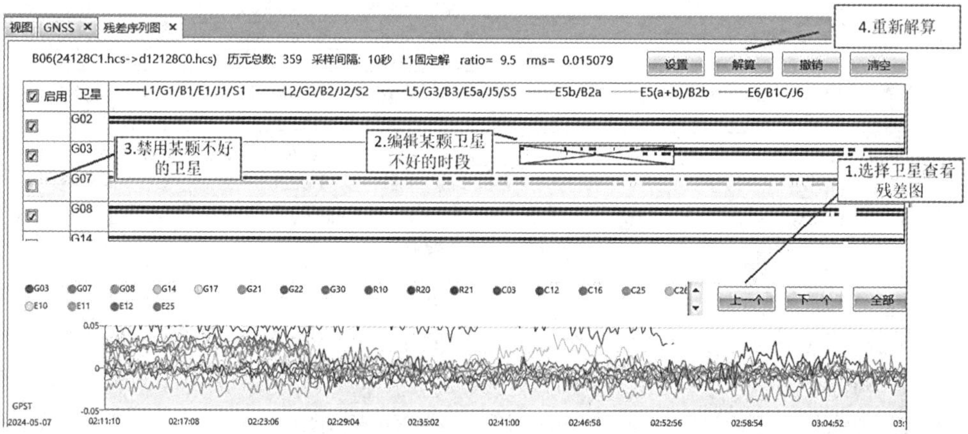

图 5-33　重新解算某条基线

基线处理完成后，需要对基线处理成果进行检核。可以通过查看重复基线、闭合环等，检查数据质量及解算情况。

(四)平差前的设置

1. 检查坐标系统设置

在开始平差之前，应检查工程的坐标系统设定是否符合该工程成果要求，以确保坐标系统的选择是正确的，如图 5-34 所示。

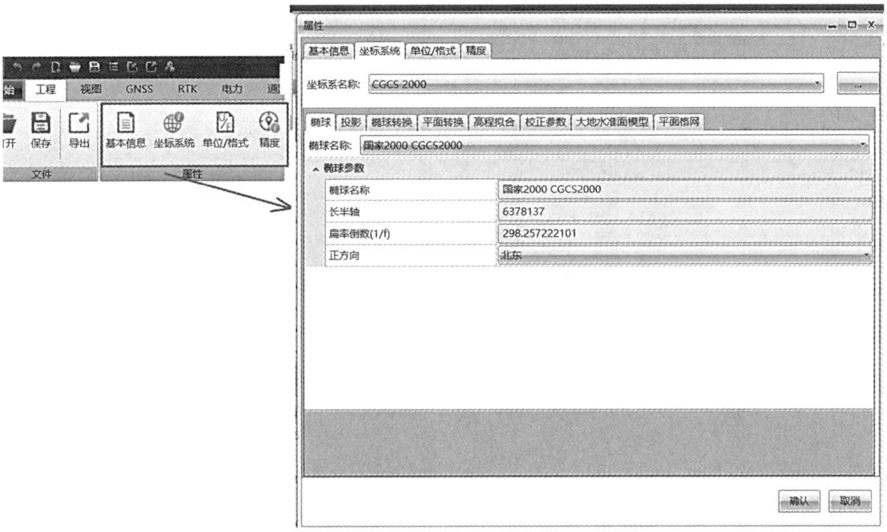

图 5-34　坐标系统的设置

2. 确定已知点

在“站点列表”中，可以看到所有测站的信息，将控制点选中，单击鼠标右键“转为控制点”，如图 5-35 所示。

图 5-35　控制点转换

3. 设置约束条件

在“控制点”列表中，可以看到控制点的坐标情况，也可以在“控制点”列表界面的空白处，右键点击“新建控制点”，一般控制点的坐标为地方坐标，在“约束”中选择已知点的约束情况，例如已知地方坐标 x、y、水准高程 h，则选择 NEh，如果已知地方坐标 x、y，则选择 NE，如图 5-36 所示。

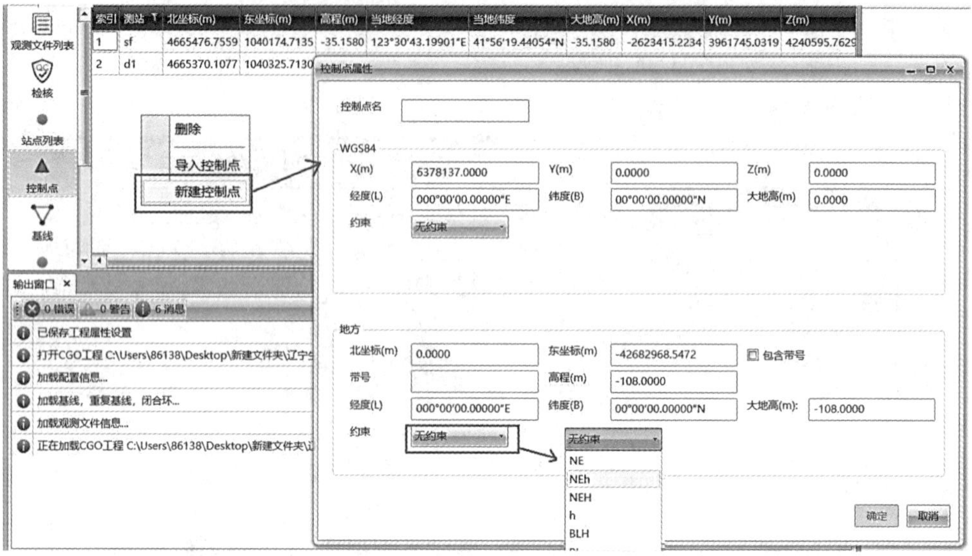

图 5-36　控制点的设置

4. 平差计算

单击主菜单“平差”界面。根据已知条件选择平差类型。全自动平差是根据控制点个数和约束条件进行自动平差的。自由网平差在无控制点时适用；三维约束平差在至少有

图 5-37　网平差的选择

WGS-84 坐标时适用；二维约束平差在至少有 1 个地方坐标时适用。在进行高程拟合时固定差改正法需要 1 个已知高程点；平面拟合法需要 3 个已知高程点；二次曲面拟合则需要 5 个已知高程点；TGO 算法根据已知点个数在中心拟合出一个相对准确的远点，再以此为基准，模拟高差常数、北斜坡、东斜坡、原点北、原点东 5 个参数，在控制点个数大于 3~5 个时适用。本案例有三个已知地方坐标点，选择二维约束平差+高程拟合(TGO)。

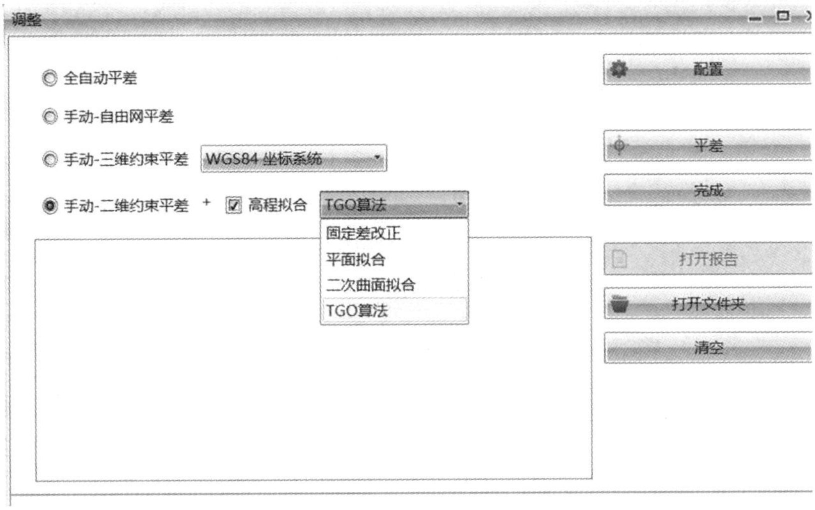

图 5-38　高程拟合的选择

本案例中，可以在平差后，选中“二维约束平差报告”，点击“打开报告”，查看平差报告。在报告中可以查看各 GNSS 点的坐标、精度等信息，如图 5-39 所示。

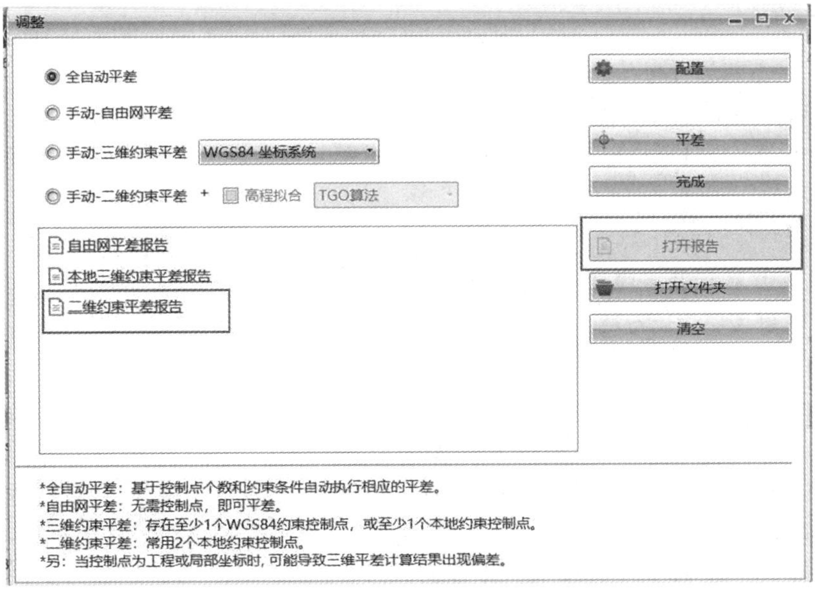

图 5-39　打开平差报告(1)

5.4 当地坐标系统下平面坐标

点ID	北坐标(m)	北坐标中误差(m)	东坐标(m)	东坐标中误差(m)	高程(m)	高程误差(m)
003	4644894.9138	0.0013	542614.9359	0.0013	74.3360	0.0011
24	4644949.6483	0.0008	542533.5890	0.0008	73.9729	0.0008
d1	4644840.5374	0.0000	542601.8184	0.0000	74.3168	0.0000
d12	4644859.9967	0.0009	542549.2871	0.0006	74.3275	0.0009
k4	4644990.2119	0.0015	542629.4841	0.0018	74.2721	0.0011
sf	4644961.3254	0.0000	542460.2785	0.0000	74.0477	0.0000

图 5-39 打开平差报告(2)

拓展阅读

测绘数据
安全与保密

技术总结的编写

测绘技术总结是在测绘任务完成后，对技术设计书和技术标准执行情况、技术方案、作业方法、新技术的应用、成果质量和主要问题的处理等进行分析研究、认真总结，并作出客观的评价与说明，以便于用户(或下工序)的合理使用，有利于生产技术和理论水平的提高，为制定、修订技术标准和有关规定积累资料。测绘技术总结是与测绘成果有直接关系的技术性文件，是永久保存的重要技术档案。

技术总结经单位主要技术负责人审核签字后，随测绘成果、技术设计书和验收(检查)报告一并上交和归档。

技术总结编写的依据有：上级下达任务的文件或合同书；技术设计书、有关法规和技术标准；有关专业的技术总结；测绘产品的检查、验收报告；其他有关文件和材料。

技术总结编写时要注意以下几点：

(1)内容要真实、完整、齐全。对技术方案、作业方法和成果质量应作出客观的分析和评价。对应用的新技术、新方法、新材料和生产的新品种要认真细致地加以总结。

(2)文字要简明扼要，公式、数据和图表应准确，名词、术语、符号、代号和计量单位等均应与有关法规和标准一致。

(3)项目名称应与相应的技术设计书及验收(检查)报告一致。幅面大小和封面格式如图 5-40 所示。

一、外业技术总结

在 GNSS 测量外业工作完成后，应按要求编写技术总结报告，内容包括：

(1)测区范围及位置，自然地理条件，气候特点，交通、通信及供电情况。

(2)任务来源，项目名称，测区已有测量成果情况，施测的目的及基本精度要求。

(3)施测单位，施测起讫时间，技术依据，作业人员的数量及技术状况。

(4)技术依据：介绍作业依据的测量规范、工程规范、行业标准等。

密级：　　　　编号：

注：(宋体4号，左对齐，左右位：0字符，特殊格式：无，段前、段后为0，行间距1.5倍)

项目名称

（测绘专业名称）专业技术总结

(注：黑体2号，居中，左右位：0字符，特殊格式：无，段前、段后为0，行间距1.5倍)

编写单位名称

二〇一〇年六月二十一日

(注：仿宋体4号，居中，左右位：0字符，特殊格式：无，段前、段后为0，行间距1.5倍)

1

(a)封面

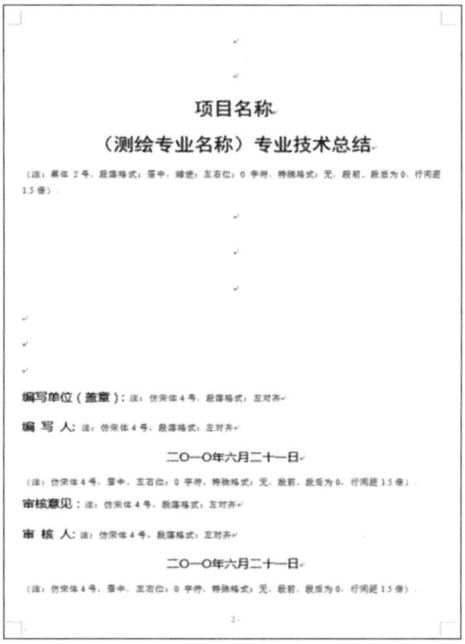

项目名称

（测绘专业名称）专业技术总结

(注：黑体2号，段落格式：居中，缩进：左右位：0字符，特殊格式：无，段前、段后为0，行间距1.5倍)

编写单位（盖章）：注：仿宋体4号，段落格式：左对齐

编 写 人：注：仿宋体4号，段落格式：左对齐

二〇一〇年六月二十一日

(注：仿宋体4号，居中，左右位：0字符，特殊格式：无，段前、段后为0，行间距1.5倍)

审核意见：注：仿宋体4号，段落格式：左对齐

审 核 人：注：仿宋体4号，段落格式：左对齐

二〇一〇年六月二十一日

(注：仿宋体4号，居中，左右位：0字符，特殊格式：无，段前、段后为0，行间距1.5倍)

2

(b)第二页

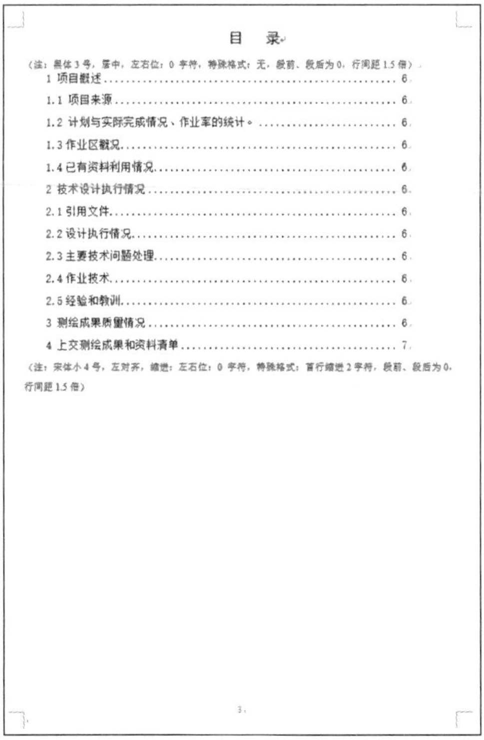

目　录

(注：黑体3号，居中，左右位：0字符，特殊格式：无，段前、段后为0，行间距1.5倍)

1 项目概述 6

1.1 项目来源 6

1.2 计划与实际完成情况、作业率的统计。 6

1.3 作业区概况 6

1.4 已有资料利用情况 6

2 技术设计执行情况 6

2.1 引用文件 6

2.2 设计执行情况 6

2.3 主要技术问题处理 6

2.4 作业技术 6

2.5 经验和教训 6

3 测绘成果质量情况 6

4 上交测绘成果和资料清单 7

(注：宋体小4号，左对齐，缩进：左右位：0字符，特殊格式：首行缩进2字符，段前、段后为0，行间距1.5倍)

3

(c)目录

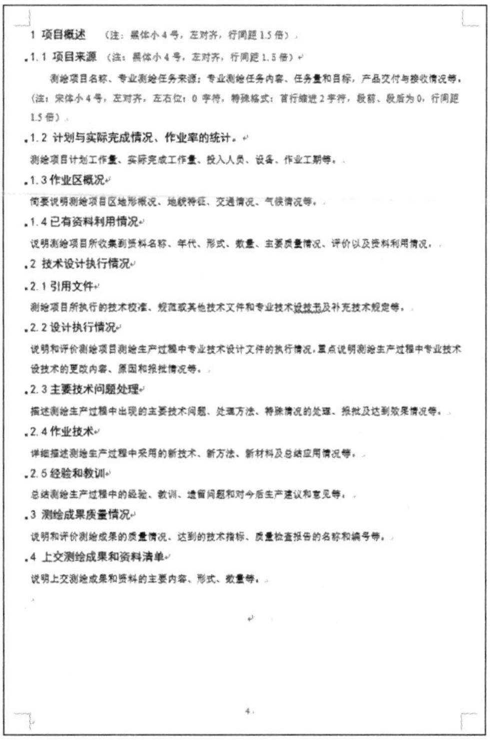

1 项目概述　(注：黑体小4号，左对齐，行间距1.5倍)

1.1 项目来源　(注：黑体小4号，左对齐，行间距1.5倍)

测绘项目名称、专业测绘任务来源；专业测绘任务内容、任务量和目标，产品交付与接收情况等。

(注：宋体小4号，左对齐，左右位：0字符，特殊格式：首行缩进2字符，段前、段后为0，行间距1.5倍)

1.2 计划与实际完成情况、作业率的统计。

测绘项目计划工作量、实际完成工作量、投入人员、设备、作业工期等。

1.3 作业区概况

简要说明测绘项目区地形概况、地貌特征、交通情况、气候情况等。

1.4 已有资料利用情况

说明测绘项目所收集到资料名称、年代、形式、数量、主要质量情况、评价以及资料利用情况。

2 技术设计执行情况

2.1 引用文件

测绘项目所执行的技术校准、规范或其他技术文件和专业技术设计书及补充技术规定等。

2.2 设计执行情况

说明和评价测绘项目测绘生产过程中专业技术设计文件的执行情况，重点说明测绘生产过程中专业技术设计书的更改内容、原因和报批情况等。

2.3 主要技术问题处理

描述测绘生产过程中出现的主要技术问题、处理方法、特殊情况的处理、报批及达到效果情况等。

2.4 作业技术

详细描述测绘生产过程中采用的新技术、新方法、新材料及总结应用情况等。

2.5 经验和教训

总结测绘生产过程中的经验、教训、遗留问题和对今后生产建议和意见等。

3 测绘成果质量情况

说明和评价测绘成果的质量情况、达到的技术指标、质量检查报告的名称和编号等。

4 上交测绘成果和资料清单

说明上交测绘成果和资料的主要内容、形式、数量等。

4

(d)正文

图 5-40　技术总结

(5)施测方案：介绍所采用的仪器类型、数量、检验及使用情况，采取的布网方案等。

(6)点位观测条件的评价，埋石及重合点情况。

(7)联测方法，完成各级点数与补测、重测情况，以及作业中存在的问题说明。

(8)外业观测数据质量分析与数据检核情况。

(9)结论：对整个工程的质量及成果做出结论。

二、内业技术总结

内业技术总结的内容包括：

(1)数据处理情况：数据处理方案、所采用的软件、星历、起算数据、坐标系统、历元以及无约束平差、约束平差情况。

(2)误差检验及相关参数和平差结果的精度估计。

(3)上交成果尚存在问题和需要说明的其他问题、建议或改进意见。

(4)各种附表与附图。

三、成果验收上交资料

(一)成果验收

GNSS 测量任务完成以后，按《测绘成果质量检查与验收》(GB/T 24356—2023)的规定进行成果验收。交送验收的成果包括观测记录的存储介质及其备份，内容与数量必须齐全、完整无缺，各项注记、整饰应符合要求。验收重点包括下列内容：

(1)实施方案是否符合规范和技术设计要求。

(2)补测、重测和数据剔除是否合理。

(3)数据处理的软件是否符合要求，处理的项目是否齐全，起算数据是否正确。

(4)各项技术指标是否达到要求。

验收完成后，应写出成果验收报告。在验收报告中应按《测绘成果质量检查与验收》的规定对成果质量做出评定。

(二)上交资料

GNSS 测量任务完成后，上交的资料应包括：

(1)测量任务书(或合同书)、技术设计书；

(2)点之记、环视图、测量标志委托保管书、选点和埋石资料；

(3)接收设备、气象及其他仪器的检验资料；

(4)外业观测记录、测量手簿及其他记录(包括偏心观测)；

(5)数据处理中生成的文件、资料和成果表；

(6)GNSS 网展点图、卫星可见性预报表和观测计划；

(7)技术总结和成果验收报告。

技能训练

技能训练1：编写 GNSS 静态控制测量技术设计书

一、训练目的

(1)掌握 GNSS 静态控制测量技术设计书内容。

(2)能够独立完成测量技术设计书的编写。

二、训练内容

(1)收集技术设计书需要的资料。

(2)根据具体项目编写控制测量技术设计书。

(3)排版正确、按相应的规程规范打印技术设计书。

三、资料准备

(1)项目合同书。

(2)参考规范。

(3)已有控制点资料、地形图资料、测区其他相关资料。

四、训练步骤

(1)根据给定的信息，写出测区概况。

(2)按照合同的要求制定测设方案。

(3)根据任务 5.1 的要求完成技术设计书的编写。

技能训练2：GNSS 静态控制测量外业观测

一、训练目的

(1)能独立完成外业控制测量，并协调各作业组。

(2)学会对外业观测成果的外业检核。

二、训练内容

(1)根据外业观测调度表，进行实地观测。

(2)记录外业观测仪器高、点号、开机时间、关机时间等相关信息。

三、仪器设备

(1)测地型 GNSS 接收机。

(2)电池、脚架、小钢尺、外业记录手簿等。

四、训练步骤

(1)根据测区及作业要求选点，网形中要包含已知控制点。

(2)根据接收机数量绘制控制网形图并计算相应数据。

(3)填写 GNSS 静态观测方案表。

(4)领取 GNSS 接收机，并根据外业观测调查表，按指定时间到达指定点位。

(5)安置仪器，量取天线高，填写外业观测记录手簿。

技能训练3：GNSS数据通信

一、训练目的

(1)学会下载GNSS接收机的静态数据。

(2)学会下载GNSS接收机的动态数据。

二、训练内容

(1)下载GNSS接收机的静态数据，并将其转换为RINEX格式。

(2)下载GNSS接收机的动态数据，并将其转换为绘图软件能够识别的格式。

三、仪器设备

(1)GNSS接收机、手簿、数据传输线等。

(2)静态数据传输软件。

(3)同步软件。

(4)计算机。

四、实训步骤

(1)用数据传输线连接计算机和接收机。

(2)设置数据传输参数。一般设置波特率，波特率越大下载速度越快；数据下载类型可以为仪器本身支持的类型，也可以为其他类型，一般选择为仪器本身支持的类型(USB连接方式不需要设置)。

(3)下载作业当天的静态数据文件，并根据相关信息修改测站点号、仪器高等信息。

(4)安装同步软件，连接手簿和电脑。

(5)从手簿的测绘软件中导出需要的信息。

(6)下载动态点位坐标数据文件，要求文件格式能满足绘图软件需要。

技能训练4：GNSS数据处理

一、实训目的

(1)能够独立完成静态数据解算。

(2)能够使用软件进行基线解算和平差计算。

(3)会将控制网解算成果导出。

二、实训内容

(1)使用商业静态数据处理软件解算控制网数据。

(2)建立工作坐标系统，并设置相关参数。

(3)解算基线向量，环闭合差。

(4)进行网平差。

(5)导出成果数据及图形。

三、资料准备

(1)静态观测数据。

(2)静态数据处理软件。

(3)外业观测记录手簿。

四、实训步骤

(1)安装数据处理软件。

(2)建立坐标系统，填写相关参数，一般要设置中央子午线、纵轴加常数、椭球长半轴和扁率等参数。

(3)新建项目，填写相关信息，并选择项目存储的路径。

(4)导入数据，解算基线。

(5)完成自由平差和约束平差。

(6)成果输出。

项目小结

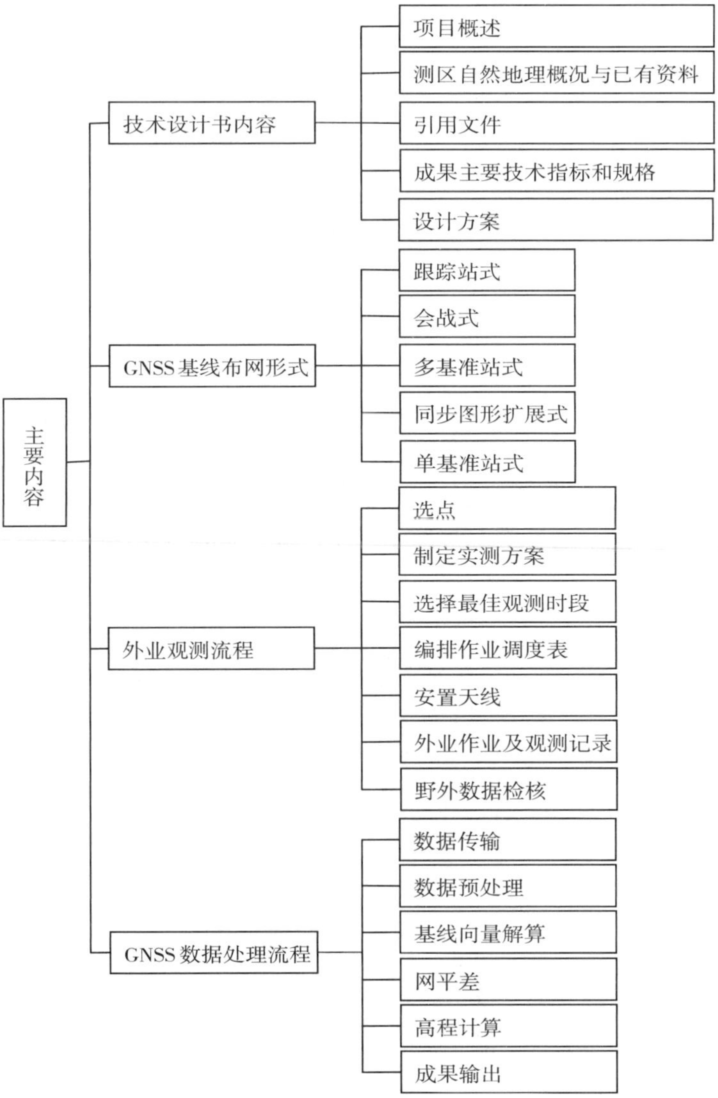

知识检测

1. GNSS 定位网设计的主要技术依据是什么？
2. 如何表示 GNSS 网的精度？如何划分 GNSS 网的精度等级？
3. 何为同步观测、同步闭合环、异步闭合环？
4. 简述 GNSS 网形构成的几种形式？
5. 在 GNSS 观测前，需要收集哪些资料？
6. GNSS 测量技术设计书包括哪些主要内容？
7. GNSS 控制点选点有哪些要求？

（习题答案请扫描右侧二维码查看。）

项目 6　GNSS-RTK 控制测量

项目简介

GNSS 静态控制测量可以获得高精度的 GNSS 点坐标，但定位结果要经过后处理获得，对定位结果进行质量检核比较困难，如果结果出现不合格，就需要返工重测，从而导致 GNSS 测量工作效率降低。实时载波相位差分(Real Time Kinematic，RTK)技术可以实时向用户提供定位结果和定位精度，这样就大大地提高了作业效率，因此 RTK 技术在四等及以下控制测量中应用广泛。通过本项目的学习，学生将掌握 GNSS-RTK 控制测量的技术要求。

教学目标

(1)知识目标：①了解 RTK 作业的原理；②掌握单基准站 RTK 的系统配置；③掌握 RTK 工作流程；④了解 RTK 控制测量技术指标。

(2)技能目标：①能设置 RTK 基准站和流动站；②能使用 RTK 进行控制测量；③能使用 RTK 进行图根控制测量。

(3)思政目标：①增强学生的社会责任感；②培养团队协作，爱岗敬业的精神；③培养学生认真负责、脚踏实地、一丝不苟的工作态度。

任务 6.1　GNSS-RTK 的作业流程

RTK 作业方便、精度高，在工程测量、控制测量、地籍测量、摄影测量等工作中普遍使用，想要了解 GNSS-RTK 如何进行控制测量，首先要了解 RTK 动态测量原理、系统组成、基本配置和 RTK 的作业流程。

一、RTK 动态测量原理

通过 GNSS 相对定位原理我们可知，对于距离不太远的相邻测站间，它们共有的 GNSS 测量误差，如卫星星历误差、大气延迟(电离层延迟和对流层延迟)误差和卫星钟钟差对两个测站的误差影响大体相同，测站间测量误差总体上具有很好的空间相关性。假如在一个已知点上安置 GNSS 接收机，称该接收机为基准站接收机，它与用户 GNSS 接收机(流动站接收机)一同进行观测，如果基准站接收机能将上述测量误差改正数通过数据通信链发送给附近工作的流动站接收机，则流动站接收机定位结果通过施加上述改正数后，其定位精度将得到大幅度提高。

RTK(Real Time Kinematic)，即实时动态测量，它属于 GNSS 动态测量的范畴，测量结果能快速实时显示给测量用户。RTK 是一种差分 GNSS 测量技术，即实时载波相位差分技术，它通过载波相位原理进行测量，通过差分技术消除或减弱基准站和流动站间共有误差，有效提高了 GNSS 测量结果的精度，同时将测量结果实时显示给用户，极大地提高了测量工作的效率。RTK 技术是 GNSS 测量技术发展中的一个新突破，它突破了静态、快速静态、准动态和动态相对定位模式的事后处理观测数据方式，通过与数据传输系统相结合，实时显示流动站定位结果，自 20 世纪 90 年代初问世，备受测绘工作者的推崇，在小区域控制点加密、数字地形测量、工程施工放样、地籍测量以及变形测量等领域得到推广应用。

载波相位差分方法可以分为修正法和差分法两类，修正法为准 RTK，差分法为真正的 RTK。修正法是将基准站接收机的载波相位修正值发送给用户接收机，进而改正用户接收机直接接收 GNSS 卫星的载波相位观测值，再求解用户接收机坐标。差分法是将基准站接收机采集的载波相位观测值直接发送给用户接收机，用户接收机将接收到的 GNSS 卫星载波相位观测值与基准站接收机发送来的载波相位观测值进行求差，最后求解出用户接收机的坐标。

综上所述，RTK 定位的基本原理为：在基准站上安置一台 GNSS 接收机，另一台或几台接收机置于载体(称为流动站)上，基准站和流动站同时接收同一组 GNSS 卫星发射的信号。基准站所获得的观测值与已知位置信息进行比较，得到 GNSS 差分改正值，将这个改正值及时通过电台以无线电数据链的形式传递给流动站接收机；流动站接收机通过无线电接收基准站发射的信息，将载波相位观测值实时进行差分处理，得到基准站和流动站坐标差 ΔX，ΔY，ΔZ；此坐标差加上基准站坐标得到流动站每个点的 GNSS 坐标基准下的坐标；通过坐标转换参数转换得出流动站每个点的平面坐标 x，y 和高程 H 及相应的精度(如图 6-1 所示)。

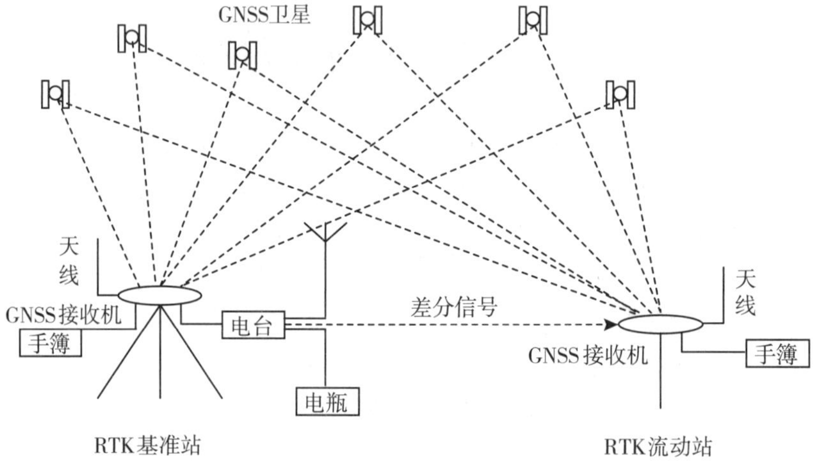

图 6-1 GNSS-RTK 测量示意图

GNSS-RTK 数据处理是基准站和流动站之间的单基线解算过程，利用基准站和流动站的载波相位观测值的差分组合载波相位，将动态的流动站未知坐标作为随机的未知参数，将载波相位的整周模糊度作为非随机的未知参数进行解算，通过实时解算出的定位结果的收敛情况判断解算结果是否成功。

RTK 技术受到基准站和用户间距离的限制，关键技术是基准站接收机在数据传输时如何保证高可靠性和抗干扰性。为解决作业距离的问题，根据作业范围，可以采用单站差分技术、局域差分技术和广域差分技术。采用单站差分技术的 RTK 测量系统称为常规 RTK，采用局域或广域差分技术的 RTK 测量系统称为网络 RTK。常规 RTK 测量系统结构和算法简单，成本低，技术也非常成熟，主要适用于小范围的差分定位工作。网络 RTK 测量系统结构和算法非常复杂，建设成本高，主要适用于较大区域的测量定位，如一个城市、一个省或一个国家甚至全球范围。

二、常规 RTK 测量系统

常规 RTK 测量系统作业时需要两台或以上的 GNSS 接收机实时动态测量，其中一台接收机被指定为基准站，另外一台或多台为流动站。构成较为简单，如表 6-1 所示。

(1)基准站。在一定的观测时间内，一台或者几台接收机分别在一个或几个测站上，一直保持跟踪卫星，其余接收机在这些测站周围流动作业，这些固定的测站叫作基准站，基准站通过数据链将其观测值和测站坐标信息一起传送给流动站。

(2)流动站。在基准站周围一定范围内作业，不仅要通过数据链接收来自基准站的数据，还要采集 GNSS 观测数据，并在系统内组成差分观测值进行实时处理，实时提供三维坐标。这些测站叫作流动站。可处于静止状态，也可处于运动状态。

(3)数据链。RTK 系统中基准站和流动站的 GNSS 接收机通过数据链进行通信联系，因此基准站和流动站系统都包括数据链。数据链由调制解调器和电台组成。

表 6-1 **常规 RTK 系统组成**

内容	配置要求
基准站	(1)双频 GNSS-RTK 接收机； (2)双频 GNSS 天线和天线电缆； (3)基准站数据链电台套件； (4)基准站控制件(计算机控制、显示和参数设置等)； (5)脚架、基座和连接器； (6)仪器运输箱
流动站	(1)GNSS-RTK 接收机； (2)双频 GNSS 天线和天线电缆； (3)流动站数据链电台套件； (4)手持计算机控制或数据采集器； (5)手簿托架； (6)2 米流动杆；流动站背包； (7)仪器运输箱
数据链	(1)电台； (2)发射天线

三、GNSS-RTK 使用一般流程

RTK 技术的关键在于数据处理技术和数据传输技术，目前国内外 RTK 测量系统较多，国外 RTK 系统如美国天宝、瑞士徕卡等，国内 RTK 系统如南方、中海达、华测等。RTK 系统可应用于两项主要测量任务，即测点定位和测设放样。下面以华测 X10 为例，介绍点测量的流程。

RTK 作业包括架设和配置参考站、架设和配置流动站、流动站初始化、点校正、RTK 定位测量、RTK 精度分析这几个流程。

(一)基准站设置

在进行野外工作之前，要检查基准站系统的设备是否齐全、电源电量是否充足。基准站的接收机发生断电，或者信号失锁将影响网络内的所有流动站的正常工作，因此，基准站的点位选择也必须严格，基准站的站点选择应考虑以下几点：

(1)视野开阔，基准站的 GNSS 接收机天线与卫星之间应没有或者少有遮挡物，即截止高度角应超过 10 度；设定截止高度角是为了削弱多路径效应，对流层延迟和电离层延迟等卫星定位测量误差影响所设定的高度角，低于此角度视野的卫星不予跟踪。

(2)基准站 GNSS 接收机周围应无信号反射物，例如大面积水域、大型建筑物等，以减少多路径干扰；尽量避开交通要道，减少过往行人和车辆的干扰。

(3)尽量选择地势较高的位置，方便电台播发差分信号，延长电台的作用距离。

(4)基准站要远离微波塔、电视发射塔、雷达电视、手机信号发射天线等大型电磁辐射源 200m 外，要远离高压输电线路、通信线路 50m 外。

(5)地面稳固，易于点的保存。

此外，RTK 在作业期间，基准站不允许进行下列操作：

(1)关机后又重新启动；

(2)进行自测；

(3)改变卫星截止高度角或仪器高度值、测站名等；

(4)改变天线位置；

(5)关闭文件或删除文件。

使用外挂电台模式时(图 6-2)，基准站脚架和电台天线脚架之间距离建议>3m 以上，避免电台干扰卫星信号。如图 6-3 所示为内置电台的架设方式。基准站若是架设在已知点上，要做严格的对中整平。基准站架设在未知点时，可以不对中整平。电源线和蓄电池的连接要注意红正黑负，避免短路情况。电台工作时要确保接外接天线，否则长时间工作会导致发送信号被电台自身吸收而烧坏电台。

基准站架设好之后，应设置用手簿连接 GNSS 接收机，并设置基准站的工作模式，在手簿上打开测地通软件，通过“配置”→“连接”，手簿与接收机通过 Wi-Fi 连接(图 6-4)，

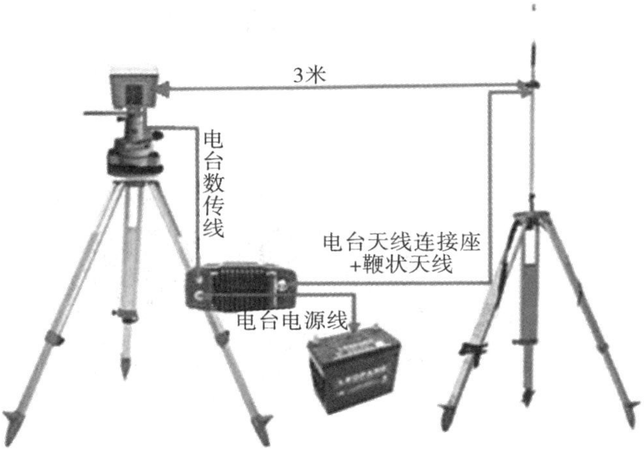

图 6-2　外挂电台的架设方式

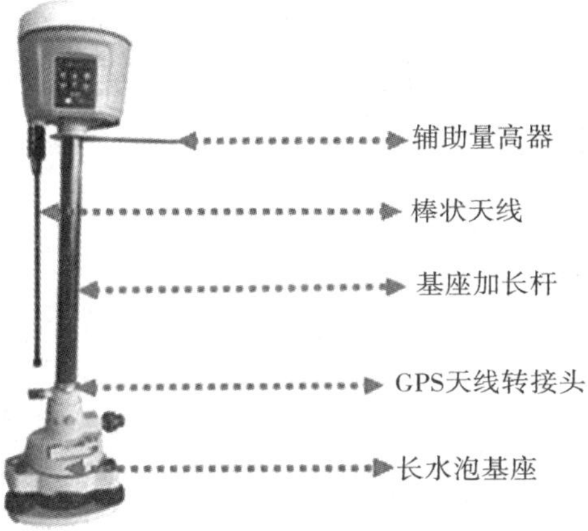

图 6-3　内置电台的架设方式

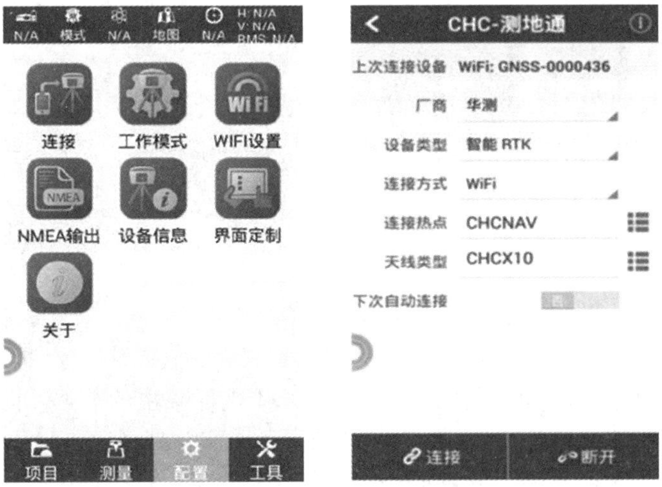

图 6-4　连接手簿

方法是：打开接收机 Wi-Fi，用手簿设备搜索接收机；连接时默认名称为“接收机 SN 号”，默认连接密码“12345678”。在手簿上设置工作模式为基准站模式，方法为“配置”→“工作模式”，选择对应的工作模式(图 6-4)。

扫描二维码观看操作视频

新建工程　华测 Wi-Fi 连接　华测蓝牙连接

内置电台　外挂电台　外挂电台基准站架设

(二)RTK 流动站初始化

流动站在进行任何工作之前，必须先进行初始化工作，初始化是接收机在定位前确定整周未知数的过程。这一初始化过程也被称作 RTK 初始化、整周模糊度解算、OTF(On-The-Fly)初始化等。

在初始化之前，流动站只能进行单点定位，精度在 0.15m 到 2m 之间，在条件比较好的情况下(卫星有 5 颗以上，信号无遮挡)，初始化时间一般在 5s 左右。

测量点的类型有单点解(Single)、差分解(DGPS)、浮点解(Float)和固定解(Fixed)，浮点解是指整周未知数已被解算，测量还未被初始化。固定解是指整周未知数已被解出，测量已被初始化。只有当流动站获取到了固定解之后才完成了初始化的工作。

华测 X10 的流动站设置如下：

如图 6-5 所示，将 GNSS-RTK 接收机安装在跟踪杆上，用手簿连接接收机，打开手簿上的测地通软件，新建工程(“项目”→“新建”)，配置工程名、坐标系统、投影方式、中央子午线等。如果想套用以前用过的工程，则新建后，点“套用工程”，如图 6-6 所示。然后设置工作模式为“流动站模式”(“配置”→“工作模式”)，注意电台应选择与基准站对应的设置。

(三)点校正

GNSS-RTK 接收机直接得到的数据是在 WGS-84 坐标系中的数据，而我国目前普遍使用的是 2000 国家大地坐标系、1954 北京坐标系、1980 西安坐标系和独立地方坐标系，因此需要将测出的 WGS-84 坐标系转换到项目使用的坐标系，这个过程叫作点校正。

图 6-5　流动站的安装

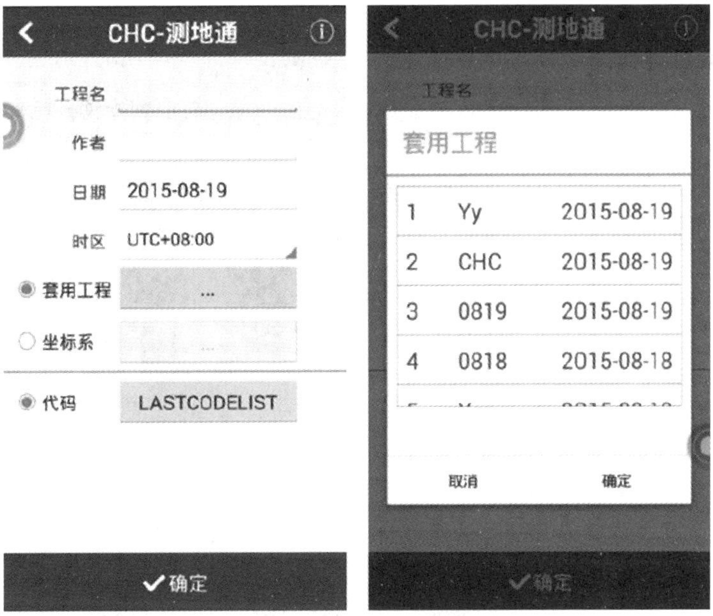

图 6-6　新建工作及套用工程

如果基准站置于已知点上且收集到准确的坐标转换参数，可直接输入。如果没有坐标转化参数，点校正根据测区情况可以使用七参数校正、四参数校正或者三参数校正(单点校正)。

七参数校正至少已知三个控制点的三维地方坐标和相对独立的 WGS-84 坐标，已知点最好均匀分布在整个测区的边缘，能控制整个区域。一定要避免已知点呈线性分布，例如，如果用三个已知点进行点校正，这三个点组成的三角形要尽量接近正三角形，如果是四个点，就要接近正方形。一定要避免所有已知点分布接近一条直线，否则会严重影响测量的精度，特别是高程精度。

如果测量任务只需要水平坐标，不需要高程，可以使用两个点进行校正，即四参数校正，但如果要检核已知点的水平残差，还需要额外一个检核点。需要高程时，也可以进行四参数校正，另加高程拟合进行测量。

如果既需要水平坐标，又需要高程，建议最好用三个点进行点校正，即七参数校正，但如果要检核点的水平残差和高程残差，则再额外加一个检核点。

如果测区范围很小，地势平坦，测区中间有已知点，可以使用三参数校正(单点校正)，但必须额外加一个检核点检核测量残差。

点校正后，进行检核，方法如下：

(1)检查水平残差和垂直残差的数值。一般残差应该在 2cm 以内，如果超过 2cm，则说明存在粗差，或者参与校正的点不在一个系统下，最大可能就是残差最大的那个点，应检查输入的已知点，或者更换使用的已知点。

(2)查看转换参数值。一般三个坐标轴的旋转参数值应小于 3°，坐标转换的尺度变化量应接近数值 1。

(3)测量检核已知当地坐标。求取坐标转换参数后，测量检核已知当地坐标。若进行坐标转换后这个差值在 2cm 内，则说明坐标转换正确。

在华测 X10 中，点校正的流程如下(扫描二维码观看操作视频)。

点校正　　　　基站平移

(1)输入已知点坐标，“点管理”→“添加”，将已知点的三维大地坐标输入系统中(图 6-7)。

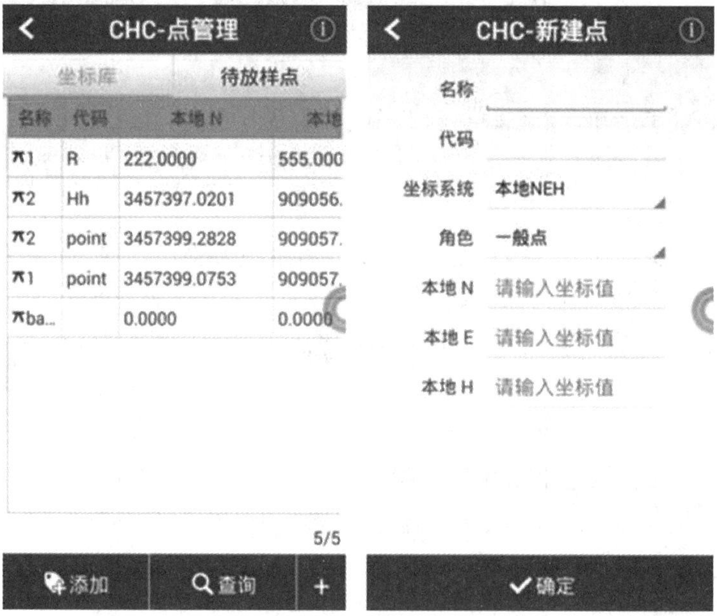

图 6-7　添加已知点坐标

(2)在固定解状态下，用 GNSS-RTK 接收机分别测量这三个已知点的 WGS-84 坐标，并保存在点库中。通过“测量”→“点测量”，注意修改天线高(见图 6-8)。

(3)点校正。通过“测量”→“点校正”，分别在坐标库中选择这三个已知点的三维大地坐标和 WGS-84 坐标，进行点校正(见图 6-9)。如果只用一个已知点进行校正(单点校正)，可以使用“测量”→“基站平移”功能。

图 6-8　测量已知点的 WGS-84 坐标

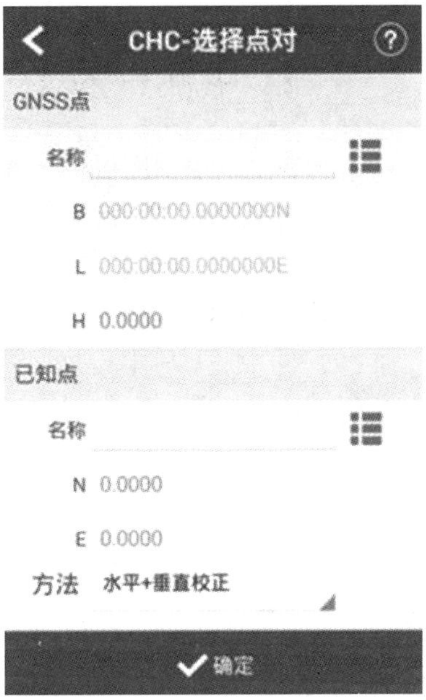

图 6-9　点校正

(四) RTK 进行点测量

上述的工作全部完成后，就可以使用 RTK 进行测量工作了。进行点测量的方法可以使用“测量”→“点测量”，也可以使用“图形测量”功能。

流动站离开基准站进行作业，距离基准站的最大距离取决于基准站电台信号的传输距离，而且对 RTK 的测量精度和速度有直接的影响。如果作业范围内有较多的建筑物或者树木，流动站接收的电台信号会比较弱，而且容易失锁。当基准站与流动站的距离超过 5km 时，测量精度会逐渐下降，因此，一般控制 RTK 的作业范围在 5km 以内，当信号受到影响时，还应该缩短作业半径，以提高 RTK 的作业精度。

(五) RTK 定位的精度与可靠性

RTK 测量的实际精度为 RTK 标称精度、转换参数精度及人为误差之和。

不同类型、不同厂家的 GNSS 接收机 RTK 定位有各自的出厂精度，可据此估算 RTK 的精度。一般 RTK 的标称精度为：水平为 $(10+1\times10^{-6}\times D)$ mm，高程为 $(20+1\times10^{-6}\times D)$ mm，其中 D 为基站与流动站的距离，单位为 km。随着距离的增大精度会不断下降。如华测 X10 RTK 定位精度平面精度为 $\pm(8+1\times10^{-6}\times D)$ mm，高程精度为 $\pm(15+1\times10^{-6}\times D)$ mm。

转换参数的精度主要取决于校正点本身的精度、点的分布情况，以及采用的拟合方式。直接关系到成果的可靠性，而点的分布又是重中之重，特别是对于高程的影响。

人为误差主要是人为扶杆、对中误差等。

任务 6.2 GNSS-RTK 控制测量

RTK 可用于四等以下控制测量、工程测量工作。由于 RTK 作业方便、精度较高，现在 RTK 控制测量已经得到普遍应用。

一、RTK 控制测量技术一般要求

RTK 控制测量前，应根据任务需要，收集测区高等级控制点的地心坐标、参心坐标、坐标系统转化参数、高程成果等，以进行技术设计。RTK 平面控制点按照精度可划分为一级控制点、二级控制点、三级控制点。RTK 高程控制点按精度可划分为等外高程控制点。一级、二级、三级平面控制点及等外高程控制点，适用于布设外业数字测图和摄影测量与遥感的控制基础，可以作为图根测量、像片控制测量、碎部点数据采集的起算依据。

平面控制点可以逐级布设、越级布设或者一次性全面布设，每个控制点宜保证有一个以上的通视点。

RTK 测量可采用单基准站 RTK 测量和网络 RTK 测量两种方法。在已建立连续运行参考站网的地区，宜优先采用网络 RTK 技术测量。RTK 测量卫星状况要求应符合《卫星导航定位基准站网络实时动态测量(RTK)规范》(GB/T 39616—2020)要求(见表 6-2)。在应用 RTK 测量时，应至少有一个已知点作为检核点。利用已有 RTK 测设控制点时，应进行可靠性检测。

表 6-2 **《规范》中 RTK 作业中 GNSS 卫星状况的基本要求**

观测窗口状态	高度截止角 15°以上的卫星个数	PDOP 值
良好	≥6	<4
可用	5	≥4 且≤6
不可用	<5	>6

坐标系统采用 2000 国家大地坐标系(CGCS2000)，可按照项目测量成果要求，转换到其他坐标系，如 1954 北京坐标系、1980 西安坐标系或者独立地方坐标系。

RTK 测量高程使用的是大地高，应转换到正常高，使用 1985 国家高程基准。

当采用经、纬度记录时，精确到 0.00001s，平面坐标和高程记录到 0.001m。

二、RTK 控制点测量

RTK 控制点测量分为平面控制点测量和高程控制点测量。

（一）RTK 平面控制点测量

RTK 平面控制点测量点位要求按照《卫星导航定位基准站网络实时动态测量（RTK）规范》（GB/T 39616—2020）要求，应符合表 6-3 的规定。

表 6-3 **RTK 平面控制点测量主要技术要求**

等级	相邻点间平均边长（m）	点位中误差（cm）	边长相对中误差	与基准站的距离（km）	观测次数	起算点等级
一级	⩾500	⩽±5	⩽1/20000	⩽5	⩾4	四等及以上
二级	⩾300	⩽±5	⩽1/10000	⩽5	⩾3	一级及以上
三级	⩾200	⩽±5	⩽1/6000	⩽5	⩾2	二级及以上

注：困难地区相邻点间距离可缩短至表中数值的 2/3。

网络 RTK 平面控制点的点位选择、点之记绘制应按照 GB/T 18314 要求执行。

RTK 控制点平面坐标测量时，流动站采集卫星观测数据，并通过数据链接收来自基准站的数据，在系统内组成差分观测值进行实时处理，通过坐标转换方法将观测得到的地心坐标转换为指定坐标系中的平面坐标。

1. 测区坐标系统转换参数的获取方法

（1）在获取测区坐标系统转换参数时，可以直接利用已知的参数；

（2）在没有已知转换参数时，可以通过已知点的坐标来求解；

（3）2000 国家大地坐标系与参心坐标系（如 1954 北京坐标系、1980 西安坐标系或地方独立坐标系）转换参数的求解，应采用不少于 3 点的高等级起算点两套坐标系成果，所选起算点应分布均匀，且能控制整个测区；

（4）转换时应根据测区范围及具体情况，对起算点进行可靠性检验，采用合理的数学模型，进行多种点组合方式分别计算和优选；

（5）RTK 控制点测量转换参数的求解，不能采用现场点校正的方法进行。

2. RTK 平面控制点测量基准站应满足的技术要求

（1）采用网络 RTK 时，基准站网点按《全球导航卫星系统连续运行基准站网技术规范》（GB/T 28588—2012）的要求设立；

（2）自设基准站如需长期和经常使用，宜埋设有强制对中的观测墩；

（3）自设基准站应选择在高一级控制点上；

（4）用电台进行数据传输时，基准站宜选择在测区相对较高的位置；

（5）用移动通信进行数据传输时，基准站必须选择在测区有移动通信接收信号的位置；

（6）选择无线电通信方法时，应按约定的工作频率进行数据链设置，以避免串频；

（7）应正确设置随机软件中对应的仪器类型、电台类型、电台频率、天线类型、数据端口、蓝牙端口等；

(8)应正确设置基准站坐标、数据单位、尺度因子、投影参数和接收机天线高等参数。

3. RTK 平面控制点测量流动站应满足的技术要求

(1)网络 RTK 测量流动站获得系统服务的授权；

(2)网络 RTK 测量流动站应在有效服务区域内进行，并实现与服务控制中心的数据通信；

(3)用数据采集器设置流动站的坐标系统转换参数，设置与基准站的通信；

(4)RTK 的流动站不宜在隐蔽地带、成片水域和强电磁波干扰源附近观测；

(5)观测开始前应对仪器进行初始化，并得到固定解，当长时间不能获得固定解时，宜断开通信链路，再次进行初始化操作；

(6)每次观测之间流动站应重新初始化；

(7)作业过程中，如出现卫星信号失锁，应重新初始化，并经重合点测量检测合格后，方能继续作业；

(8)每次作业开始前或重新架设基准站后，均应进行至少一个同等级或高等级已知点的检核；

(9)RTK 平面控制点测量平面坐标转换残差不应大于±2cm；

(10)数据采集器设置控制点的单次观测的平面收敛精度不应大于 2cm；

(11)RTK 平面控制点测量流动站观测时应采用三脚架对中、整平，每次观测历元数应不小于 20 个，采样间隔 2~5s，各次测量的平面坐标较差应不大于 4cm；

(12)应取各次测量的平均坐标中数作为最终结果；

(13)进行后处理动态测量时，流动站应先在静止状态下观测 10~15min 获得固定解，然后在不丢失初始化状态的前提下进行动态测量。

(二)RTK 高程控制点测量

RTK 高程控制点的埋设一般与 RTK 平面控制点同步进行，标石可以重合，重合时应采用圆头带十字的标志。

按照《卫星导航定位基准站网络实时动态测量(RTK)规范》(GB/T 39616—2020)要求，RTK 高程控制点测量的主要技术要求应符合表 6-4 的规定。

表 6-4　**RTK 高程控制点测量技术要求**

中误差(cm)	测回数
3	≥3

RTK 控制点高程的测定，是将流动站测得的大地高减去流动站的高程异常获得的。流动站的高程异常可以采用数学拟合方法、似大地水准面精化模型内插等方法获取，拟合

模型及似大地水准面模型的精度根据实际生产需要确定。高程拟合时，高程起算点的数量一般在平原地区不少于 6 个，点位应平均分布在测区四周及中间，间距一般不应超过 5km。地形起伏较大时，应按照测区的地形特征适当增加起算点数量。

RTK 高程控制点测量高程异常拟合残差不应大于 3cm。RTK 高程控制点测量设置高程收敛精度应≤±3cm。RTK 高程控制点测量流动站观测时应采用三脚架对中、整平，宜进行已知点大地高的检核，大地高较差应不大于 5cm，每次观测历元数应不少于 20 个，采样间隔不少于 2s，每次测量的大地高较差应不大于 4cm。应取各次测量的大地高中数作为最终结果。

(三)成果数据处理与检查

RTK 控制测量外业采集的数据应及时进行备份和内外业检查。RTK 控制测量外业观测记录采用仪器自带内存卡或测量手簿，记录项目及成果输出包括下列内容：

(1)转换参考点的点名(号)、残差、转换参数(表 6-5)；

(2)基准站点名(号)、天线高、观测时间(表 6-6)；

表 6-5　**参考点的转换残差及转换参数表**

参考点地心坐标与地方坐标的转换残差			
序号	参考点名(号)	平面残差(cm)	高程残差(cm)

参考点地心坐标与地方坐标的转换参数

平面转换参数：
高程转换参数：

表 6-6　**RTK 测量基准站观测手簿**

点号		点名		参考点等级	
观测记录员		观测日期		采样间隔	
接收机类型		接收机编号		开始记录时间	
天线类型		天线编号		结束记录时间	
近似纬度 N	°　′　″	近似经度 E	°　′　″	近似高程 H	m

续表

<table>
<tr><td colspan="2">天线高测定</td><td colspan="2">天线高测定方法及略图</td><td colspan="2">点位略图</td></tr>
<tr><td>测前</td><td>测后</td><td colspan="2" rowspan="5"></td><td colspan="2" rowspan="5"></td></tr>
<tr><td></td><td></td></tr>
<tr><td></td><td></td></tr>
<tr><td></td><td></td></tr>
<tr><td>平均值：</td><td>平均值：</td></tr>
<tr><td>时间(UTC)</td><td>跟踪卫星信号
及信噪比</td><td>纬度
(°　′　″)</td><td>经度
(°　′　″)</td><td>大地高
(m)</td><td>天气
状况</td></tr>
<tr><td></td><td></td><td></td><td></td><td></td><td></td></tr>
<tr><td></td><td></td><td></td><td></td><td></td><td></td></tr>
<tr><td></td><td></td><td></td><td></td><td></td><td></td></tr>
<tr><td>备注</td><td colspan="5"></td></tr>
</table>

(3)流动站点名(号)、天线高、观测时间；

(4)基准站发送给流动站的基准站地心坐标、地心坐标的增量；

(5)流动站的平面、高程收敛精度；

(6)流动站的地心坐标、平面和高程成果(表 6-7、表 6-8)；

表 6-7　**同一基准站三次观测点位平面坐标成果表**

基准站名称：

序号	点号	第一次坐标(m)		第二次坐标(m)		第三次坐标(m)		中数(m)	
		X_1	Y_1	X_2	Y_2	X_3	Y_3	X	Y

表 6-8 **同一基准站三次观测高程成果表**

基准站名称：

序号	点号	第一次高程 H_1(m)	第二次高程 H_2(m)	第三次高程 H_3(m)	中数 H(m)

(7)测区转换参考点、观测点网图。

在进行网络 RTK 时，可根据项目要求部分提供。

由于 RTK 测量技术不像常规控制测量那样进行平差，在测量过程中出现粗差时难以发现，而控制点要求 100%可靠，因此用 RTK 技术施测的控制点成果应进行 100%的内业检查和不少于总点数 10%的外业检测。平面控制点外业检测可采用相应等级的卫星定位静态(快速静态)技术测定坐标，全站仪测量边长和角度等方法；高程控制点外业检测可采用相应等级的三角高程测量、几何水准测量等方法，检测点应均匀分布测区。检测结果应满足表 6-9 和表 6-10 的要求。

表 6-9 **RTK 平面控制点检测精度要求**

等级	边长校核		角度校核		坐标校核
	测距中误差(mm)	边长较差的相对误差	测角中误差(″)	角度较差限差(″)	坐标较差中误差(cm)
一级	≤±15	≤1/14000	≤±5	14	≤±5
二级	≤±15	≤1/7000	≤±8	20	≤±5
三级	≤±15	≤1/4500	≤±12	30	≤±5

表 6-10 **RTK 高程控制点检测精度要求**

检测方法	高程较差(mm)
水准测量	$\leqslant 40\sqrt{L}$
三角高程测量	$\leqslant 40\sqrt{S}$

注：L 为水准检测线路长度，以千米(km)为单位，小于 0.5km 的，按 0.5km 计；
S 为三角高程测距边长，以千米(km)为单位，小于 0.5km 的，按 0.5km 计。

拓展阅读

DGNSS 技术

北斗相关国际组织缩写

DGNSS 技术是一种实时定位技术，其定位需要两台或者两台以上的接收机，其中一台接收机通常固定在基准站或者参考站，其坐标已知(或假定已知)，其他接收机固定或移动且坐标待定。基准站计算伪距改正和距离变化率改正，并实时传递给流动站接收机。流动站接收机用这些改正数改正伪距观测值完成单点定位。

一、按数据处理方式分类

(1)实时 DGNSS 测量。基准站和流动站之间实时进行数据传输，流动站用户实时进行数据处理，不断解算用户的三维坐标。

(2)事后 DGNSS 测量。基准站和流动站之间不进行数据传输，而是在测量结束后，对流动站接收机和基准站接收机的 GNSS 观测数据进行联合解算。求得流动站接收机在每个历元的三维坐标。

二、按 DGNSS 数据分类

根据差分 GNSS 基准站发送的信息方式可将差分 GNSS 定位分为三类，即位置差分、伪距差分和相位差分。这三类差分方式的工作原理是相同的，即都是由基准站发送改正数，由用户站接收并对其测量结果进行改正，以获得精确的定位结果。所不同的是，发送改正数的具体内容不一样，其差分定位精度也不同。

1. 位置差分

这是一种最简单的差分方法，安装在基准站上的 GNSS 接收机观测 4 颗卫星后便可进行三维定位，解算出基准站的坐标。由于存在着轨道误差、时钟误差、SA 影响、大气影响、多路径效应以及其他误差，解算出的坐标与基准站的已知坐标是不一样的，存在误差。基准站利用数据链将此坐标改正数发送出去，由用户站接收，并且对其解算的用户站坐标进行改正。

最后得到的改正后的用户坐标已消去了基准站和用户站的共同误差，例如卫星轨道误差、SA 影响、大气影响等，提高了定位精度。以上先决条件是基准站和用户站观测同一组卫星的情况。位置差分法适用于用户与基准站间距离在 100km 以内的情况。

2. 伪距差分

伪距差分是用途广泛的一种技术。在基准站上的接收机要求得它至可见卫星的距离，并将此计算出的距离与含有误差的测量值加以比较。首先，利用 $\alpha-\beta$ 滤波器将此差值滤波并求出其偏差；然后，将所有卫星的测距误差传输给用户，用户利用此测距误差来改正测量的伪距；最后，用户利用改正后的伪距来解出本身的位置，就可消去公共误差，提高定位精度。

与位置差分相似，伪距差分能将两站公共误差抵消，但随着用户到基准站距离的增加又出现了系统误差，这种误差用任何差分法都是不能消除的。用户和基准站之间的距离对精度有决定性影响。

3. 载波相位差分

载波相位差分技术又称为RTK技术(Real Time Kinematic)，是建立在实时处理两个测站的载波相位基础上的。它能实时提供观测点的三维坐标，并达到厘米级的高精度。

与伪距差分原理相同，由基准站通过数据链实时将其载波观测量及站坐标信息一同传送给用户站。用户站接收GNSS卫星的载波相位与来自基准站的载波相位，并组成相位差分观测值进行实时处理，能实时给出厘米级的定位结果。如图6-10所示为实时动态相对定位。

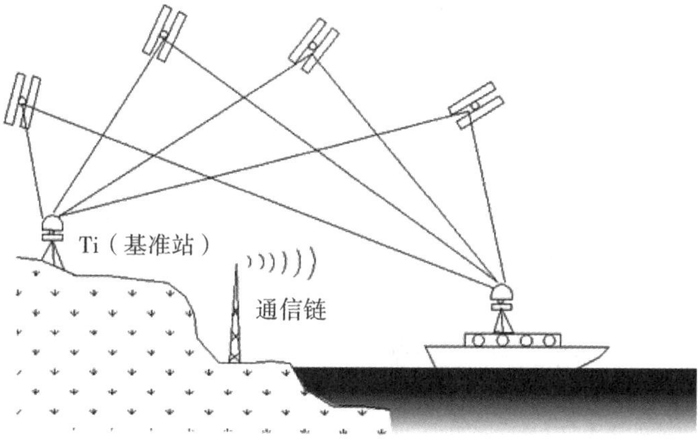

图6-10　实时动态相对定位

实现载波相位差分GNSS的方法分为两类：修正法和差分法。前者与伪距差分相同，基准站将载波相位修正量发送给用户站，以改正其载波相位，然后求解坐标。后者将基准站采集的载波相位发送给用户台进行求差解算坐标。前者为准RTK技术，后者为真正的RTK技术。

技能训练

技能训练1：RTK的使用

一、训练目的

(1)能进行基准站和流动站的架设和配置。

(2)能进行点校正。

(3)能独立使用RTK。

二、训练内容

(1)架设基准站，配置基准站。

(2)架设流动站，配置流动站。

(3)建立坐标系统。

(4)进行点校正。

(5)进行点测量。

三、仪器设备及资料准备

(1)RTK 作业相关设备。

(2)点校正坐标数据。

(3)作业相关规范。

四、训练步骤

(1)基准站架设。

基准站接收机天线既可以安置在已知坐标值的点上，也可以安置在未知点上。用三脚架架设仪器，量取天线高，量取两次以上，符合要求后，记录均值，接收机的定向指北针应指向正北，偏离不得超过±10°。

(2)开机进行设置。

开机后经检验指示灯与仪表灯正常后，进行自测，架设在已知点上的情况时，需输入测站号、仪器高等信息。接收机启动后，观测员使用手簿检查卫星数、卫星健康状况、各卫星信噪比、相位测量残差实时定位的结果、存储介质情况、电源情况等，发现异常情况及时处理。

(3)新建工程，建立坐标系统，配置中央子午线，纵轴加常数。

(4)进行点校正，并检查结果是否正确。

(5)进行测量。

技能训练 2：RTK 控制测量

一、训练目的

(1)能够完成 RTK 控制测量。

(2)会检查控制测量数据。

二、训练内容

(1)架设基准站和流动站。

(2)配置基准站和流动站。

(3)完成点校正。

(4)完成 RTK 控制测量。

三、仪器设备及资料准备

(1)RTK 设备及相关作业设备。

(2)点校正数据。

(3)作业相关规范。

四、训练步骤

安置基准站，配置基准站，进行坐标系统、中央子午线等设置后，进行点校正，结果检查正确后，进行控制测量，并检核是否符合规范要求。完成表 6-11。

表 6-11 **RTK 控制点平面坐标成果表**

序号	点号	第一次坐标(m)		第二次坐标(m)		第三次坐标(m)		中数(m)	
		*X*1	*Y*1	*X*2	*Y*2	*X*3	*Y*3	*X*	*Y*
1									
2									
3									
4									
5									
6									
7									
8									
9									
10									

观测者： 记录者： 校核者：

表 6-12 **RTK 控制点高程成果表**

基准站名称：

序号	点号	第一次高程 *H*1(m)	第二次高程 *H*2(m)	第三次高程 *H*3(m)	中数 *H*(m)

项目小结

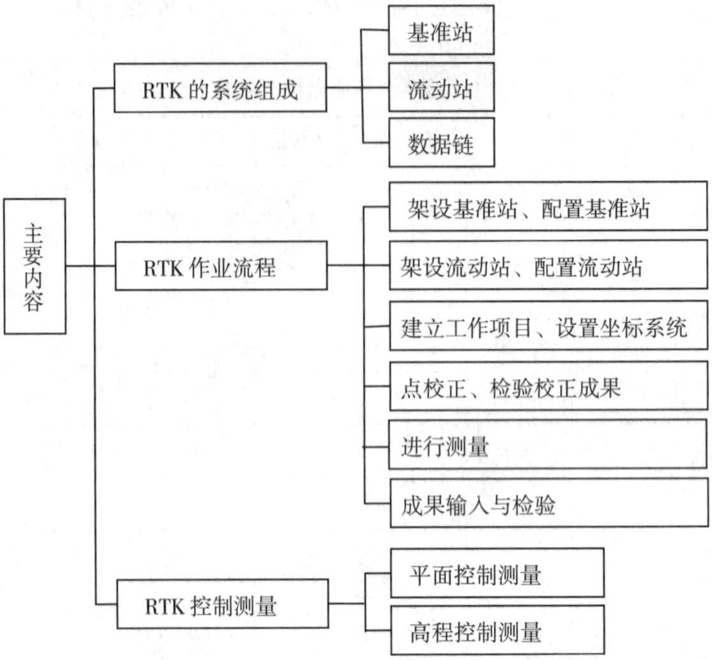

知识检测

1. 简述 RTK 的工作流程？
2. RTK 工作的作业准备需要哪些工作？
3. RTK 在工作过程中无法获取差分解，应如何解决？
4. RTK 控制测量中，采取哪些办法可以提高定位精度？

(习题答案请扫描右侧二维码查看。)

项目 7 GNSS-RTK 地形测量

项目简介

GNSS-RTK 是能够在野外实时得到厘米级定位精度的测量方法。它采用了载波相位动态实时差分(Real Time Kinematic)方法，是 GNSS 应用的重大里程碑，它的出现为各种工程测量带来了新曙光，极大地提高了在外作业的工作效率。

地形测图是为城市、矿区及各种工程提供不同比例的地形图，以满足城市规划和各种经济建设的需要。应用 RTK 进行地形测量可以达到厘米级以上的精度，精度高，作业简便，效率高。通过本项目的学习，学生将掌握 GNSS-RTK 地形测量用于外业数字测图，内容分为图根点测量和碎部点测量。

教学目标

(1)知识目标：①了解 GNSS-RTK 地形测量的主要技术指标、图根点及碎部点测量的主要技术要求；②了解 GNSS-RTK 地形测量成果质量控制办法。

(2)技能目标：①能使用 RTK 设备进行图根点、碎部点的数据采集工作；②会进行 GNSS-RTK 地形测量成果质量检查。

(3)思政目标：①养成独立思考问题、解决问题的习惯；②培养学生团队协作、爱岗敬业的精神。

任务 7.1 GNSS-RTK 图根控制测量

感动中国故事
——国测一大队

GNSS-RTK 图根控制测量作业流程与项目 6“GNSS-RTK 控制测量”基本相同。根据《卫星导航定位基准站网络实时动态测量(RTK)规范》(GB/T 39616—2020)，RTK 地形测量主要技术要求应符合表 7-1 的规定。

表 7-1 **RTK 平面控制点测量主要技术要求**

等级	相邻点间平均边长/m	点位中误差/cm	边长相对中误差	与基准站的距离/km	观测次数	起算点等级
一级	≥500	≤±5	≤1/20000	≤5	≥4	四等及以上
二级	≥300	≤±5	≤1/10000	≤5	≥3	一级及以上
三级	≥200	≤±5	≤1/6000	≤5	≥2	二级及以上

注：困难地区相邻点间距离可缩短至表中数值的 2/3。

图根点标志宜采用木桩、铁桩或其他临时标志，必要时可埋设一定数量的标石。

RTK 图根点测量时，地心坐标系与地方坐标系转换关系的获取方式与控制点的相同，也可以在测区现场通过点校正的方法获取。

RTK 图根点高程的测定方法也可以通过流动站测得的大地高减去流动站的高程异常获得。流动站的高程异常可以采用数学拟合方法、似大地水准面精化模型内插等方法获取，也可以在测区现场通过点校正的方法获取。

RTK 平面控制点测量流动站观测时应采用三脚架对中、整平，每次观测历元数应大于 10 个。RTK 图根点测量平面坐标转换残差不大于图上 0.07mm。RTK 图根点的高程拟合残差不大于 1/12 等高距。RTK 图根点的平面测量两次测量点位较差应不大于图上 0.1mm，高程测量两次测量高程较差不应大于 1/10 基本等高距，各次结果取中数作为最后成果。

用 RTK 技术施测的图根点平面成果应进行 100%的内业检查和不少于总点数 10%的外业检测，外业检测采用相应等级的全站仪测量边长和角度等方法进行，其检测点应均匀分布测区。检测结果应满足表 7-2 的要求。

表 7-2　**RTK 图根点平面检测精度要求**

等级	边长校核		角度校核		坐标校核
	测距中误差（mm）	边长较差的相对误差	测角中误差（″）	角度较差限差（″）	平面坐标较差（mm）
图根	≤±20	≤1/3000	≤±20	60	≤±图上 0.15

用 RTK 技术施测的图根点高程成果应进行 100%的内业检查和不少于总点数 10%的外业检测，外业检测采用相应等级的三角高程、几何水准测量等方法进行，其检测点应均匀分布测区。检测结果应满足表 7-3 的要求。

表 7-3　**RTK 图根点高程检测精度要求**

等级	高差较差
图根	≤1/7 基本等高距

任务 7.2　GNSS-RTK 地形测量

GNSS-RTK 地形测量适用于外业数字测图的图根测量和碎部点数据采集。

一、RTK 地形测量主要技术指标

根据《卫星导航定位基准站网络实时动态测量（RTK）规范》（GB/T 39616—2020），

RTK 地形测量主要技术要求应符合表 7-4 的规定。

表 7-4　**RTK 地形测量主要技术要求**

等级	图上点位中误差(mm)	高程中误差	相邻点间距(m)	测回数
图根点	≤0.1	1/10 基本等高距	≥100	≥2
碎部点	≤0.5	符合相应比例尺成图要求	—	≥1

注：困难地区相邻点间距离可缩短至表中数值的 2/3。

二、仪器设备的准备

1. RTK 接收设备

GNSS-RTK 地形测量 RTK 接收设备应符合下列规定：

(1)接收设备应包括双频接收机、天线和天线电缆、数据链套件(调制解调器、电台或移动通信设备)、数据采集器等；

(2)基准站接收设备应具有发送标准差分数据的功能；

(3)流动站接收设备应具有接收并处理标准差分数据的功能；

(4)接收设备应操作方便、性能稳定、故障率低、可靠性高；

(5)接收机标称精度公式为：

$$\delta = a + b \cdot d$$

式中：a——固定误差，mm；

b——比例误差系数，mm/km；

d——流动站至基准站的距离，km。

RTK 测量宜选用优于下列测量精度(RMS)指标的双频接收机：

(1)平面：$10\text{mm}+2\times10^{-6}\times d$；

(2)高程：$20\text{mm}+2\times10^{-6}\times d$。

2. 接收设备的检验

接收机的一般检验应符合下列要求：

(1)接收机及天线型号应与标称一致，外观应良好；

(2)各种部件及其附件应匹配、齐全和完好；紧固的部件应不得松动和脱落；

(3)设备使用手册和后处理软件操作手册及磁(光)盘应齐全。

(4)接收机的检定按《全球导航卫星系统(GNSS)测量型接收机 RTK 检定规程》(CH/T 8018—2009)执行，并应在有效的使用周期内。

使用前宜对设备进行基准站与流动站的数据链联通检验及数据采集器与接收机的通信联通检验。

三、RTK 图根点测量要求

RTK 图根点测量相关要求如下：

(1)图根点标志宜采用木桩、铁桩或其他临时标志，必要时可埋设一定数量的标石。

(2)RTK 图根点测量时，地心坐标系与地方坐标系转换关系的获取方法参照任务 6.2，也可以在测区现场通过点校正的方法获取。

(3)RTK 图根点高程的测定，由通过流动站测得的大地高减去流动站的高程异常获得。

(4)流动站的高程异常可以采用数学拟合方法、似大地水准面精化模型内插等方法获取，也可以在测区现场通过点校正的方法获取。

(5)RTK 图根点测量方法参照任务 7.1 中相关要求执行。

(6)RTK 平面控制点测量流动站观测时应采用三脚架对中、整平，每次观测历元数应大于 10 个。

(7)RTK 图根点测量平面坐标转换残差应不大于图上 0.07mm。RTK 图根点测量高程拟合残差应不大于 1/12 等高距。

(8)RTK 图根点测量平面测量两次，点位较差应不大于图上 0.1mm，高程测量两次，高程较差应不大于 1/10 基本等高距，各次结果取中数作为最后成果。

四、RTK 碎部点测量要求

RTK 碎部点测量的主要要求如下：

(1)RTK 碎部点测量时，地心坐标系与地方坐标系转换关系的获取方法参照前述，也可以在测区现场通过点校正的方法获取。当测区面积较大，采用分区求解转换参数时，相邻分区应不少于 2 个重合点。

(2)RTK 碎部点高程的获取按照 RTK 图根点测量中的(3)(4)(5)执行。

(3)RTK 碎部点测量平面坐标转换残差应不大于图上±0.1mm。RTK 碎部点测量高程拟合残差应不大于 1/10 基本等高距。

(4)RTK 碎部点测量流动站观测时可采用固定高度对中杆对中、整平，观测历元数应大于 5 个。

(5)连续采集一组地形碎部点数据超过 50 点应重新进行初始化，并检核一个重合点。当检核点位坐标较差不大于图上 0.5mm 时，方可继续测量。

五、RTK 测量作业过程

首先假设基准站，并确保各部件连接正确，启动基准站。启动并配置流动站。初始化后，在固定解模式下，进行点校正，求取坐标转换参数，并应用。

在其他控制点上检核，满足相关精度要求后，开始作业。一般两人一组，测量员在每个碎部点上立杆并测量数据，一般取几秒作为一个记录单元。在记录时，要求测量员立杆点位要准确，尽量稳住对中杆。记录员绘制草图。也可以使用编号法根据现场地形进行测量设定，以便内业整图时提供参考。采集点时，可根据现场地形的实际情况进行测量设定。在特殊点位测量时，可以设定按距离进行采集，距离由人为设定；在均匀运动测量的过程中，可以设定按时间进行采集，时间间隔也可人为设定。

外业测量存储的文件为专业的数据库文件，可以用测量成果输出功能，将原始数据文件转换为用户需要的格式。转换后的格式与所用软件格式相一致，结合外业的草图，可以快速地完成数字化内业成图工作。

六、RTK 地形测量质量控制与检查

RTK 地形测量质量控制与检查内容如下：

(1) RTK 地形测量外业采集的数据应及时从数据记录器中导出，并进行数据备份，同时对数据记录器内存进行整理。

(2) RTK 地形测量外业观测记录采用仪器自带内存卡和数据采集器，记录项目及成果输出包括下列内容：①转换参考点的点名(号)、残差、转换参数；②基准站、流动站的天线高、观测时间；③流动站的地心、平面收敛精度；④流动站的地心坐标、平面和高程成果数据。

(3) 导出的成果数据在计算机中用相应的成图软件编辑成图。

(4) 用 RTK 技术施测的图根点平面成果应进行 100% 的内业检查和不少于总点数 10% 的外业检测(见表 7-2、表 7-3)，外业检测采用相应等级的全站仪测量边长和角度等方法进行，其检测点应均匀分布在测区。

(5) 用 RTK 技术施测的图根点高程成果应进行 100% 的内业检查和不少于总点数 10% 的外业检测，外业检测采用相应等级的三角高程、几何水准测量等方法进行，其检测点应均匀分布在测区。

RIK 地形测量前应进行技术设计，RTK 图根测量、RTK 碎部点测量应满足上述要求，并对成果按 RTK 地形测量质量控制与检查标准进行检查验收。

七、资料提交和成果验收

(一) RTK 测量任务完成后应提交的资料

RTK 任务完成后，应提交下列资料：

(1) 技术设计报告、技术总结和检查报告；

(2) 接收机检定资料；

(3) 按要求应提交的控制点点之记；

(4)坐标系统转换资料；
(5)测量数据成果资料。

(二)成果验收内容

RTK 成果验收内容工作包括：
(1)技术设计和技术总结是否符合要求；
(2)转换参考点的分布及残差是否符合要求；
(3)观测的参数设置、观测条件及检测结果和输出的成果是否符合要求；
(4)实地检验控制点的精度及选点、埋石质量。
(5)实地检验地形测量各质量元素的质量。

技能训练

技能训练 1：RTK 数字化测图

一、训练目的
(1)掌握 RTK 作业的过程、作业所需准备内容；
(2)能够独立完成 RTK 图根控制测量；
(3)能够根据需要选择合适的方法进行碎部点测量。
二、训练内容
(1)架设 RTK 基准站，用手机与基准站连接，并进行设置；
(2)手簿连接流动站，进行设置，完成点校正；
(3)RTK 特征点的测量；
(4)掌握 RTK 连续运动测量地形的方法；
(5)进行测量数据的质量分析、绘制地形图。
三、仪器设备及资料准备
(1)基准站 GNSS 接收机、发射电台、天线、流动站接收机、接收天线、手簿、电源；
(2)点校正数据资料；
(3)数字化测图依据及规范；
(4)数据处理软件。
四、训练步骤
(1)架设 RTK 基准站、流动站，并进行配置；
(2)进行点校正，并检查其正确性，记录转换残差、转换参数；
(3)进行特征点测量，要求测量时间设置为 1s；
(4)进行连续测量，按时间间隔和距离间隔分别进行练习；
(5)下载数据并进行数据处理，完成表 7-5。

表 7-5 **RTK 地形测量信息表**

<table>
<tr><td rowspan="2">建立坐标系统</td><td colspan="3">参考椭球长半轴(m)</td><td></td><td colspan="3">参考椭球扁率</td><td colspan="2"></td></tr>
<tr><td colspan="3">投影中央子午线（°）</td><td></td><td colspan="3">投影坐标东移(m)</td><td colspan="2"></td></tr>
<tr><td rowspan="9">坐标转换</td><td rowspan="2">点名</td><td colspan="3">控制点地方坐标</td><td rowspan="2">点名</td><td colspan="4">控制点的 WGS-84 坐标</td></tr>
<tr><td>X(m)</td><td>Y(m)</td><td>H(m)</td><td>B(° ′ ″)</td><td>L(° ′ ″)</td><td colspan="2">H(m)</td></tr>
<tr><td></td><td></td><td></td><td></td><td></td><td></td><td></td><td colspan="2"></td></tr>
<tr><td></td><td></td><td></td><td></td><td></td><td></td><td></td><td colspan="2"></td></tr>
<tr><td></td><td></td><td></td><td></td><td></td><td></td><td></td><td colspan="2"></td></tr>
<tr><td></td><td></td><td></td><td></td><td></td><td></td><td></td><td colspan="2"></td></tr>
<tr><td>坐标重置</td><td colspan="8">□否
□是　坐标重置的控制点名为＿＿＿＿＿＿，测量时间为＿＿＿＿＿＿ s</td></tr>
<tr><td rowspan="2">检核</td><td>点名</td><td></td><td>ΔX(m)</td><td></td><td>ΔY(m)</td><td></td><td>ΔH(m)</td><td></td></tr>
<tr><td colspan="8"></td></tr>
<tr><td>碎部测量</td><td colspan="9">(1)观测碎部点的文件名为＿＿＿＿＿＿，观测碎部点的时间为＿＿＿＿＿＿ s；手簿中设置的水平限差为＿＿＿＿＿＿，垂直限差为＿＿＿＿＿＿。
(2)观测点的水平中误差为＿＿＿＿＿＿，垂直中误差为＿＿＿＿＿＿。
(3)利用 RTK 进行地形测量时，什么地方可能没有信号或观测误差超限?</td></tr>
<tr><td>数据传输处理</td><td colspan="9">(1)手簿内数据导出的文件名为＿＿＿＿＿＿，数据文件类型为＿＿＿＿＿＿。
(2)数据传输需要用到的软件是＿＿＿＿＿＿，数据传输端口采用＿＿＿＿＿＿。[com1，com2，usb]
(3)数据导入电脑后，文件名和扩展名分别为＿＿＿＿＿＿。
(4)写出一行数据文件记录的内容并解释其含义。
(5)地形图绘制需要使用什么软件?</td></tr>
</table>

项目小结

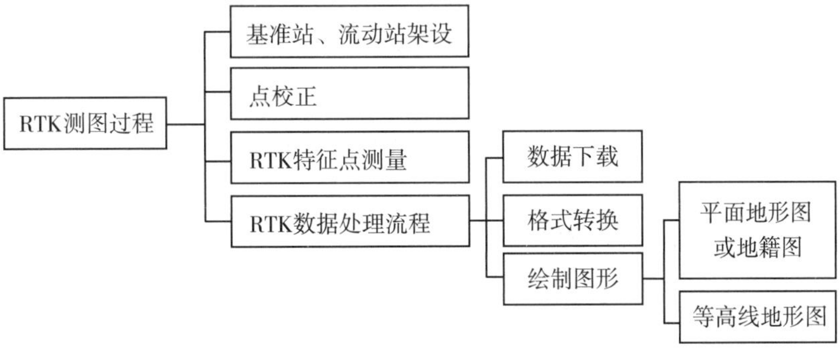

知识检测

1. 测量范围内没有已知点该怎样安置基准站？
2. 什么是单点解？浮点解？固定解？
3. RTK 采集碎部点时若得不到固定解该怎样处理？
4. 说明 GNSS-RTK 测量与手机 RTK 测量的异同点。

（习题答案请扫描右侧二维码查看。）

项目 8　GNSS-RTK 施工测量

项目简介

放样就是通过一定的方法把人为设计好的坐标点位在实地标定出来。对于施工测量来说，工程放样是必不可少的，一个较大的工程建设，含有大量的工程放样工作。放样质量的好坏直接影响到工程建设的质量。采用 RTK 技术放样，可将设计好的点位坐标输进手簿中直接放样，只需一个人手握 GNSS 接收机，走到系统提示的放样点位置，直观、高效、精度高、误差均匀，因而大大地提高了放样的效率。通过本项目的学习，学生将掌握 GNSS-RTK 点放样、道路放样的方法和技术要求，为今后的工作打下坚实的基础。

教学目标

(1)知识目标：①了解 RTK 放样的流程；②掌握放样数据的计算方法；③理解点校正的原理。

(2)技能目标：①能将放样数据导入手簿；②能使用 RTK 设备进行图根点、碎部点的数据采集工作。

(3)思政目标：①培养学生的团队合作精神、严格遵守职业规范的职业道德；②养成学生爱护仪器设备的习惯。

任务 8.1　GNSS-RTK 点放样

建筑物、构筑物的形状和大小是通过其特征点在实地上表示出来的，如建筑物的四个角点、中心、转折点等。因此点放样是建筑物和构筑物放样的基础。传统的方法是通过距离或方向来放样点，而 RTK 是在电磁波通视的条件下进行点位的放样。根据《工程测量标准》(GB 50026—2020)规定，平面点位放样中误差不得大于 5cm，RTK 测量结果的点位精度完全可以满足。需要指出的是，各点位之间相互独立，克服了传统测量技术误差累积的弊端。

一、RTK 放样原理

在 RTK 作业模式下，只要正常连接和配置基准站和流动站，GNSS 接收机可以实时获取差分解，得到所处位置的坐标。现假设待放样点的坐标为(X_m，Y_m，H_m)，而 GNSS 接收机在某时刻 t 的位置为(X_t，Y_t，H_t)，则接收机与待放样点之间的关系如下：

$$\Delta X = Y_m - X_t$$
$$\Delta Y = Y_m - Y_t$$
$$\Delta H = H_m - H_t$$
$$D = \sqrt{(X_m - X_t)^2 + (Y_m - Y_t)^2}$$

式中，D 为接收机与待放样点的距离，根据 ΔX，ΔY，ΔH，D 这四个值，即可由接收机当前位置移动到待放样点位置，完成放样。

（一）以北方向为作业指示方向

由于测量坐标系 X 轴正方向指向北方向，Y 轴正方向指向东方向。当 $\Delta X>0$ 时，说明 $X_m>X_t$，也即接收机要在 X 轴方向向北移动，移动的数量就是 $|\Delta X|$；当 $\Delta X<0$ 时，说明 $X_m<X_t$，也即接收机要在 X 轴方向向南移动，移动的数量就是 $|\Delta X|$。具体情况如表 8-1 所示。

表 8-1 **RTK 放样分析**

坐标差值	情况	移动方向	移动量
ΔX	>0	北	$\|\Delta X\|$
	<0	南	$\|\Delta X\|$
	=0	不移动	0
ΔY	>0	东	$\|\Delta Y\|$
	<0	西	$\|\Delta Y\|$
	=0	不移动	0
ΔH	>0	上	$\|\Delta H\|$
	<0	下	$\|\Delta H\|$
	=0	不移动	0
D	放样点到接收机当前位置的直线距离		

（二）以箭头方向为作业指示方向

假设 GNSS 接收机在 t_1 时刻的位置记为 $P_1(X_1, Y_1, H_1)$，如果测量员向前移动一个位置，在 t_2 时刻，GNSS 接收机位置记为 $P_2(X_2, Y_2, H_2)$，则 P_1 至 P_2 的矢量就可作为前进方向，而与该方向垂直的方向为左右方向。这样就如同建立了一个独立坐标系。有些软件会直接表示为前后或左右。

二、RTK 放样具体过程

（一）点放样数据获取

RTK 放样实时提供导航数据，不仅可以快速地找到点位，而且还能提供定位精度，并可进行采点。

在放样之前，如果放样点的数量比较少，可以将放样点的坐标值直接手工输入测量控制器中。如果放样点数量比较多，可以采用台式电脑制作数据文件，然后将文件导入测量控制器中。需要注意的是，尽量完成点校正之后再导入放样数据。

（二）点放样野外操作

完成初始化后，在测量控制器里选择“测量”→“点放样”→“常规点放样”，选择“添加”，选择放样点（见图 8-1）。输入正确的天线高度和测量到的位置开始放样。

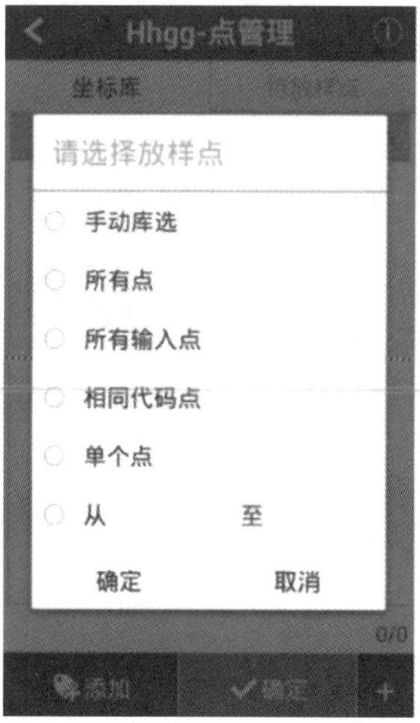

图 8-1 点放样

图 8-2 点放样选项

箭头的指示方向可以在选项中选择：正北方向或前进方向，如图 8-2 所示。在点放样界面中，右上方显示向哪个方向移动，⊗表示放样点的位置，表示当前位置。当接收机接近放样点时箭头变为圆圈，目标点为十字丝。

执行测量，正确输入天线高度，选择测量点后，测量得出所放样点的坐标和设计坐标的差值，如果差值在要求范围以内，则继续放样其他各点，否则重新放样，标定该点，如

图 8-3 所示。

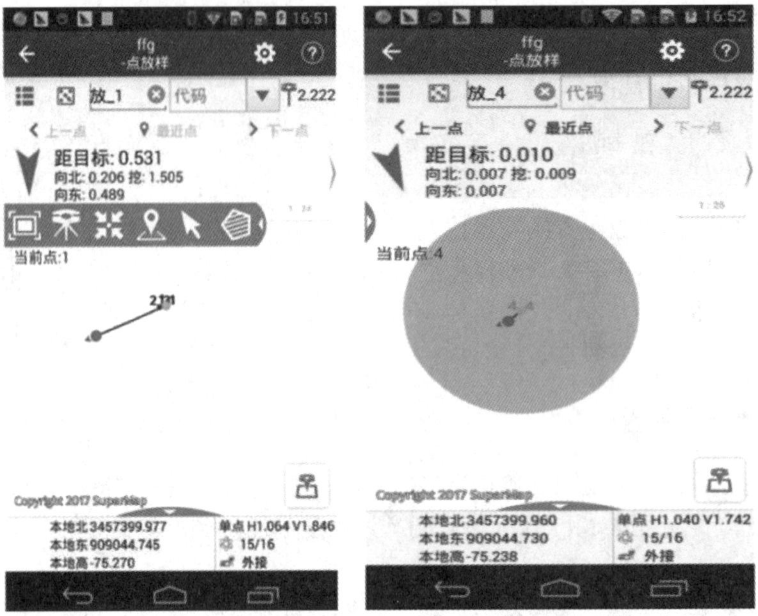

图 8-3　点放样测量及结果

三、放样误差分析

点放样的误差，包括 RTK 系统自身的误差，测量环境对 RTK 的影响产生的误差，比如“多路径误差”或“信号干扰误差”，以及人为操作不正确造成的误差。在放样过程中，如果点位误差超限，可采取措施来消除或减小误差，比如：改变基准站的位置，选择视野开阔的地点，远离无线电发射源、雷达装置、高压电线等，采用有削弱多路径效应技术的天线等。对于误差较大，RTK 又难以削弱其误差的点可以采用其他的测设方法，工作中应根据现场情况灵活选用适当的放样方法。

四、RTK 放样的优缺点

RTK 放样的优点如下：

(1) 使用 RTK 进行放样，减少人力费用；

(2) 定位精度高，测站间无须通视，只要对空通视即可；

(3) 操作简便、直观、容易使用；

(4) 能全天候、全天时地作业。

RTK 也存在着一些不利因素，GNSS-RTK 并不能完全替代全站仪等常规仪器，在影响 GNSS 卫星信号接收的遮蔽地带，可在附近用流动站及时做出两个控制点，再用全站仪、测距仪等测量工具弥补 GNSS-RTK 的不足。

任务 8.2　GNSS-RTK 道路放样

一、RTK 直线放样

RTK直线放样常用于电杆排放、线路放样等。根据界面的导航信息可以快速到达待定直线，方便快捷。可以用两点确定一条直线，也可以用一点及一个方位角确定一条直线，选择“测量”→“线放样”。

流程如下：

新建项目后，点击主界面选择“放样”→“线放样”，出现线放样界面。首先设置放样参数，线型选择直线，软件提供了两种方式，分别为“两点式”和“一点+方位角+距离”，如图 8-4 所示，如果是两点定线，从点库中提取两个点的起点和终点坐标，输入起点里程；如果选择“一点+方位角+距离”，则只需要从点库中输入一个坐标，输入直线的方位角、长度及起点里程，点击“确定”，进入放样界面，如图8-5所示。

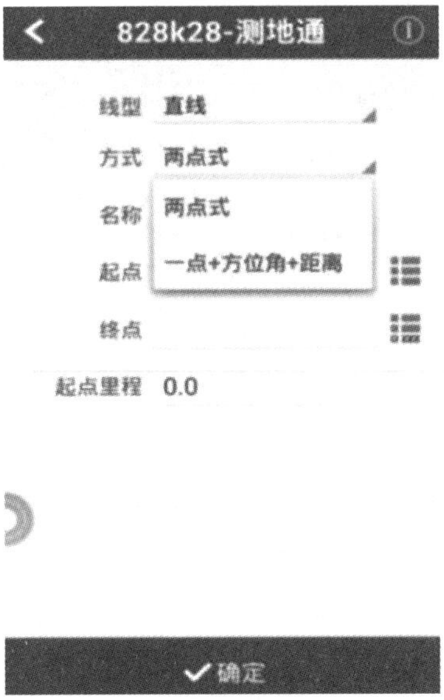

图 8-4　直线放样测量方式

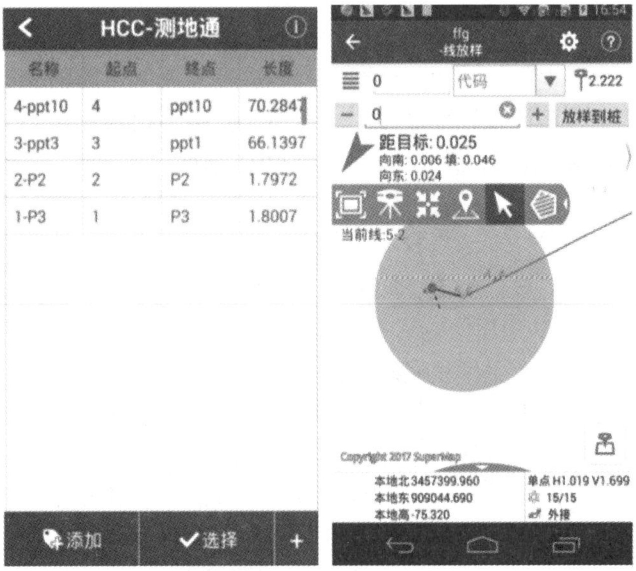

图 8-5　直线放样测量点

可通过实时显示当前坐标的方式来寻找目标，也可以当流动站位置在放样直线的方向时，点击“测量”键，如图 8-6 所示，得出标定点与设计桩号坐标的差，根据差值的大小确定是否需要重新放样该点。

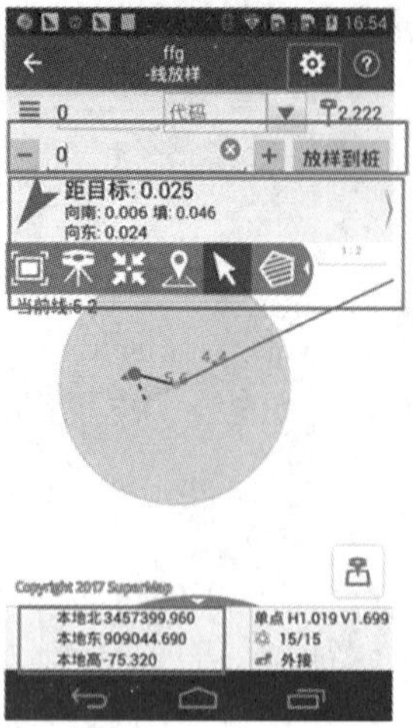

图 8-6　“直线放样”界面

二、RTK 道路放样概述

道路放样测量是道路施工部门根据道路设计部门提供的道路设计数据，在地面上实地找到要施工的道路，获取道路的中桩数据和横断面数据，从而按设计要求施工。公路、铁路、渠道、输电线以及其他管道工程都属于线型工程，线型工程的中线通称为线路。线路实际上是由空间的直线段和曲线段组合而成的。在线路方向发生变化的地段，连接转向为平曲线。平曲线有圆曲线和缓和曲线两种，圆曲线是有一定曲率半径的圆弧。

道路放样的流程如下：

(1)使用电脑或手簿编辑道路。打开道路软件，选择元素法或交点法编辑道路，编辑完后存放到手簿里以备调用。

(2)安置仪器并完成点校正。打开手簿测地通软件，设置好 GNSS 主机工作模式，利用已有的坐标转换参数或点校正方法，将测出的 WGS-84 坐标转换成当地坐标。

(3)使用手簿打开道路文件进行放样并测量。打开测地通“测量”菜单下的“道路放样”，新建一个任务，选择已有的道路文件，中桩和横断面文件自动生成。新建或者打开已有的任务之后，设置道路的起始里程桩号，根据右侧道路放样距离提示，放样道路点，点击“测量”进入测量模式，测量并保存道路点。点击加减桩号按钮，进入下一个点的测量模式。依次进行各道路中桩的放样和测量。

(4)横断面采集。勾选“横断面采集”，进入横断面测量模式。根据横偏纵偏提示，放样并测量横断面数据。

(5)数据导出。在道路放样界面，点击“导出”，选择中桩或横断面数据，选择路径，将数据导出。使手簿和电脑连接，将测量数据导出。

一般道路放样前道路设计单位须先提供道路设计数据，施工单位根据道路设计数据，首先在道路放样软件中输入道路文件，然后到现场进行施工放样。以下是道路放样的具体操作流程。

1. 新建道路

打开测地通“测量”菜单下的“道路放样”，点击“道路管理”(图 8-7)，进入常用道路列表界面(图 8-8)，点击“新建”，弹出创建道路界面，如图 8-7 所示，输入道路名称，路径默认在 roads 文件夹下，点击“创建道路”，选择需要创建的道路类型(图 8-9)，点击“完成”即可完成道路的创建。

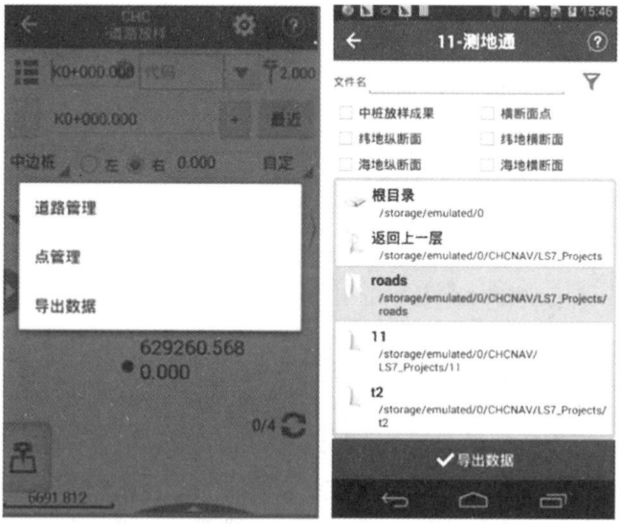

图 8-7　创建道路

图 8-8　“道路管理”界面

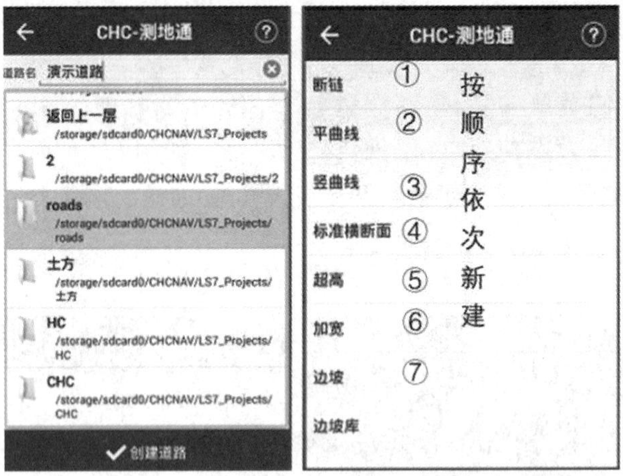

图 8-9　新建道路

2. 道路参数设定

1)平曲线

平曲线的编辑方法有两种，包括元素法和交点法。

(1)元素法。

点击“追加”，在元素法编辑界面选择元素类型，输入曲线要素。根据选择的元素类型不同，可以输入的数据要素也不相同。各类型曲线的北、东、起始方位角及长度均可输入。曲线的北、东坐标为曲线的起始坐标，首条曲线还需要输入起始里程、方位角。如图 8-10 所示。

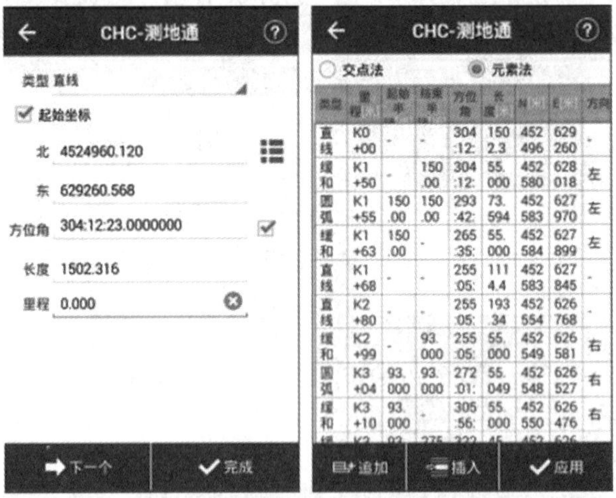

图 8-10　平曲线参数设置——元素法

直线：可输入方位角和长度。

出/入缓和曲线：可输入起始半径、终止半径、长度。当起始半径、终止半径留空或为 0 时对应的半径为无穷大。

圆曲线：可输入半径和长度，选择是左偏还是右偏。

以此类推，点击“下一个”，将所有曲线要素输入完成之后，点击“完成”，将该曲线添加到曲线列表中。点击“应用”，使输入的参数生效，程序进行整条道路曲线的计算。

注：首条曲线必须输入曲线的“起始坐标”和“方位角”，接下来的曲线“起始坐标”和“方位角”的输入默认不选中。若用户需要输入曲线的“起始坐标”和“方位角”，请勾选对应项前面的复选框，然后输入数据即可。勾选复选框，会使得该当前数据作为后续曲线计算的起算数据。

(2)交点法。

点击“追加”，在交点编辑界面输入起点坐标(也可在列表中添加)和桩号，点击“完成”，点击“下一个”，输入对应的曲线组合类型及要素。在类型下拉列表中选择曲线测量的组合类型(圆弧、缓 | 缓、缓 | 圆 | 缓、点)。根据所选的曲线组合类型，分别填入所需的数据(半径、圆曲线长、入缓和曲线长、出缓和曲线长)，如图 8-11 所示。

点：输入坐标里程；

圆弧：输入坐标、半径；

缓 | 圆 | 缓：输入坐标、半径、入缓和曲线长、出缓和曲线长；

采用相同的方法依次添加各交点及对应数据要素。

最后点击“追加”，输入终点坐标。软件默认最后输入行为终点。

全部输入完毕后点击“应用”，使输入参数生效程序进行整条道路曲线的计算。

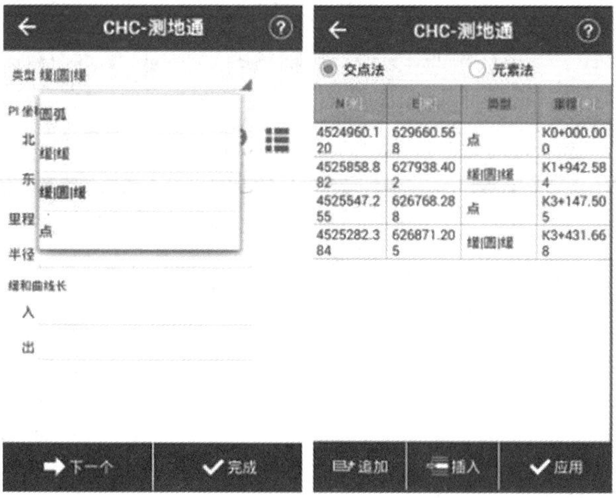

图 8-11　平曲线参数设置——交点法

2)竖曲线

竖曲线编辑，只需输入里程、标高、半径即可(半径不分正负)。参数输入参照平曲线。

注：输入竖曲线时，一定要先输入平曲线。

三、道路放样流程

1. 打开道路

选择“道路列表”→“道路管理”，打开已有道路文件，点击“测量”，准备放样，放样之前需做一些简单的设置，如天线高、观测时间等。然后进入“道路放样”界面，如图8-12所示。

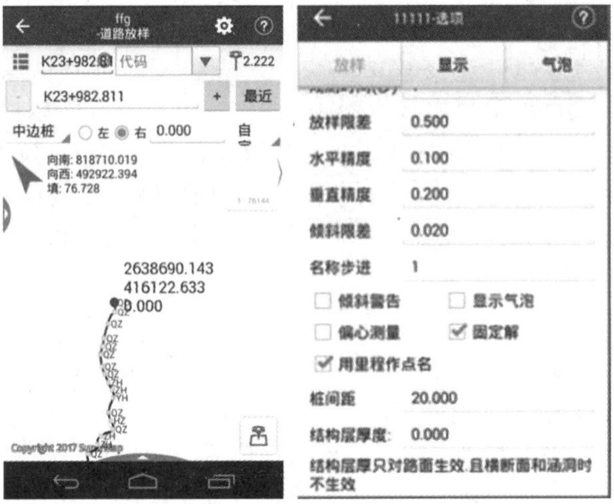

图 8-12　打开道路放样图

打开已有道路文件，点击“测量”，准备放样。

可选择如图 8-13 所示的道路放样模式。

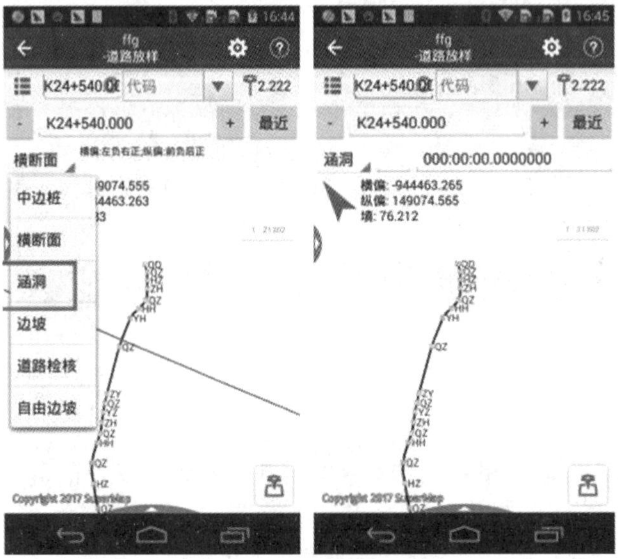

图 8-13　道路放样模式

以中、边桩测量为例：

中桩：打开道路，点击右上角设置，对桩间距进行设置，设置好后点击左上角箭头返回，然后从起点桩号开始放样。按“+”号根据之前设置的桩间距依次放样。

边桩：放样边桩有两种方法，第一种：输入距离，选择“左”或“右”，输入边桩到中桩的距离，根据导航提示放样；第二种：使用自定义编辑板块功能，如图 8-14 所示。比如，选择中央分隔带，软件会自动计算出中桩与中央分隔带的距离，按导航提示距离选择放样。

2. 道路放样

方法同直线放样。

3. 横断面采集

测量横断面时，一定要测量对应的中桩，否则无法直接导出横断面数据。选择横断面，进入横断面测量模式，在道路视图中出现一条与道路曲线垂直的红色线条，表示横断面，如图 8-15 所示。

纵偏：当前位置与横断面的距离。

横偏：当前位置投影到横断面后，与中桩的距离。“—”表示道路。

填：当前高程与设计高程的差距。

横断面采集时，一般是纵偏接近于 0，表示当前位置在横断面上；横偏不为 0，表示测量位置与中桩的距离。横偏为负值，表示当前位置在道路左边；横偏为正值，表示当前位置在道路右边。

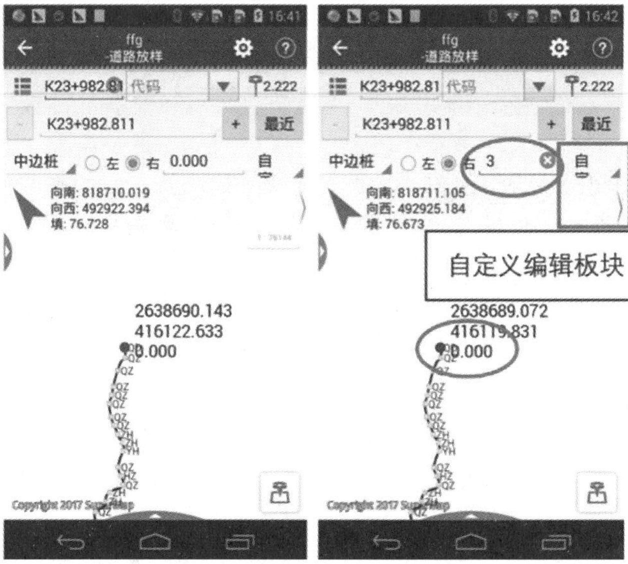

图 8-14 “道路放样”界面

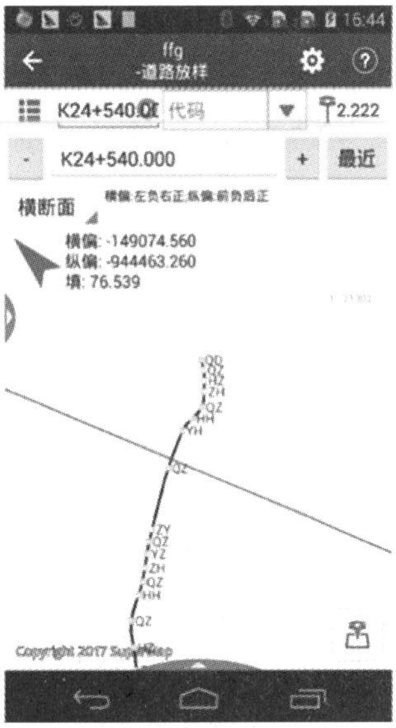

图 8-15 横断面测量

四、道路放样精度分析

用 RTK 进行测设，曲线的点位误差、横向和纵向偏差完全可以满足工程的要求。由于 RTK 放样不存在误差累积，所以比常规仪器测设的精度高。

如有误差超限的点，可以根据测量的条件，判断出误差的来源，对于放样点在市区的工程，误差多为信号干扰误差。对于接近水域的地区，则为多路径误差。

拓展阅读

周跳的探测与修复

守护国家地理信息安全

周跳就是由于 GNSS 接收机对于卫星信号的失锁，而导致 GNSS 接收机中载波相位观测值中的整周计数发生突变的现象。

要获得高精度定位，除了必须准确地解算整周未知数，还必须保证计数器准确记录整周计数和小数部分相位，特别是整周计数应该是连续的。如果由于各种原因，导致计数器累计发生中断，那么恢复计数器后，其所计的整周计数与正确数之间就会存在一个偏差，这个偏差就是因周跳而丢失掉的周数。其后观测的每个相位观测值中都含有这个偏差。

产生周跳的主要原因是卫星信号失锁，例如卫星信号被障碍物遮挡而暂时中断，或受到无线电信号干扰而造成失锁等。这些原因都会使计数器的整周数发生错误，由于载波相位观测量为瞬时观测值，因此不足一周的小数部分总能保持正确。

周跳有两种类型。第一种是当卫星信号的接收被中断数分钟或者更长时间时，GNSS 在数个观测历元中不再有载波相位观测值，这类周跳容易识别。另一种是卫星信号的中断时间很短，可能发生在两相邻历元之间，在每个历元都包括整周计数小数部分相位值，然而整周数已有突变，不再衔接，所出现的周跳可能小至一周，也可大至数百周。这类周跳难以识别，因为即使没有发生周跳，相邻两历元之间的相位观测值中的整周数也是在不停变化的，其中是否有周跳发生，则需要用专门的方法加以探测。如何判断周跳并恢复正确的计数是 GNSS 数据处理中的一项很重要的工作。许多软件中都已经有这一功能，称为周跳探测与修复，一般在平差之前的数据预处理阶段进行。

容易理解，在不发生周跳的情况下，随着用户接收机与卫星间距离的变化，载波相位观测值也随之不断变化，其变化应该是平缓而有规律的。一般说来，在相位观测的历元序列中，对相邻历元的相位观测值取差，相邻相位观测值之差值称为一次差；相邻一次差的差值称为二次差；依此类推，当取至 4~5 次差之后，距离变化时整周数的影响已可忽略，这时的差值主要是由于振荡器的随机误差引起的，因而应具有随机性的特点。但是，如果在观测过程中发生了周跳现象，那么便破坏了上述相位观测量的正常变化规律，从而使其高次差的随机特性也受到破坏。利用这一性质，便可以在相位观测时发现周跳现象。

目前生产的很多种接收机在卫星信号失锁时都能自动报警，不仅在原始观测数据中会有提示，而且可以显示在屏幕上，为数据预处理中的周跳探测提供了有利条件。在各种含周跳自检的 GNSS 接收机中，采用的检测周跳的软件尽管方法各不相同，但自动化程度较高，一般都不需要人工干预了。

技能训练

技能训练 1：GNSS 点放样

一、训练目的

(1)掌握 RTK 作业的过程及作业所需准备的内容；

(2)能独立进行 RTK 点校正；

(3)能独立进行点放样工作。

二、训练内容

(1)RTK 基准站的架设和设置；

(2)进行点校正；

(3)计算放样数据并导入手簿；

(4)放样点、线；

(5)检验放样点。

三、仪器设备及资料准备

(1)基准站 GNSS 接收机、发射电台、天线、流动站接收机、接收天线、手簿、电源；

(2)点校正数据资料；

(3)施工放样依据规范；

(4)放样图纸及参数。

四、训练步骤

(1)架设 RTK 基准站和流动站；

(2)计算放样数据，然后根据接收机规定的数据格式编辑成放样数据文件；

(3)进行点校正，检核点校正结果；

(4)使用同步软件连接手簿与电脑，将数据复制到手簿指定路径下，然后在手簿 RTK 软件下打开工作项目，将数据导入项目内；

(5)根据表 8-2 提供的已知点及检核点坐标，完成表 8-3 坐标的放样。

表 8-2　**已知点及检核点坐标**

点名	X	Y	H	备注
QG	4645098. 391	542557. 926	61. 760	旗杆
BDZ	4644979. 714	542560. 283	62. 210	备电站
SF	4645006. 288	542388. 832	61. 941	水房
ST	4645137. 152	542423. 373	61. 795	食堂

表 8-3 **待放样点坐标**

编号	点名	X	Y
1	1	4644902.001	542467.017
	2	4644896.264	542465.342
	3	4644894.829	542471.086
	4	4644898.774	542472.043
	5	4644899.491	542468.573
	6	4644901.523	542469.051

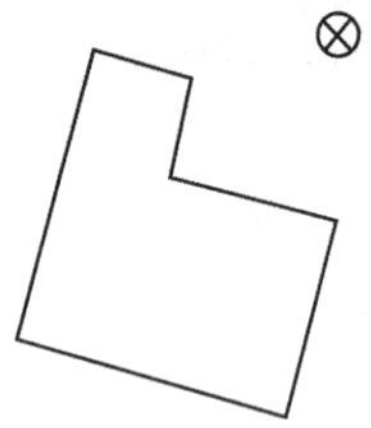

技能训练 2：GNSS 道路放样

一、训练目的

(1)掌握 RTK 作业的过程及作业所需准备的内容；

(2)能够独立进行 RTK 点校正；

(3)能够独立进行道路放样工作。

二、训练内容

(1)RTK 基准站的架设和设置；

(2)计算放样数据并导入手簿；

(3)进行点校正；

(4)放样道路；

(5)检验放样点位、距离。

三、仪器设备及资料准备

(1)基准站 GNSS 接收机、发射电台、天线、流动站接收机、接收天线、手簿、电源；

(2)点校正数据资料；

(3)施工放样依据规范；

(4)放样图纸及参数。

四、训练步骤

(1)架设 RTK 基准站和流动站；

(2)计算放样数据，然后根据接收机规定的数据格式编辑成放样数据文件；使用同步软件连接手簿与电脑，将数据复制到手簿指定路径下，在手簿 RTK 软件下打开工作项目，将数据导入项目内；

(3)进行点校正，导入放样数据(如果先导入数据再进行点校正，那么放样有可能被点校正改变)；

(4)放样道路；

(5)检核校正结果；

（6）利用测地通软件完成案例表 8-4 计算，并填写表 8-4。

表 8-4 **案 例 计 算**

点号	弧长(m)	里程(m)	X	Y	主点号
1	0	K3+400	2456.238	4598.566	ZH
2	20	K3+420			
3	40	K3+440			
4	60	K3+460			
5	80	K3+480	2531.843	4624.701	HY
6	100	K3+500			
7	120	K3+520			
8	129.93	K3+529.93	2578.126	4643.426	JD
9	140	K3+540			
10	160	K3+560			
11	179.87	K3+579.87	2623.417	4664.439	YH
12	200	K3+600			
13	220	K3+620			
14	240	K3+640			
15	259.87	K3+659.87	2694.148	4701.804	HZ

项目小结

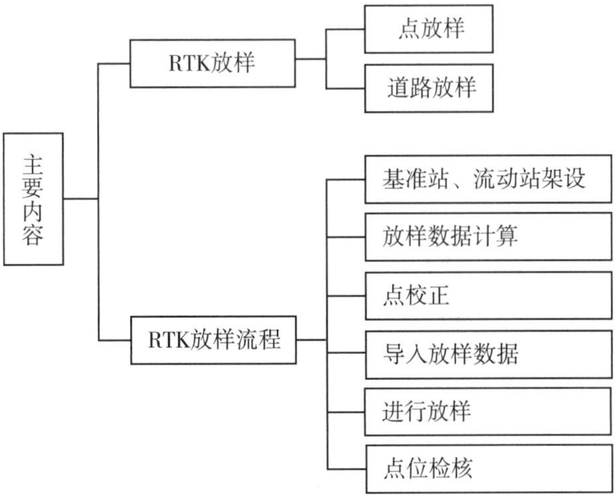

知识检测

1. 什么叫放样？
2. RTK 放样较传统放样方法有何优点？
3. RTK 放样能取代传统放样方法吗？为什么？
4. 简述道路放样的具体操作流程。

(习题答案请扫描右侧二维码查看。)

项目 9　网络 RTK 技术和连续运行站的应用

项目简介

连续运行参考站系统(CORS)是为了满足 GNSS 精密定位应用而产生的。利用多基站网络实时动态定位(RTK)技术建立的连续运行卫星定位服务系统，是全球导航卫星系统(GNSS)技术发展的产物。CORS 的出现，解决了常规 RTK 测量基线短且相关误差难以确定等的局限性。目前，很多国家纷纷建立起长年连续跟踪 GNSS 卫星的基准站，以满足本国 GNSS 大地测量定位技术等各种需求。我国各个地区也建立了 CORS，以满足生产和科研的要求。通过本项目的学习，学生将认识连续运行站，了解 CORS 站的建立流程，掌握 CORS 站的申请和使用。

教学目标

(1)知识目标：①了解连续运行站的建设；②掌握 CORS 站的申请和使用方法。

(2)技能目标：能使用 RTK 在 CORS 模式下进行测量。

(3)思政目标：①培养良好的职业道德；②培养团队协作、爱岗敬业的精神；③培养认真负责的工作态度。

任务 9.1　连续运行参考站建立

常规 RTK 仅局限于通信电台有效广播范围内，随着流动站与参考站间距离的增长，各类系统误差残差迅速增大，导致无法正确确定整周模糊度参数，得到固定解，且精度随着基线长度的增大而降低。为了解决 RTK 较容易受卫星状况、天气状况、数据链传输状况影响产生的缺陷，网络 RTK 技术应运而生。

CORS 最初形成于 20 世纪 90 年代初，是在考察 GPS 全球精密定位方法及精度的基础上发展起来的一种基准站的定位方法和数据处理技术。1994 年成立的国际 GPS 地球动力学服务局(IGS)大大地促进了 GPS 精密定位技术的发展，其主要任务是建立永久基准站用于提供长年连续的 GPS 观测数据。在此基础上产生的 GPS 定位新技术，美国称此为 Continuous Operational Reference System，即连续运行参考站系统，也称永久参考站。

一、CORS 原理

CORS 是由一个或若干个固定的连续运行 GNSS 参考站组成的，将卫星导航定位技术、现代计算机管理技术、数字通信技术和互联网技术集于一体的多方位、深度结合的系统。CORS 由基准站网、数据处理中心、数据传输系统、定位导航数据播发系统、用户应用系统五个部分组成，各基准站与监控分析中心间通过数据传输系统连成一体，形成专用网络，如图 9-1 所示。系统可以全天候、实时地向各类用户主动地提供经过检验的不同类型的 GNSS 观测值(载波相位、伪距)，各类改正数、状态信息以及其他有关的 GNSS 信息的服务。

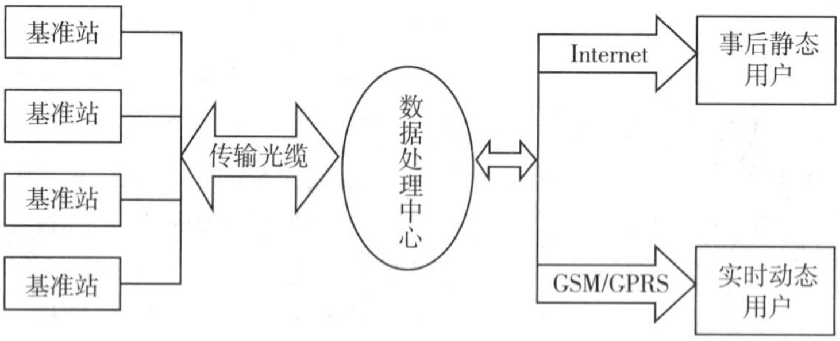

图 9-1　CORS 系统流程图

CORS 是基于网络的、动态的、连续的系统，同时也是快速、高精度地获得空间数据和地理特征的现代信息基础设施之一的综合服务系统，运用了移动通信、计算机网络、GNSS、现代大地测量、地球动力学等技术和方法，能提供移动定位、动态连续的空间参考框架，能提供地球动力学参数等服务。

二、建立 CORS 的必要性和意义

“空间数据基础设施”是信息社会、知识经济时代必备的基础设施。城市连续运行参考站系统(CORS)是“空间数据基础设施”最为重要的组成部分，可以获取各类空间的位置、时间信息及其相关的动态变化。通过建设若干永久性连续运行的 GNSS 基准站，提供国际通用格式的基准站站点坐标和 GNSS 测量数据，以满足各类不同行业用户对精度定位、快速和实时定位、导航的要求，及时地满足城市规划、国土测绘、地籍管理、城乡建设、环境监测、防灾减灾、交通监控、矿山测量等多种现代化信息化管理的社会要求。建立 CORS 的必要性和意义主要体现在以下几个方面：

(1)CORS 的建立可以大大提高测绘精度、速度与效率，降低测绘劳动强度和成本，省去测量标志保护与修复的费用，节省各项测绘工程实施过程中约 30%的控制测量费用。由于城市建设速度加快，对 GNSS-C、D、E 级控制点破坏较大，一般在 5~8 年需重新布设，至于在路面的图根控制更不用说，一两年就基本没有了，各测绘单位不是花大量的人力重新布设，就是仍以支站方式恢复，这不但保证不了精度，还造成了人力物力财力的大量浪费。随着 CORS 基站的建设和连续运行，就形成了一个以永久基站为控制点的网络。所以，可以利用已建成的 CORS 对外开放使用，收取一定的费用，收费标准可以根据各地

的投入和实际情况制定，当然在这一点上更多的是社会效益。

(2)CORS 的建立，可以对工程建设进行实时、有效、长期的变形监测，对灾害进行快速预报。CORS 项目的完成将为城市诸多领域如气象、车船导航定位、物体跟踪、公安消防、测绘、GIS 应用等提供精度达厘米级的动态实时 GNSS 定位服务，将极大地加快该城市基础地理信息的建设。

(3)CORS 将是城市信息化的重要组成部分，并由此建立起城市空间基础设施的三维、动态、地心坐标参考框架，从而从实时的空间位置信息面上实现城市真正的数字化。CORS 的建成能使更多的部门和更多的人使用 GNSS 高精度服务，它必将在城市经济建设中发挥重要作用，由此带给城市巨大的社会效益和经济效益是不可估量的，它将为城市进一步提供良好的建设和投资环境。

三、CORS 建立的流程

CORS 建立的流程分为以下几个阶段：首先进行市场调研，进行系统设计，根据用户需求进行需求分析，做整体设计；然后由整体设计做详细设计，并根据详细设计，进行系统建造，完成施工；再进行调试、试运行，完成竣工验收；最后交付，投入使用。在系统从设计到交付使用的各阶段按标准与规范要求进行质量控制，保证系统能正常运行。

系统设计的依据包括国内标准规范、项目合同、协议、技术设计书及其他相关文件，比如国家质量监督检验检疫总局 2012 年发布的《全球导航卫星系统连续运行基准站网技术规范》(GB/T 28588—2012)，是我国现代测绘基准体系的重要组成部分，对国家基准站网、区域基准站网、专业应用站网的建设具有重要的指导意义。

系统总体设计方案应包括四个子系统：参考站子系统、控制中心子系统、数据通信子系统、用户服务子系统。系统由基准站提供 GNSS 观测数据传输至系统控制中心，系统控制中心也可给基准站发送控制指令，系统控制中心根据监测信息进行数据处理、完成数据备份，并将差分信息分事后和实时播发给用户。基准站的分布主要考虑地域条件、应用需求和经费预算等，建议北方开阔地形站间距离 40~70km，南方密集地形站间距离 30~50km。

(一)参考站子系统

参考站的功能是提供 CORS 的原始观测数据，主要工作内容有捕获、跟踪、采集与传输卫星信号，监测设备完好性，设备主要有参考站(含站点观测墩)、GNSS 接收机、UPS、网络交换设备、防雷设施等辅助设施。

参考站接收机要求自带抑制板天线，参考站类型有屋顶基准站、地面基准站等，地面基准站包括地面站、基岩站等，应具备电涌、避雷针等防护设施，配备 UPS 电源。如图 9-2 所示。基准站子系统首先应进行结构设计，踏勘选址后进行环境测试，经过土建工程后进行设备安装。

图 9-2 基准站建成后的实景

基准站选址应在地基稳定的地点，并满足以下要求：

(1)场地稳固；

(2)视野开阔，视场内障碍物的高度不宜超过 15°；

(3)远离大功率无线电发射源(如电视台、电台、微波站等)；

(4)远离高压输电线和微波无线电传送通道，其距离不得小于 50m；

(5)尽量靠近数据传输网络；

(6)观测标志应远离震动源(铁路、公路等)。

(二)控制中心子系统

控制中心子系统负责资源、通信管理，主要工作是数据分流与处理、系统管理与维护、服务生成与用户管理等，设备主要有服务器、网络设备、数据通信设备、电源设备等；要求与互联网隔离，具备电涌防护器。

(三)数据通信子系统

数据通信子系统负责基准站到系统控制中心的通信。主要工作是把参考站 GNSS 观测数据传输至系统控制中心，并把系统差分信息传输至用户。通信方式有政府网络、DDN、光纤网、PSTN、Internet 等有线方式和 WLAN、GPRS 等无线方式。要求基准站接入速率不低于 64Kbps，系统控制中心端接入速率不低于 2M 或 64X 基准站数量。协议可采用 TCP/IP 或透明协议。数据网络资源应遵循以下原则：

（1）技术成熟，信道质量好，应满足CORS系统数据传输低延时、低误码率、数据流高稳定性的要求；

（2）有效保证数据安全；

（3）方便用户接入；

（4）建设使用费用合理。

（四）用户服务子系统

用户服务子系统接收系统数据服务，按照用户需求完成不同精度的定位，执行各类具体应用。设备包括GNSS接收设备、数据通信终端、控制手簿等。

接收机有如下要求：

（1）双频机，具备RTCM-RTK或CMR差分功能；

（2）重量轻便，便于携带；

（3）省电。

四、CORS的关键问题

CORS建立后的关键问题就是ITRF框架坐标的传递，以便精确解求CORS基准站点及城市框架网的ITRF三维地心坐标，建立和维持地区三维空间定位地心基准。具体做法是与IGS连续运行跟踪站数据进行联合处理，得到待求点与IGS站之间的准确基线向量，从而求得测区内一点的ITRF坐标，再以该点为已知点进行平差，得到全部其他点的ITRF坐标。

由于我国IGS站较少，测区与IGS站的距离往往很长，甚至达到1000km以上，解算这种超长基线，一般需要精密软件如GAMIT。

五、城市三维控制网的建立

以CORS基准站为基础，建立城市三维首级控制网，为求取转换参数做准备，同时可作为加密常规控制网的起算数据。

可选取分布均匀、覆盖全市域且具有当地常用坐标系成果的高等级控制点6个以上进行GNSS联测，平均点间距13~30km，其中应有不少于4个以上的联测点，应便于施测精密水准，并应将当地高程基准采用三等以上的精密水准联测至城市三维控制网点，联测点数不少于4个，以便于解求转换参数。GNSS坐标属于地心坐标系，往往需要将其转换到国家参心大地坐标系或者地方独立坐标系后才便于使用，因此需建立区域内这些框架坐标之间的相互转换关系。不同坐标系统之间的转换模型是以多个公共点的框架坐标为依据而建立的，依据该转换模型可实现其他非公共点之间的框架坐标的相互转换。根据实际情况可分为三维转换模型和二维转换模型。如果两系统间转换点的大地高比较精确，一般采用三维转换方法，否则采用二维转换方法。

任务9.2 校园CORS站建立及使用

一、国内外CORS建设现状

(一)国外CORS建设概况

国际大地测量发展的一个特点是建立全天候、全球覆盖、高精度、动态、实时定位的卫星导航系统。在地面则是建立永久性连续运行的GNSS参考站。目前世界上较发达的国家都将建立或正在建立连续运行参考站系统(CORS)。

美国的GPS连续运行参考站系统(CORS)由美国国家大地测量局(NGS)负责，该系统的当前目标是：①使全部美国领域内的用户能更方便地利用该系统来达到厘米级水平的定位和导航；②促进用户利用CORS来发展GIS；③监测地壳形变；④支持遥感的应用；⑤求定大气中水汽分布；⑥监测电离层中自由电子浓度和分布。

截至2001年5月，CORS已有160余个站。美国NGS宣布，为了强化CORS，从即日起，以每个月增加3个站的速度来改善该系统的空间覆盖率。CORS的数据和信息包括接收的伪距和相位信息、站坐标、站移动速率矢量、GPS星历、站四周的气象数据等，用户可以通过信息网络，如Internet很容易下载而得到。

英国的连续运行GPS参考站系统(COGRS)的功能和目标类似于上述CORS，但结合英国本土情况，多了一项监测英伦三岛周围海平面的相对和绝对变化的任务。目前已有近60个GPS连续运行站。

德国的全国卫星定位网由100多个永久性GPS跟踪站组成。它也提供4个不同层次的服务：①米级实时DGPS(精度为±1~3m)；②厘米级实时差分GPS(精度为1~5cm)；③精度为1cm的准实时定位；④高精度大地定位(精度优于1cm)。

其他欧洲国家，即使领土面积比较小的芬兰、瑞士等也已建成具有类似功能的永久性GPS跟踪网，作为国家地理信息系统的基准，为GPS差分定位、导航、地球动力学和大气提供科学数据。

在亚洲，目前日本已建成近1200个GPS连续运行站网的综合服务系统——GeoNet。它在以监测地壳运动、地震预报为主要功能的基础上，目前结合大地测量部门、气象部门、交通管理部门开展GPS实时定位、差分定位、GPS气象学、车辆监控等服务。

(二)国内CORS建设概况

1. 国家级基准站建设

1)20世纪90年代国家局建设站

从1992年到1998年，原国家测绘局和美国NGS和NIMA、德国IFAG和GFZ等国际机构合作或独立建设了武汉站、拉萨站、北京房山站、乌鲁木齐站、西宁站、哈尔滨站、西安咸阳站和海口站等8个国家级基准站。其中，武汉站、拉萨站、北京房山站、乌鲁木齐站为国际IGS站。

2) 中国地壳运动观测网络工程

中国地壳运动观测网络工程项目是国家计委 1998 年批准立项并开工建设，2000 年底通过验收投入使用的。由中国地震局、原总参测绘局、中国科学院、原国家测绘局四方联合组建项目法人中国地壳运动观测网络工程中心承担建设任务。

网络工程项目主要包括基准网、基本网、区域网和数据传输与分析处理系统四大部分，分别由 25 个 GPS 连续观测站、56 个定期复测 GPS 站、1000 个不定期复测 GPS 站和数据中心与 3 个共享子系统组成整个网络工程。

3) 中国大陆构造环境监测网络

中国大陆构造环境监测网络于 2007 年 12 月开工建设，2012 年 3 月通过国家验收投入使用。由中国地震局、原总参测绘局、中国科学院、原国家测绘地理信息局、中国气象局和教育部联合建设。

建成覆盖中国大陆及近海的高精度、高时空分辨率的地壳构造运动监测网络，获取中国大陆地壳运动细部特征，服务于地震预测和科学研究，同时兼顾军事测绘、大地测量和气象预报等综合应用。

陆态网络是由 260 个连续观测和 2000 个不定期观测站点构成的、覆盖中国大陆的高精度、高时空分辨率和自主研发数据处理系统的观测网络。其中基准网是由 260 个固定连续观测的台站组成，用于连续监测我国一、二级块体及主要块体边界活动断裂带、主要地震重点危险区地壳随时间的变化。

4) 927 一期工程

“927 一期工程”2009 年开工建设，2013 年验收。“927 工程”(海岛(礁)测绘)是国务院、中央军委批准立项的国家重点专项工程。“927 一期工程”由原国家测绘地理信息局、原总参测绘局、原国家海洋局、海司航保部共同组织实施。工程在我国东南沿海和岛(礁)上建设了 50 个基准站。

5) 国家现代测绘基准体系基础设施建设一期工程

国家现代测绘基准体系基础设施建设一期工程(简称“测绘基准一期工程”)2012 年 6 月正式开工建设，2017 年上半年项目验收。测绘基准一期工程建成初具规模的全球卫星导航定位连续运行基准站网和卫星大地控制网，获得高精度、动态三维、稳定、连续的观测数据，提供实时定位和导航的信息，以满足国家对坐标系统和定位的需求。在全国范围建成 360 个 GNSS 连续运行基准站，其中新建 150 个，改造利用 60 个，直接利用 150 个。

该项目在现有测绘基准基础设施的基础上，利用现代测绘新技术和空间定位技术，通过新建、改建和利用的方式建立地基稳定、分布合理、利于长期保存的基础设施，形成高精度、三维、动态、陆海统一以及几何基准与物理基准一体的现代测绘基准体系，提升测绘地理信息工作，为经济建设、国防建设和科学研究提供服务保障能力。

2. 区域基准站网建设

我国区域级的 CORS 站建设，在北京、香港、上海、深圳、天津、武汉、昆明、成都等地已建立了城市的服务系统，除西藏自治区外，全国大部分省份建成或正在建设覆盖全省的连续运行卫星定位综合服务系统，部分省市基准站网已经开始对社会提供服务。据最新全国基准站调查统计，各地各行业建设的基准站总计有4500个左右。

二、辽宁生态工程职业学院CORS站的建立

(一)基站选址

2016年初，诚润测绘仪器公司向我校(辽宁生态工程职业学院)捐赠CORS参考站一套。2016年6月开始具体安装调试，2016年9月正式投入使用。

CORS基准站选址设计是CORS整体技术设计的一项重要内容，关系到整个CORS系统是否能良好运行。按照CORS基站选址原则，在最初站址的基础上，再按以下原则确定最终位置：

(1)在初选站点位置进行踏勘，确认站址处的承重能力，最终站址应设立在承重力柱或承重墙之上；

(2)在该站址上架设大地型扼流圈天线，并与CORS主机相连，使用NovAtel CDU软件进行多路径效应和信噪比分析；

(3)实地进行观测，以30s采样间隔记录设计运行时间段内的卫星信号观测数据，分析观测卫星星历文件，如果出现卫星颗数少或星历文件毛刺多，则需要变更站址。

辽宁生态工程职业学院参考站位置最终选址于实训楼楼顶。

(二)硬件产品介绍

系统硬件采用智能CORS接收机Net K8+，外观简约有质感，严格按照IP67设计，改进了前后面板触感，后面板接口进行了一定程度的简化，设计了双网口，适应性更强。改进了Net S8+及S8+C后面板排线容易折断的问题。内置电池，Web设置功能强大，caster等功能、Wi-Fi功能提高了用户体验，切实提高了产品的稳定性。CORS接收机Net K8+外观及组件如图9-3所示，具体参数及性能如表9-1所示。

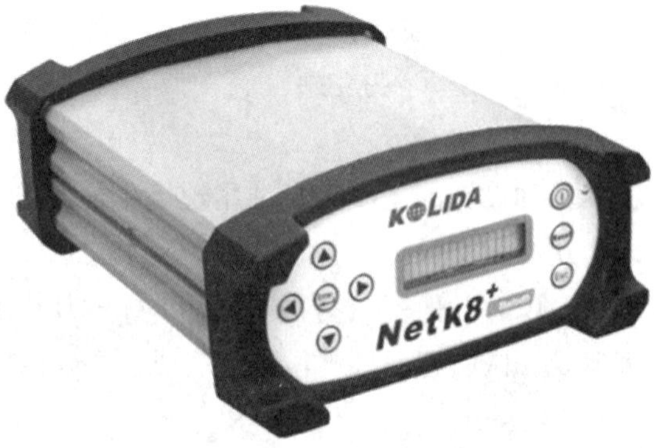

图9-3 CORS接收机Net K8+外观及组件

表 9-1　**CORS 接收机 Net S9 性能**

多星座支持	440 通道 CORS 接收机，全兼容各大卫星定位系统；全面支持北斗 B1、B2、B3
多格式支持	支持 STH、RINEX2. x、RINEX3. x 多种文件数据格式的记录，采样间隔可自由选择
高速处理器	Cortex-A5 处理器，性能强劲，速度快；内置 Linux 操作系统
液晶屏操作	前置面板显示设计，灵活实现无 PC 现场接收机的显示与设置
高容量电池	10000mAh 内置电池，续航达 15 小时。作为主电源、UPS 供电，供电接口与充电接口自动转换
Wi-Fi 热点	提供 Wi-Fi 热点功能，Wi-Fi 无线连接即可对接收机进行配置
内存	8G 标配，eMMc 循环存储
以太网口	接收机以太网采用双 RJ45 接口设计，适用性更强。新增 caster 功能
IP67 级三防	全新设计的铝合金模具，工业等级达到 IP67

（三）软件介绍

南方网络参考站系统 NRS 由三个部分组成：NRS-Center 基站管理系统，NRS-Net 数据处理中心，NRS-Server 用户管理系统。

1. NRS-Center 基站管理系统

如图 9-4 所示，新版 NRS-Center 基站管理系统具有以下功能：

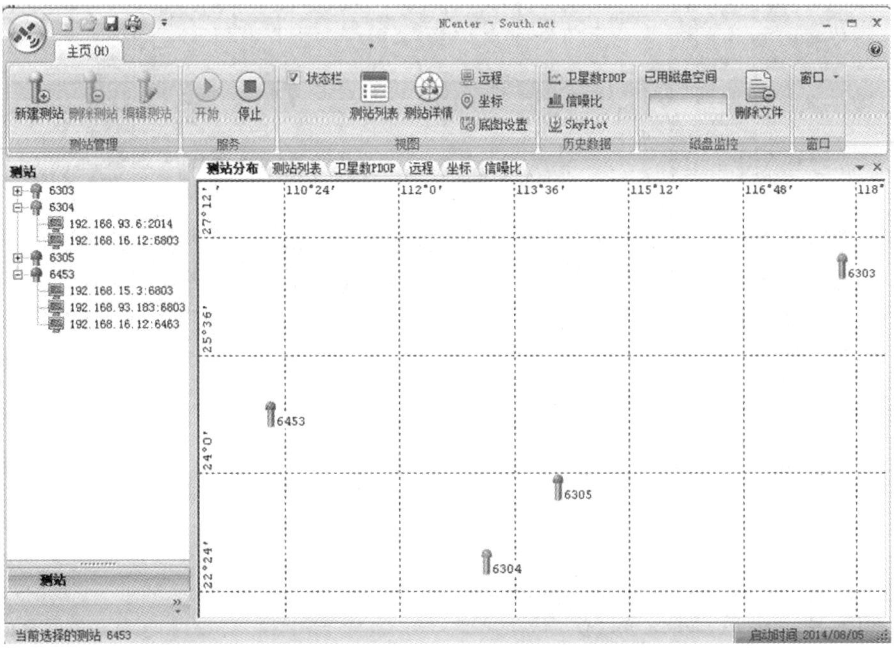

图 9-4　NRS-Center 基站管理系统

(1)三星支持;

(2)运行的同时可以编辑测站;

(3)数据分流、网络监控;

(4)数据存储、Rinex 转换提取;

(5)数据完好性监测;

(6)坐标漂移监测。

2. NRS-Net 数据处理中心

如图 9-5 所示，NRS-Net 数据处理中心具有以下功能:

(1)三星 VRS 技术支持，北斗 B1/B2/B3 全频段;

(2)不同品牌基站数据接入处理;

(3)建立网络 RTK 改正模型，提供基站数据完好性分析，提供 RTK 服务;

(4)提供 RTD，RTCM2. 3，CMR/CMR+，RTCM3. X 格式差分数据;

(5)数据存储、Rinex 转换提取。

同时，处理中心还能进行解算模型选择，可选择三星联合解算或单 GPS 解算或单 BDS 系统解算，能进行坐标在线转换，选择大地水准面精化模型等操作。

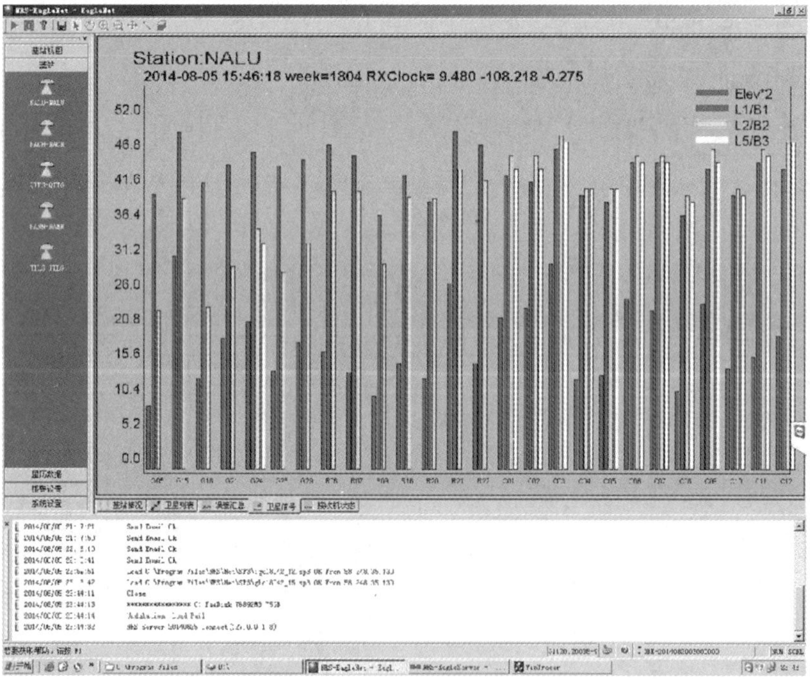

图 9-5 NRS-Net 数据处理中心

3. NRS-Server 用户管理系统

如图 9-6 所示，系统采用 Ntrip 协议播发差分数据，具有以下功能:

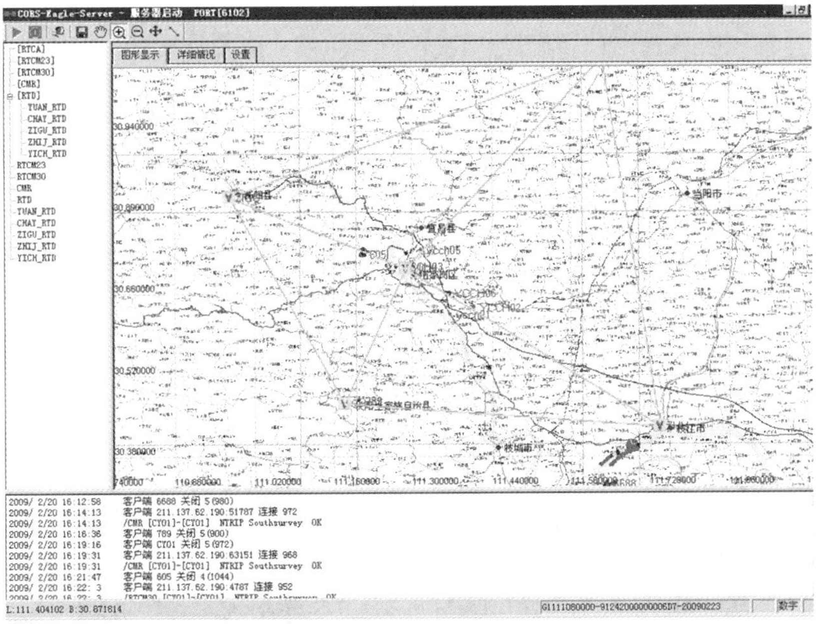

图 9-6　NRS-Server 用户管理系统

(1)用户计费及流量管理;

(2)地图显示基站位置及状态，监控在线用户位置及状态;

(3)移动站 KML 及 GGA 轨迹分析;

(4)工作区域管理;

(5)系统日志;

(6)位置系统应用。

(四)基站基建建设

参考站主站由防雷击设备、GNSS 天线、SOUTH CORS 主机、计算机主机、终端显示设备、外接网络设备、不间断电源组成。架构如图 9-7 所示。

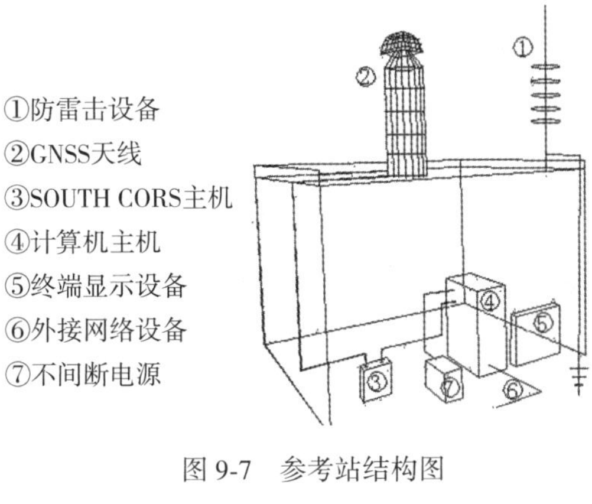

图 9-7　参考站结构图

在符合选点基本要求的基础上，点位选在建筑物的主承重支柱上，并打好钻孔。在孔中植入支柱主筋，安装 PC 管与避雷针引线，灌浆注模，植入归心盘，调平归心盘，外用玻璃棉做隔热处理，安装好外装饰，安装连接器，安装扼流天线，建成后实景如图 9-8 所示。

图 9-8　校内基站实景

(五)网络连接

校园 CORS 网络配置如下：

(1)地址：218. 25. 82. 202；

(2)端口：6060；

(3)用户名：无；

(4)密码：无；

(5)接入点：S4815C117144961(天宝三星主板)、SLXY_MSM4(其他三星主板)、SLXY_RTCM30(双星主板)。

(六)移动站设备

移动站设备有南方、华测等各类 GNSS 接收机。

(七)精度注意事项

参考站精度如表 9-2 所示。

表 9-2　　　　　　　　　　校园 CORS 精度指标

项目	内　　容		技 术 指 标	
系统精度	实施方式		水平精度	高程精度
	RTK 实时定位	20km 以内	$(10+1\times10^{-6}\times D)$ mm	$(20+1\times10^{-6}\times D)$ mm
		20~40km	$(20+1\times10^{-6}\times D)$ mm	$(30+1\times10^{-6}\times D)$ mm
		40~50km	$(50+1\times10^{-6}\times D)$ mm	$(80+1\times10^{-6}\times D)$ mm
		50~100km	亚米级	亚米级
	静态事后差分定位		≤5mm	≤10mm
	变形观测		3~5mm	6~10mm
	导航		≤5m	≤10m
服务领域	导航		提供高精度导航定位的信息	
	测量		提供静态、后差分、RTK 的数据服务	
兼容性	导航		RTCM-SC104V2. X	
	差分		RTCA\RTCM2. 3\RTCM3\CMR 格式	

以上所标精度均为仪器本身误差，即基线精度，实际测试精度=仪器误差+参数误差+点位误差。

(八) 参数的计算

为提高 CORS 项目实际使用精度，建议使用高等级控制点分区域求取四参数，以减少参数误差和点位误差对实际精度造成的损失。

三、申请使用连续运行参考网程序

1. 提出申请

开具申请使用××省卫星定位连续运行参考站网使用证明函格式，如图 9-9 所示。

2. 签订协议

与××省卫星定位连续运行参考站签订 HENCORS 系统服务与保密协议。如图 9-10 所示。

3. 填写用户入网申请审批表、拟入网设备、承诺书

入网申请审批表要保证真实有效，不作假。具体如表 9-3 所示。填写拟入网设备、承诺书，分别如表 9-4、表 9-5 所示。

使用证明函

×××省测绘局：

兹介绍　　　同志前往贵单位办理省卫星定位连续运行参考站网使用审批手续，该同志填写内容属实。

特此证明。

（印章）

年　月　日

图 9-9　使用证明函

协议编号：__________

省网系统服务与保密协议：

甲方：

乙方：

签订日期：年　　月　　日

图 9-10　系统服务与保密协议

表 9-3　**CORS 用户入网申请审批表**

单位名称		测绘资质证书编号	
单位地址及邮编		单位联系电话	
经办人姓名及身份证号		经办人手机号	

表 9-4　**拟入网设备**

序号	设备型号	通信数据卡号码	申请类型(RTK/RTD)	计费方式(计时、包年)
1				
2				
3				
4				

表 9-5　**承　诺　书**

申请人承诺	(1)CORS 系统提供的数据属于机密级基础测绘成果，其使用和管理需要符合国家的保密管理规定，其 SIM 卡等设备要妥善保管，不得擅自转借或转让，如果丢失，要及时报告测绘主管部门； (2)严禁携带与 CORS 相关的 SIM 卡等设备进入军事管理区等涉密场所，以及收集相关的地理信息数据。

续表

行政受理	
部门审核	
领导审批	
备注	(1)拟入网设备、行政受理分别由省 CORS 管理中心和行政服务中心填写； (2)部门审核、领导审批分别由局成果管理处和主管局长填写； (3)此表一式三份，申请人、受理部门、省 CORS 管理中心各一份。

4. 获取账号密码

手续办理完成后，CORS 管理使用期间仅限一台仪器及一张 SIM 卡捆绑使用。所有用户不得泄露、出借注册用户名和密码。

扫描右侧二维码观看使用华测 GNSS 接收机进行 CORS 模式测量的视频。

拓展阅读

辽宁省 CORS 网(LNCORS)

李德仁院士
先进事迹

“十三五”期间，辽宁省建成了由覆盖全省域的 68 座基准站组成的辽宁省卫星导航定位基准站网(LNCORS)。其中，省内基准站 60 座，包括自建站 48 座，国家站 10 座，大连市基准站 2 座；省外基准站 8 座，包括吉林省基准站 6 座，河北省基准站 2 座。2022 年，辽宁省自然资源厅采取省市联合建设、统筹基准站资源等举措，整合了沈阳市基准站 19 座，大连市基准站 4 座，使省内基准站数量达到了 83 座，进一步优化了 LNCORS 基准站网空间布局。辽宁省卫星导航定位基准站是目前省内坐标精度最高的大地基准点，整体水平达到国内领先，在国土三调、地理国情监测、基础测绘、公路、铁路、水利、电力等重大工程中得到广泛应用，取得了良好的经济效益和社会效益。

随着北斗三号全球卫星导航系统全面运行，可视卫星数明显增多，北斗定位精度和服务可靠性显著提升。辽宁省将在已有全省 83 座卫星导航定位基准站基础上，新建设基准站 37 座，同时对已有的 83 座基准站中不能接收北斗数据的基准站进行北斗化升级改造，2025 年实现全省北斗卫星导航定位基准站总数达到 120 座。土建部分分为 GNSS 观测墩、重力观测墩、观测室与工作室、防雷工程以及辅助工程等。CORS 站建设分核心站与非核心站(如图 9-11、图 9-12 所示)。

图 9-11 核心站

图 9-12 非核心站

基准站设备部分由 GNSS 天线、气象仪传感器、监控设备、室内设备、数控中心等组成，由软件管理平台进行基准站数据流接入及基准站统一管理，可进行基准站数据存储和数据处理、用户数据播发，并进行基准站坐标监控，保障服务质量。远程监控系统对 CORS 站进行实时监控。

同时，辽宁省建设了北斗高精度位置服务云平台。LNCORS 基准站网络 RTK 解算与实时服务由 Trimble PIVOT 软件、DreamNet 软件、基准站数据(坐标)安全处理软件、LNCORS 在线业务管理系统等共同完成。其中，LNCORS 在线业务管理系统实现数据播发和用户管理等功能，替代 Trimble PIVOT 软件的差分数据播发模块和用户管理模块，解决了并发用户数量受限制的问题，实现了从基准站数据接入到差分服务数据播发的一体化服务；DreamNet 软件用于 BDS-3、BDS-2、GPS、GLONASS 以及 Galieo 等全球导航系统的卫星信号接收和处理，与 PIVOT 软件并置运行，两套软件均可独立完成全网数据的解算工作。

北斗高精度位置服务云平台利用 LNCORS 已有的网络 RTK 解算和实时服务软件，将系统服务迁移至云端部署，开展手机差分定位服务。本项目内容与已有资料的关系如图 9-13 所示。

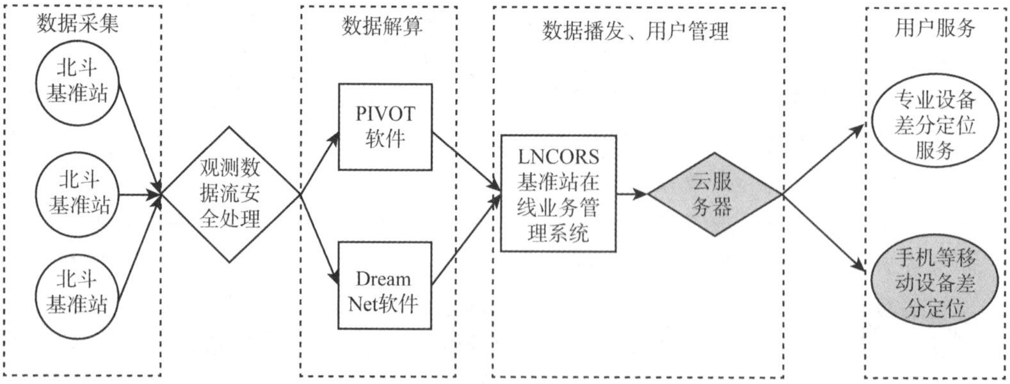

图 9-13 北斗高精度位置服务云平台示意图

此外，北斗基准站网运维可视化平台在为 LNCORS 提供服务。LNCORS 现有的北斗导航数据综合显示模块可将系统中不同数据库和软件平台的可利用信息以及各种动态信息进行提取，建立统一的空间信息数据库，对各类信息进行管理，并通过后台接口，实时感知 LNCORS 基准站网的运行状态，以图表等方式进行展示。

北斗高精度数据处理平台由 LNCORS 控制中心对 LNCORS 基准站实时数据进行接收和预处理。其中，实时数据流采样间隔为 1s，数据格式为 RTCM；存储数据的采样间隔为 30s，时段长度为 24h，高度角为 15°，数据格式为 RINEX；数据预处理采用 QC 和 Anubis 软件。

表 9-6　**LNCORS 服务指标**

项目	功能内容	性能指标	
覆盖领域	导航	全省范围，周边 50km 以内	
	定位	基准站网构成图形以内，网外 15km	
精度	动态参考基准	地心坐标的坐标分量	绝对精度不低于 0. 1m
		基线向量的坐标分量	相对精度不低于 3×10^{-7}
	快速或实时定位	水平≤3cm	垂直≤5cm
	事后精密定位	水平≤5mm	垂直≤10mm
	导航	水平≤1m	垂直≤2m
可用性	导航定位	95. 0%(1 天内或即时)	
兼容性	导航定位	兼容国内外主流流动站接收机	
	卫星信号	GPS、GLONASS、BDS-2、BDS-3	
	数据格式	RTCM 2. x/3. x，CMR/CMR+，RINEX	
容量	实时用户	无限制	
	事后用户	无限制	

LNCORS 自 2015 年建成以来，经过升级改造、共建共享、资源整合、平台建设等措施，形成了一套较为完整的北斗高精度定位服务体系。截至 2023 年底，在线服务单位 603 家，注册账号 3204 个，构建了北斗导航定位基准站网、北斗高精度位置服务云平台、北斗基准站网运维可视化平台、北斗高精度数据处理平台，即“一网三平台”，在全省基础测绘、农村集体土地确权登记、输油管道建设、海域管理、输电工程建设、公路建设、文物保护、气象精细化预报等重大工程建设中得到了广泛应用。

项目小结

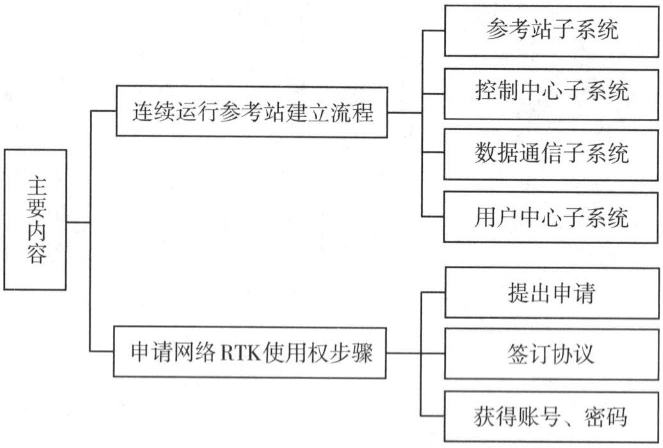

知识检测

1. 连续运行参考站的含义是什么？
2. 连续运行参考站由哪几个部分组成？
3. 总结网络 RTK 的作业特点。

（习题答案请扫描右侧二维码查看。）

参考文献

[1]中华人民共和国国家质量监督检验检疫总局，中国国家标准化管理委员会. GB/T 28588—2012 全球导航卫星系统连续运行基准站网技术规范[S]. 北京：中国标准出版社，2012.

[2]中华人民共和国国家质量监督检验检疫总局，中国国家标准化管理委员会. GB/T 39616—2020 卫星导航定位基准站网络实时动态测量(RTK)规范[S]. 北京：中国标准出版社，2020.

[3]国家测绘局. CH/T 1001—2005 测绘技术总结编写规定[S]. 北京：测绘出版社，2006.

[4]国家测绘局. CH/T 1004—2005 测绘技术设计规定[S]. 北京：测绘出版社，2005.

[5]中华人民共和国国家质量监督检验检疫总局，中国国家标准化管理委员会. GB/T 24356—2023 测绘成果质量检查与验收[S]. 北京：中国标准出版社，2023.

[6]中华人民共和国国家质量监督检验检疫总局. JJF 1118—2004 全球定位系统(GPS)接收机(测地型和导航型)校准规范[S]. 北京：中国标准出版社，2004.

[7]中华人民共和国住房和城乡建设部. CJJ/T 73—2019 卫星定位城市测量技术规范[S]. 北京：中国建筑工业出版社，2019.

[8]中华人民共和国国家质量监督检验检疫总局，中国国家标准化管理委员会. GB 50026—2020 工程测量标准[S]. 北京：中国标准出版社，2020.

[9]中华人民共和国国家质量监督检验检疫总局，中国国家标准化管理委员会. GB/T 18314—2024 全球导航卫星系统(GNSS)测量规范[S]. 国家市场监督管理总局，国家标准化管理委员会，2024.

[10]黄劲松. GPS 测量与实习教程[M]. 武汉：武汉大学出版社，2010.

[11]周建郑. GNSS 定位测量[M]. 2 版. 北京：测绘出版社，2014.

[12]潘松庆. 现代测量技术[M]. 郑州：黄河水利出版社，2008.

[13]李征航，黄劲松. GPS 测量与数据处理[M]. 4 版. 武汉：武汉大学出版社，2024.

[14]Fritj K，Brunner M G. 对 GPS 观测值进行双频电离层改进的一种改进模型[J]. 李征航，译. 武测译文，1992(4)：1-10.

[15]杜玉柱. GNSS 测量技术[M]. 武汉：武汉大学出版社，2024.

[16]易鹏举. GNSS 测量技术[M]. 郑州：黄河水利出版社，2024.